高等学校专业教材

复合材料导论

谢小林　主编

闫美玲　张剑平　冯志军　副主编

U0242192

中国轻工业出版社

图书在版编目（CIP）数据

复合材料导论/谢小林主编.--北京:中国轻工业
出版社，2024.12.--ISBN 978-7-5184-5134-0

Ⅰ.TB33

中国国家版本馆 CIP 数据核字第 202474GF73 号

责任编辑：杜宇芳　　　责任终审：滕炎福
文字编辑：武代群　　　责任校对：朱燕春　　　封面设计：锋尚设计
策划编辑：杜宇芳　　　版式设计：致诚图文　　　责任监印：张　可

出版发行：中国轻工业出版社（北京鲁谷东街 5 号，邮编：100040）
印　　刷：三河市国英印务有限公司
经　　销：各地新华书店
版　　次：2024 年 12 月第 1 版第 1 次印刷
开　　本：787×1092　1/16　印张：13.25
字　　数：310 千字
书　　号：ISBN 978-7-5184-5134-0　定价：49.80 元
邮购电话：010-85119873
发行电话：010-85119832　010-85119912
网　　址：http://www.chlip.com.cn
Email：club@chlip.com.cn
版权所有　侵权必究
如发现图书残缺请与我社邮购联系调换
210639J1X101ZBW

前　　言

材料是社会发展与科技进步的物质基础。人类社会从原始社会到当代社会的发展过程，也是人类不断认识与使用材料的过程。在这一过程中，先后出现了石器时代、铜器时代、铁器时代三个时期。人类利用这些材料制造了工具并进行了使用，极大地促进了社会生产力的发展和人类文明的进步。

人们通常使用的材料主要是金属材料、无机非金属材料、高分子材料，它们有各自的优点与缺点，可以满足人们在许多方面的使用要求。但是，随着社会的不断发展、科技快速的进步以及人类对未知世界的探索，单独使用金属材料、无机非金属材料、高分子材料中的一种材料，由于其性能限制，难以满足人们的使用要求。因此，人们开发与使用了由两种或两种以上材料组成的复合材料，它既保持组分材料的性能，又具有组分材料所不具备的新性能，可以满足更广泛的使用要求。人们使用复合材料的历史最早可追溯到距今4000多年前，在尧舜禹时期，人们便已开始使用漆器。20世纪40年代，玻璃纤维增强合成树脂的复合材料——玻璃钢的出现，是现代复合材料发展的重要标志。现代复合材料由于诸多性能优点，已被广泛应用于国防、航空航天、交通、建筑、化工、新能源、体育及日用品等领域，进一步促进了社会发展与科技进步。

本书循序渐进且全面系统地介绍了复合材料的基本知识及各种复合材料的制备方法、性能与应用。本书共分为9章，第1~4章主要介绍复合材料发展概况及概念（定义、命名、分类、性能及应用等）、复合材料组分材料（基体材料、增强材料）、复合材料原理（复合材料界面、增强材料表面处理、材料性能的复合规律）等内容，以便读者了解复合材料的基本知识；第5~9章分别介绍聚合物基复合材料、金属基复合材料、陶瓷基复合材料、碳/碳复合材料、复合材料夹层结构等复合材料及结构的组成、制备方法、性能和应用等内容，读者可进一步认识与理解常见复合材料的性能与应用，并为今后使用与开发高性能复合材料奠定基础。本书每章均附有习题与思考题，便于读者巩固与拓展所学复合材料知识。本书可作为高等学校材料类专业或开设复合材料相关课程专业的教材，也可作为从事复合材料研发人员的参考书。

本书由南昌航空大学教师编写，具体编写分工如下：第1章、第5章、第8章、第9章由谢小林编写，第2章、第3章、第4章由闫美玲编写，第6章由张剑平编写，第7章由冯志军编写。全书由谢小林统稿。

本书在编写过程中，参考了包括但不限于每章所列参考文献中的文献资料，在此向其作者致谢。

由于编者水平有限，书中不妥之处恳请读者和专家批评指正。

编者
2024 年 4 月

目　　录

第一章　绪论 ………………………………………………………………… 1

第一节　复合材料发展概况 ………………………………………………… 1

第二节　复合材料的定义与特征 …………………………………………… 2

第三节　复合材料的命名与分类 …………………………………………… 3

第四节　复合材料的特性与应用 …………………………………………… 4

一、复合材料的特性 ………………………………………………… 4

二、复合材料的应用 ………………………………………………… 7

第五节　复合材料的未来趋势 ……………………………………………… 15

习题与思考题 ………………………………………………………………… 16

参考文献 ……………………………………………………………………… 16

第二章　复合材料基体材料 ………………………………………………… 18

第一节　聚合物基体 ………………………………………………………… 18

一、热固性树脂 ……………………………………………………… 18

二、热塑性树脂 ……………………………………………………… 34

第二节　金属基体 …………………………………………………………… 37

第三节　陶瓷基体 …………………………………………………………… 38

习题与思考题 ………………………………………………………………… 39

参考文献 ……………………………………………………………………… 39

第三章　复合材料增强材料 ………………………………………………… 41

第一节　玻璃纤维 …………………………………………………………… 41

一、玻璃纤维的组成和分类 ………………………………………… 41

二、玻璃纤维的制造方法 …………………………………………… 44

三、玻璃纤维的性能 ………………………………………………… 46

第二节　碳纤维 ……………………………………………………………… 49

一、碳纤维的组成和分类 …………………………………………… 49

二、碳纤维制造方法及应用 ………………………………………… 50

三、碳纤维的结构和性能 …………………………………………… 54

第三节　其他增强体 ………………………………………………………… 56

一、其他纤维 ………………………………………………………… 56

二、填料 ……………………………………………………………… 59

习题与思考题 ………………………………………………………………… 60

参考文献 ……………………………………………………………………… 61

第四章　复合材料原理 ……………………………………………………… 62

第一节　复合材料的界面 …………………………………………………… 62

一、表面与界面 ……………………………………………………… 62

二、聚合物基复合材料的界面 ……………………………………… 64

三、非聚合物基复合材料的界面 …………………………………… 65

第二节 增强材料的表面改性处理 …………………………………… 66

一、化学改性方法 …………………………………………………… 66

二、物理改性方法 …………………………………………………… 67

三、等离子体改性方法 ……………………………………………… 68

第三节 复合材料性能的复合规律 …………………………………… 70

一、复合材料力学性能的复合规律 ………………………………… 70

二、复合材料物理和化学性能复合规律 …………………………… 76

习题与思考题 ………………………………………………………… 77

参考文献 ……………………………………………………………… 77

第五章 聚合物基复合材料 …………………………………………… 78

第一节 概述 …………………………………………………………… 78

第二节 聚合物基复合材料的分类 …………………………………… 79

第三节 聚合物基复合材料的制造技术 ……………………………… 80

一、复合材料预浸料与预混料的制备 ……………………………… 80

二、聚合物基复合材料的制造技术 ………………………………… 91

第四节 聚合物基复合材料的基本性能及应用 ……………………… 109

习题与思考题 ………………………………………………………… 115

参考文献 ……………………………………………………………… 115

第六章 金属基复合材料 ……………………………………………… 116

第一节 金属基复合材料的分类 ……………………………………… 116

一、按增强相分类 …………………………………………………… 116

二、按基体分类 ……………………………………………………… 117

三、按主要用途分类 ………………………………………………… 117

第二节 金属基复合材料的增强机理 ………………………………… 117

第三节 金属基复合材料的制造技术 ………………………………… 130

一、金属基复合材料制造技术的要求 ……………………………… 130

二、金属基复合材料制造技术分类 ………………………………… 131

三、液态制造技术 …………………………………………………… 131

四、固态制造技术 …………………………………………………… 134

第四节 金属基复合材料的性能及应用 ……………………………… 137

一、金属基复合材料的性能特点 …………………………………… 137

二、金属基复合材料的应用 ………………………………………… 139

习题与思考题 ………………………………………………………… 144

参考文献 ……………………………………………………………… 144

第七章 陶瓷基复合材料 ……………………………………………… 146

第一节 陶瓷基复合材料的分类 ……………………………………… 146

一、定义 ……………………………………………………………… 146

二、陶瓷基复合材料的分类 ………………………………………… 147

第二节 陶瓷基复合材料的增韧机理 ………………………………… 147

　　一、纤维增韧机理 ……………………………………………………………… 148

　　二、晶须的增韧机理 …………………………………………………………… 153

　　三、颗粒的增韧机理 …………………………………………………………… 153

　第三节　陶瓷基复合材料的制造技术 …………………………………………… 153

　　一、纤维增强陶瓷基复合材料的制备工艺 …………………………………… 153

　　二、晶须增强陶瓷基复合材料制备工艺 ……………………………………… 160

　　三、纳米颗粒增强陶瓷基复合材料制备工艺 ………………………………… 160

　第四节　陶瓷基复合材料的性能及应用 ………………………………………… 161

　　一、C_f/SiC 复合材料的性能及应用 …………………………………………… 161

　　二、SiC_f/SiC 复合材料的性能及应用 ………………………………………… 164

　习题与思考题 ……………………………………………………………………… 167

　参考文献 …………………………………………………………………………… 167

第八章　碳/碳复合材料 …………………………………………………………… 169

　第一节　碳/碳复合材料的制造方法 …………………………………………… 169

　第二节　碳/碳复合材料的氧化防护技术 ……………………………………… 179

　第三节　碳/碳复合材料的性能与应用 ………………………………………… 183

　　一、碳/碳复合材料的性能 …………………………………………………… 183

　　二、碳/碳复合材料的应用 …………………………………………………… 185

　习题与思考题 ……………………………………………………………………… 187

　参考文献 …………………………………………………………………………… 187

第九章　复合材料夹层结构 ……………………………………………………… 188

　第一节　复合材料蜂窝夹层结构 ………………………………………………… 189

　　一、复合材料蜂窝夹层结构原材料 …………………………………………… 189

　　二、复合材料蜂窝夹芯的制造 ………………………………………………… 191

　　三、蜂窝夹层结构制造方法 …………………………………………………… 194

　　四、蜂窝夹层结构成型中常见问题及解决措施 ……………………………… 194

　第二节　复合材料泡沫塑料夹层结构 …………………………………………… 195

　　一、泡沫塑料种类及发泡方法 ………………………………………………… 195

　　二、聚氨酯泡沫塑料制备工艺 ………………………………………………… 197

　　三、泡沫夹层结构的制造方法 ………………………………………………… 201

　第三节　中空复合材料 …………………………………………………………… 202

　习题与思考题 ……………………………………………………………………… 204

　参考文献 …………………………………………………………………………… 204

第一章 绪 论

第一节 复合材料发展概况

材料是人类社会发展的物质基础，材料科学与工程技术的发展对推动人类文明进步和经济社会发展具有基础性作用。特别是，新材料或新的材料制备技术将引领各领域技术的进步。

人们常见或常用的材料主要有金属材料、高分子材料、无机非金属材料。金属材料主要有金、银、铜、铁、锡、铝、镁、钛等，它们的主要优点是导电及导热性好、强度及刚度大，主要缺点是密度较大、容易腐蚀。高分子材料主要有塑料、橡胶、纤维，它们的主要优点是密度小、耐腐蚀性好，主要缺点是强度低、不耐老化。无机非金属材料主要有水泥、玻璃、陶瓷，它们的主要优点是硬度大、耐高温、耐腐蚀性好，主要缺点是脆性大。可以看出，通常的单一材料都有优缺点，在很多情况下，人们在使用单一材料时"扬长避短"，往往是发挥它们的优点，对它们的缺点也只能包容了。但是，有的场合需要利用材料的多种性能，比如，要求强度大、密度小或硬度大、脆性小，特别是当这些要求既是单一材料的优点，又是单一材料的缺点时，单一材料就不能满足使用要求了。

当单一材料不能满足实际使用的某些要求，或者说单一材料的缺点会影响材料的使用时，人们就把两种或两种以上的材料制成复合材料，以克服单一材料在使用上的性能弱点，改进原来单一材料的性能，并通过各组分的匹配协同作用，还可以出现原来单一材料所没有的新性能，进一步推广材料的应用领域。很显然，复合材料的性能是通过对各组分材料性能"取长补短"而得到的。所以，复合材料会有比各组分材料或者说单一材料更好的性能。

其实，复合材料古而有之，只是当时没有复合材料这种概念，也没有建立现代意义上的复合材料学科、专业。距今4000多年的尧舜禹时期已发明在各种器物的表面涂漆制成的漆器，用来盛放食物和祭品。由于表面漆的保护作用，漆器不容易被食品和祭品的油脂渗入，便于漆器表面清洁。公元前2000年以前，古代人已经用草茎增强土坯用作住房墙体材料，能有效地避免墙体开裂，提高墙体的强度。古代中国在公元前221年用糯米浆拌石灰建造长城，提高长城砖的强度，历经2200多年风吹日晒，仍然保持很好的强度。在湖北随县发掘的2000多年前的曾侯乙墓葬中，发现用于车战的长达3m多的戈戟，它的柄是用木芯外包纵向竹丝，以漆作胶黏剂，丝线环向缠绕而成，充分发挥了木芯密度小、竹丝韧性大的优点。500年前用油浸渣心灰做皇宫用的"金"砖，属于古代人造聚合物复合材料。5000年以前，在中东地区就有人用芦苇增强沥青造船。古埃及人修建金字塔，用石灰、火山灰等作黏合剂，混合砂石等作砌料，这是最早最原始的颗粒增强复合材料。以上种种，充分反映了古人的智慧，他们利用两种或两种以上材料制备性能更好的材料或物品，这也是复合材料的雏形或萌芽，给后人发明或制作更多的复合材料提供了很好的参考和启发。

大约在 100 年前，人们开始使用将砂、鹅卵石加入水泥中固结而成的混凝土材料，改善了水泥容易开裂的缺点。混凝土的抗张强度比较好，但比较脆，如处于拉伸状态就容易产生裂纹，而导致脆性断裂。后来，人们又在混凝土中加入了钢筋、钢纤维，大大提高了混凝土抗拉伸及抗弯曲强度，这就是钢筋混凝土的复合材料。

表 1-1 所示为以合成树脂为基体的复合材料（即聚合物基复合材料）的发展历程。20 世纪初，人们开始使用合成树脂制作复合材料。用苯酚与甲醛反应制成酚醛树脂，再把酚醛树脂与纸、布、木片等层压在一起制成复合材料，具有很好的电绝缘性能及很高的强度。20 世纪 40 年代，玻璃纤维增强合成树脂的复合材料——玻璃钢的出现，是现代复合材料发展的重要标志。玻璃纤维复合材料在 1946 年开始应用于火箭发动机壳体的研究，并且在 20 世纪 60 年代在各种型号的固体火箭的应用上取得成功。20 世纪 60 年代末期，人们开始用玻璃纤维复合材料制作直升机旋翼桨叶等。特别是近 50 年来，复合材料发展迅速，各种类型复合材料不断面世，复合材料的应用领域越来越广。此外，复合材料增韧和增强机理以及改性理论的研究也获得重大的进展。

表 1-1 聚合物基复合材料发展历程

时间	材料	时间	材料
公元前 1500 年	胶合板	1951 年	玻璃纤维增强聚苯乙烯
1839 年	硫化橡胶	1956 年	酚醛-石棉(隔层)复合材料
1909 年	酚醛复合材料	1964 年	碳纤维增强塑料
1928 年	脲醛复合材料	1965 年	硼纤维增强塑料
1938 年	三聚氰胺甲醛复合材料	1969 年	碳纤维-玻璃纤维混合复合材料
1942 年	玻璃纤维增强聚酯	1972 年	芳酰胺纤维增强塑料
1946 年	环氧树脂复合材料	1975 年	芳酰胺石墨纤维混合物
1946 年	玻璃纤维增强尼龙	1976 年后	混杂复合材料、原位复合材料、纳米复合材料等

近年来，新的复合技术不断出现，例如：分子复合技术、原位复合技术和纳米复合技术等。分子复合技术是指刚性高分子链式微纤分散在柔性聚合物基体中所形成的高强度和高弹性模量的材料；原位复合技术是指用高分子热致液晶作增强剂与热塑性聚合物基体共混而成的液晶在低剪切作用下在原位形成微纤，对基体起到增强作用。纳米复合技术是将填料粒子大小提升至分子水平并分散到聚合物基体材料中，其增强增韧效果或其他性能的改善更为显著。为了强化基体与填料之间界面的黏合强度，提高复合效果，人们对高分子链段在各种刺激场（如微波场、激光场、等离子体、γ 射线辐照、振动场等）作用下的运动及结构形态变化导致复合材料性能的改变进行了多方面的探索。随着这些技术的不断完善和人们对其作用机理的深入了解，可以预见，复合材料的应用领域将不断扩展，发展速度加快，其市场前景更加宽广。

第二节　复合材料的定义与特征

复合材料是由两种或两种以上的不同材料通过复合工艺组合而成的一种新材料，它既保持了原组分材料的主要特点，又显示原组分材料所没有的新性能。复合材料的定义可以很形象地用下式来表达：

$$AM+BM+CM+\cdots\cdots=NM>AM/BM/CM\cdots\cdots$$

AM、BM、CM 指 A、B、C 三种材料，NM 指新的材料。

是否任何由两种或两种以上材料组成的材料就是复合材料呢？不一定。只有符合以下五项特征的材料才能认为是复合材料：

（1）复合材料是一种非均相材料，由两种或两种以上的不同材料组成。

（2）复合材料的各组分材料性能差异较大。

（3）复合材料的各组分材料的体积占总体积的含量分别大于10%。

（4）复合材料是固体材料。

（5）复合材料要具备原组分材料所不具备的新性能。

从材料的组成来看，复合材料一般包括基体相、增强相和界面。基体相，又称基体材料，是一种连续相材料，它把改善性能的增强相材料固结成一体，并起传递应力的作用。常见的金属材料、聚合物材料、无机非金属材料都可作为复合材料的基体材料。增强相，又称增强材料，一般为分散相，主要起承受应力和增强作用。增强材料一般是纤维状或颗粒状材料，常见的增强材料有玻璃纤维、碳纤维、芳纶纤维等。界面是基体与增强材料之间化学成分有显著变化的，构成彼此结合的，能起载荷传递作用的微小区域（界面厚度几个纳米到几个微米）。界面的形成包括基体与增强材料的接触及浸润过程、基体的固化或凝固过程。复合材料既能保持原组成材料的重要特性，又可通过复合效应使各组分的性能相互补充，获得原组分不具备的许多优良性能。

复合材料可以由一种基体材料和一种增强材料组成，也可以由一种基体材料和多种增强材料组成，或者由多种基体材料和一种增强材料组成，还可以由多种基体材料和多种增强材料组成。

第三节 复合材料的命名与分类

复合材料可根据增强材料与基体材料的名称来命名：将增强材料的名称放在前面，基体材料的名称放在后面，再加上"复合材料"。如碳纤维和环氧树脂构成的复合材料，就叫作"碳纤维环氧树脂复合材料"。有时为书写简便，也可仅写增强材料与基体材料的缩写名称，中间加一斜线隔开，后面再加"复合材料"。如碳纤维和环氧树脂构成的复合材料，也可写作"碳/环氧复合材料"。有时为突出增强材料或基体材料，根据强调的组分不同，也可将碳纤维和环氧树脂构成的复合材料简称为"碳纤维复合材料"或"环氧树脂复合材料"。

复合材料根据增强材料与基体材料的种类或外形来分类，常见复合材料种类如图1-1所示。

根据基体材料种类来分，复合材料分为金属基复合材料、聚合物基复合材料、无机非金属基复合材料3类。顾名思义，金属基复合材料是指以金属材料为基体的复合材料，常见的金属基体材料有钛、镁、铝、铜、镍及其合金。聚合物基复合材料是指以聚合物材料为基体的复合材料，按照受热是否熔融，聚合物材料又分为热塑性聚合物和热固性聚合

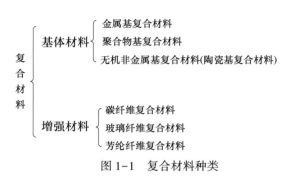

图 1-1　复合材料种类

物。热塑性聚合物如常见的聚乙烯、聚丙烯、聚氯乙烯等，热固性聚合物如常见的不饱和聚酯树脂、环氧树脂、酚醛树脂等。无机非金属基复合材料是指以无机非金属材料为基体的复合材料，常见的无机非金属基体材料是陶瓷和水泥。在这 3 类复合材料中，只有聚合物基复合材料，特别是热固性聚合物其复合材料已经产业化。因此，在复合材料行业中通常说的"复合材料"就是指聚合物基复合材料，其他种类的复合材料都会特别说明是"金属基复合材料"或"陶瓷基复合材料"。

　　根据增强材料种类来分，目前常见的复合材料分为碳纤维复合材料、玻璃纤维复合材料、芳纶纤维复合材料。顾名思义，碳纤维复合材料是指以碳纤维为增强材料的复合材料。玻璃纤维复合材料是指以玻璃纤维为增强材料的复合材料。芳纶纤维复合材料是指以芳纶纤维为增强材料的复合材料。其中，碳纤维复合材料由于密度小、强度高、耐热性好，是在航空航天领域应用最多的复合材料。

　　另外，从增强材料的外观、复合材料的组成方式来分，复合材料可分为颗粒增强复合材料、短纤维增强复合材料、层状叠合复合材料、片状材料增强复合材料、编织或块状材料增强复合材料和复合材料夹层结构等，其示意图如图 1-2 所示。

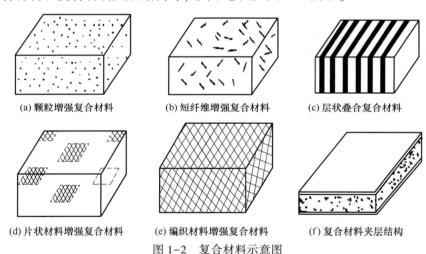

(a) 颗粒增强复合材料　　(b) 短纤维增强复合材料　　(c) 层状叠合复合材料

(d) 片状材料增强复合材料　　(e) 编织材料增强复合材料　　(f) 复合材料夹层结构

图 1-2　复合材料示意图

第四节　复合材料的特性与应用

一、复合材料的特性

　　复合材料是由两种或两种以上不同性质的材料组合而成的。通过材料的选择和匹配及最佳的结构设计，可以综合体现出下列特性。

（一）优点

1. 比强度，比模量高

表1-2列出一些常用材料及纤维复合材料的比强度、比模量。比强度是材料在断裂点的拉伸强度与密度之比，单位为 m。比模量是材料的模量与密度之比，单位为 m，是材料承载能力的一个重要指标。

表1-2 各种材料的力学性能

材料	密度/(g/cm³)	拉伸强度/GPa	弹性模量/GPa	比强度/m	比模量/m
钢	7.80	1.03	2.10	0.13	0.27
铝合金	2.80	0.47	0.75	0.17	0.27
钛合金	4.50	0.96	1.14	0.21	0.25
玻璃纤维复合材料	2.00	1.06	0.40	0.53	0.20
碳纤维Ⅱ/环氧复合材料	1.45	1.50	1.40	1.03	0.97
碳纤维Ⅰ/环氧复合材料	1.60	1.07	2.40	0.67	1.50
有机纤维/环氧复合材料	1.40	1.40	0.80	1.00	0.57
硼纤维/环氧复合材料	2.10	1.38	2.10	0.66	1.00
硼纤维/铝复合材料	2.65	1.00	2.00	0.38	0.57

注：碳纤维Ⅱ为高强型碳纤维，碳纤维Ⅰ为高模型碳纤维。

从表1-2可以看出，复合材料的密度约为钢的1/5，为铝的1/2。其比强度和比模量都比钢、铝合金高，甚至高很多。例如高模量碳纤维/环氧复合材料的比强度为钢的5倍，铝合金的4倍，钛合金的3.5倍。其比模量是铜、铝、钛的4倍。因此，在强度和刚度相同的情况下，复合材料的结构质量可以减轻，或尺寸可以比金属件小。这在节省能源、提高构件的使用性能方面，是现有其他任何材料所不能比拟的。

2. 耐疲劳性能好，破损安全性能高

疲劳是材料在循环应力作用下的性能。一般的材料（比如金属）由于是单一、均质材料，在疲劳应力作用下，一旦材料中出现微小裂纹，裂纹在材料中没有其他材料的阻止，会慢慢扩展，直到贯穿材料的横截面，从而导致材料断裂。而且材料的疲劳破坏常常是没有明显预兆的突发性破坏。一般材料的疲劳强度占拉伸强度的比例不高，大多数单一材料的疲劳强度极限是其拉伸强度的30%～50%。

复合材料由两种或两种以上的材料组成，由于基体材料塑性好，能够消除或减小应力集中区的数量和尺寸，使疲劳应力难以萌生裂纹，限制裂纹的出现。即使裂纹出现，基体材料的塑性变形也能使裂纹尖端钝化，减缓裂纹扩展。另外，复合材料中的增强材料能够明显提高复合材料的疲劳强度。这是因为复合材料的疲劳破坏总是从基体的薄弱环节开始，逐渐扩展到增强纤维上，增强纤维能阻止或减缓裂纹的扩展，从而提高复合材料的疲劳强度，并且使得复合材料的疲劳破坏前有明显的预兆。碳纤维/聚酯复合材料的疲劳强度极限可为其拉伸强度的70%～80%。

3. 阻尼减振性好

受力结构的自振频率除与结构形状有关外，还与结构材料比模量的平方根成正比。由于复合材料的比模量高，用这类材料制成的结构件具有高的自振频率。同时，复合材料中的基体与增强材料的界面具有吸震能力，使材料的振动阻尼很高。特别的，对于聚合物基

复合材料，由于聚合物基体硬度不高并且具有一定的弹性或韧性，聚合物基复合材料能够更好地吸收外界振动能量，从而提高其阻尼减振性。

对相同形状和尺寸的梁进行 100Hz 振动试验时，轻金属合金梁需 9s 才能停止振动，而碳纤维复合材料梁只需 2.5s 就停止了同样大小的振动。

4. 多种功能性（导电、摩擦、耐腐蚀、光、磁）

复合材料由两种或两种以上材料组成，可以通过不同性能的基体材料、增强材料的组合，制备出具有不同功能或多种功能的复合材料，比如：导电复合材料、耐磨复合材料、耐腐蚀复合材料、磁性复合材料、透光复合材料等。

5. 良好的加工工艺性

复合材料可采用手糊成型、模压成型、缠绕成型、注射成型和拉挤成型等方法制成各种形状的产品。在制造复合材料的同时，也就获得了制件，即可以一次成型形状复杂的大型制件，这对于一般工程塑料或金属材料是难以实现的。复合材料的这一特点使部件中的零件数目明显减少，避免了接头过多，显著降低了应力集中。同时，相应地减轻了部件质量，减少了制造工序和加工量，大量节省原材料，缩短了加工周期，降低了成本。

6. 各向异性和性能的可设计性

复合材料是一种多相材料，通过不同组分材料，通常是增强材料（比如碳纤维）的排布方向决定复合材料不同方向的性能，这与单一材料性能的各向同性有很大区别。当然，这也为人们设计、制造各向异性材料提供很好的思路。各向异性材料的最大好处是节省材料，比如只单向受力的复合材料，增强材料只要在受力方向铺设，不受力方向就不用铺设增强材料。

（二）缺点与问题

人们研究与使用复合材料的历史不长，在复合材料选材、设计、制造及检测等方面积累的经验不足，因此目前复合材料存在的主要缺点与问题有：

1. 层间强度不高、抗冲击性能不好

大多数复合材料中的增强材料都是一层一层铺叠成型的，在同一层面上，复合材料由于有增强材料的增强作用，强度较大。但是，在层与层之间，增强材料是通过基体材料黏合在一起，也就是说层间只有基体材料，并没有增强材料，所以复合材料的层间强度不高。当复合材料受到层间剪切作用或冲击作用时，容易造成内部分层或层间损伤。特别是，复合材料的非严重内部分层或层间损伤并不能被人们目测发现，但会在复合材料使用过程中产生安全隐患。采用三维或多维编织的增强材料或层间缝合增强材料，可有效提高复合材料的层间强度和抗冲击性能。

2. 长期耐高温和环境老化性能不好

聚合物复合材料的最大弱点是基体为树脂，而且作为强度材料，其耐高温性能较差，往往不能用在高温的构件、零件上。当温度超过 40℃ 时，玻璃纤维增强不饱和聚酯树脂复合材料的力学性能就下降；在 90℃ 时，其力学性能是常温下的 60%。而且，长期使用时，复合材料耐蠕变性能差。所以，提高基体树脂耐热性十分重要。由于耐热性树脂的开发如聚酰亚胺等树脂就是其中的一种，提高了复合材料的使用温度。

另外，聚合物基体材料在紫外光照射、湿热环境下容易老化，外观变色或粉化，分子链发生降解、断裂，性能下降，这样也会使得复合材料的性能下降。提高复合材料耐环境老化性能的方法主要有在基体中添加防老化剂或在复合材料表面涂覆防老化涂层。

3. 成型工艺自动化、机械化程度低

基于成本及产品性能的考虑或者生产条件及技术水平与能力限制，目前大多数企业采用手糊成型工艺生产复合材料产品，自动化、机械化程度低。随着产品性能要求的提高、生产条件的改善、生产技术的进步，复合材料成型工艺的自动化、机械化水平将越来越高。

4. 性能分散性较大，产品质量不稳定

复合材料由多种材料组成，组分材料的性能、含量、界面结合状况决定了复合材料的性能。如果组分材料性能不稳定，材料含量有变化，界面结合状况不一致，则复合材料的性能会分散。特别是，采用手糊成型工艺制备的复合材料，其性能受生产人员的技术熟练程度、劳动态度，甚至心情的影响，因此复合材料产品质量也会不稳定。

5. 质量检测方法不完善

目前的材料质量检测方法对单一材料很有效，并且相当完善。但是，复合材料中既可能有金属材料，又有可能有聚合物材料，还有可能有无机非金属材料，甚至可能有泡沫状材料。不同材料对同一检测方法的响应是不同的，因此采用单一检测方法对复合材料的质量难以准确检测。采用多种检测方法综合检测、分析复合材料质量是人们正在探索的一种思路。

二、复合材料的应用

（一）在航空航天领域的应用

复合材料突出的性能优点可简单概括为"轻质高强"，因此特别适合用来制造飞机的零部件。飞机用复合材料经过近 40 年的发展，已经从最初的非承力构件发展到应用于次承力和主承力构件，可获得减轻质量 20%～30% 的显著效果。这对无论是军用飞机还是民用客机来说，都很重要。对于军用飞机可以携带更多的武器或飞更远的航程，从而提高军用飞机的战斗力；对于民用客机则可以装载更多的乘客或货物，创造更多的经济效益。据估算，民用客机质量每减轻 1kg，民用客机在整个使用期限内可多创造 2200 美元的经济效益。

随着复合材料技术的发展，复合材料在飞机上的用量从无到有、从小到大，复合材料从原来用于制作小零件或非结构件到当前用于制造大零件或结构件，如飞机机身、中央翼盒等，在飞机上的用量也越来越大。飞机机体和发动机的材料结构变化见表 1-3。1975—2010 年复合材料在飞机上的应用增长趋势如图 1-3 所示。复合材料在飞机上的用量已经成为衡量飞机先进性的一项重要指标。

表 1-3　　　　　　　　　　飞机机体和发动机的材料结构变化

发展阶段	年代	机体材料结构	发动机材料结构
第一阶段	1903—1919	木,布	钢
第二阶段	1920—1949	铝,钢	钢,铝
第三阶段	1950—1969	铝,钛,钢	镍,钛,钢,铝
第四阶段	1970—21 世纪初	铝,钛,钢,复合材料结构(以铝为主)	镍,钛,钢
第五阶段	21 世纪初至今	复合材料,铝,钛,钢结构(以复合材料为主)	镍,钛,钢,复合材料

注：第四阶段后期复合材料开始逐步进入发动机。

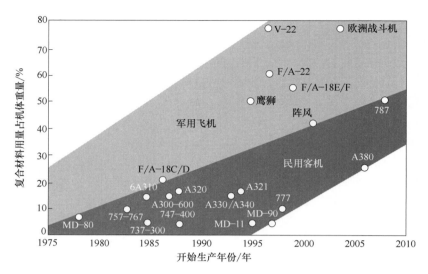

图 1-3　复合材料在飞机上的应用增长趋势

为什么复合材料被确定为第四大航空材料？主要有以下几个原因：

1. 安全性

复合材料经过几十年的研究与发展，从基础技术研究开始，逐渐发展到预研、工程化研究与试验验证、型号应用等阶段，进行了从材料性能（许用值）到结构元件和组合件试验（设计值），再到部件试验的一系列试验验证，使得复合材料的技术成熟度不断提高，证明复合材料的性能是可靠的，也符合作为航空材料的安全性能要求。

波音公司 2007 年生产的波音 787 飞机，复合材料用量扩大至 50%，为当时民航客机复合材料的最大用量，也是首次采用复合材料制造飞机机身。与铝合金相比，复合材料的损伤容限和抗蚀性要好得多，这有利于耐久性的提高，同时也提高了安全性。

2. 经济性

虽然复合材料比铝合金贵得多，但飞机结构重量大幅度减轻所带来的长期营运经济效益（节约燃油/运量增加）远远超过了材料成本的增加。

另外，维修费用能够大幅降低。如，波音 787 的外场维护间隔时间从波音 767 的 500h 提高到 1000h，维修费用比波音 777 低 32% 等，也带来了可观的经济效益。

3. 舒适性

采用整体结构的复合材料机身，使波音 787 客舱的舷窗尺寸加大 30% 至 280mm×480mm，这意味着旅客可以在更大的视野下观看窗外的精彩世界。

复合材料整体结构具有优于铆接的铝合金的抗疲劳、抗腐蚀特性及气密性，可提高客舱相对湿度和气压，气压从现有客机相当于外界 2400m 高度的气压改善至相当于外界 1800m 高度的气压，相对湿度从 4% 提高到 15%，让旅客享受更舒适的空中旅行。

4. 环保性

在飞机上大量使用复合材料使得飞机的自身质量减轻，能够大幅降低燃油的消耗，对保护环境有较大贡献。如，波音 787 由于采用 50% 的复合材料结构，可节约 20% 燃油。

从 21 世纪初，复合材料在飞机上的应用已进入成熟期，对提高飞机战术技术水平、可靠性、耐久性和维护性的作用已无可置疑，其设计、制造和使用经验已日趋丰富。迄今为止战斗机使用的复合材料占所用材料总量的 30% 左右，新一代战斗机将达到 40%；直升机和小型飞机复合材料用量将达到 70% ~ 80%，甚至出现全复合材料飞机。"科曼奇"直升机机身的 70% 是由复合材料制成的，但仍计划通过减轻机身前下部质量以及将复合材料扩大到配件和轴承中，以使飞机再减轻 15% 的质量。"阿帕奇"为了减轻质量，采用复合材料代替金属机身。

由欧洲空客公司生产并于 2007 年 10 月进行首次商业航行的空客 A380 飞机 [主要技术参数：翼展：79.8m；机长：73m；宽度：7.14m；最大起飞质量：560t；巡航速度：0.89 马赫（1 马赫 = 1225.08km/h）；载客量：555 人；最大航程：1.5 万 km] 是目前世界上唯一采用全机身长度双层客舱的飞机，定位于先进、宽敞、高效。A380 飞机复合材料用量占材料总质量的 25%，其中央翼盒重 11t，使用的复合材料为 4.5t，与使用金属材料相比，减重 1.5t。复合材料在 A380 飞机上应用示意如图 1-4 所示。

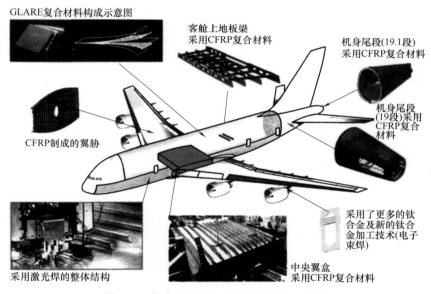

图 1-4 复合材料在空客 A380 飞机上应用

由美国波音公司生产并于 2011 年 9 月投入运营的波音 787 客机（主要技术参数：翼展：50.3 ~ 51.8m；机长：55.5m；高度：16.5m；最大起飞重量：163t；巡航速度：0.85马赫；载客量：289 人；最大航程：1.57 万 km）复合材料用量占材料总质量的 50%，节省燃油 20%，为当时复合材料在大型民航客机的最大使用比例，并且首次采用复合材料制造整个机身，也是当时先进复合材料技术的应用最高水平。复合材料在波音 787 飞机上应用示意如图 1-5 所示。

许多中国企业参与了波音 787 复合材料部件的制造，其中成都飞机公司制造了方向舵，沈阳飞机公司制造了垂直尾翼前缘，哈尔滨飞机公司制造了上部和下部翼身整流罩面板、垂直尾翼。

波音 787 客机上大量使用复合材料，与其他大量采用金属材料制造的飞机相比，波音787 飞机更轻、机舱的环境更舒适、更节省燃油，投入运营后，受到了飞机驾驶员、乘客

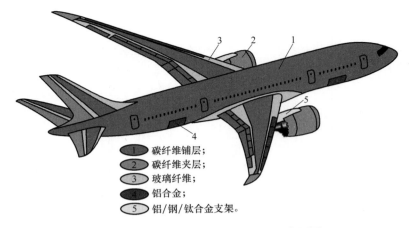

1 碳纤维铺层；
2 碳纤维夹层；
3 玻璃纤维；
4 铝合金；
5 铝/钢/钛合金支架。

图 1-5 复合材料在波音 787 飞机上应用图

和航空公司的好评，也进一步推动了航空复合材料的技术进步与应用。

由欧洲空客公司生产，于 2015 年 1 月 15 日首次商业航行的空客 A350 客机复合材料占总质量 52%，机身、机翼、尾翼、翼身整流罩等部件均采用复合材料，这也是当时复合材料用量最多的大型民航客机。复合材料在空客 A350 飞机的应用示意如图 1-6 所示。

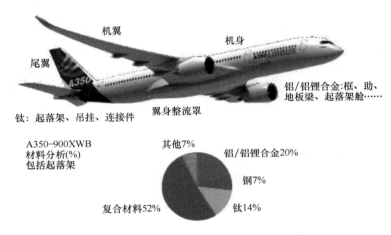

图 1-6 复合材料在空客 A350 飞机上应用

在军用飞机上也大量使用复合材料。F/A-22 复合材料占其结构总重的 23%～25%。主要应用部位：机翼（蒙皮和部分梁），平尾及平尾大轴，前、中机身蒙皮等。F-35 是美国研制的轻型低成本多用途隐身战斗机，复合材料用量为 30%～35%。主要应用部位：机翼，机身，垂尾，平尾，进气道等。EF-2000 复合材料约占其结构总重的 50%。主要应用部位：前、中机身，机翼，垂尾，前翼机体表面等。欧洲军用运输机 A400M 复合材料用量为 35%～40%。

近年来，随着我国复合材料技术的进步，我国生产的飞机上越来越多地使用了复合材料。例如由国内 3 家科研单位合作开发研制的某歼击机复合材料垂尾壁板，比原铝合金结构轻 21kg，减重 30%。北京航空制造工程研究所研制并生产的双马来酰亚胺单向碳纤维预浸料及其复合材料已用于飞机前机身段、垂直尾翼安定面、机翼、阻力板、整流壁板等构件。由北京航空材料研究院研制的热塑性树脂单向碳纤维预浸料及其复合材料具有优异的抗断裂韧性、耐水性、抗老化性、阻燃性和抗疲劳性能，适合制造飞机主承力构件，可在120℃下长期工作，已用于飞机起落架舱护板前蒙皮。

图1-7　L15高级教练机

由中国航空工业洪都集团公司生产的2006年3月实现首飞的L15高级教练机（图1-7）中，复合材料结构占机身结构重量比率约25%，占飞机结构重量比率约9%。

图1-8　AC313直升机

由中国航空工业直升机设计研究所设计、昌河飞机集团公司生产，2010年3月18日实现首飞的AC313大型民用直升机（图1-8）（最大起飞重量为13.8t，可搭载27名乘客或运送15名伤员，最大航程为900km）旋翼系统，采用先进复合材料桨叶和钛合金球柔式主桨毂，机体为金属+复合材料结构，复合材料使用面积占全机的50%）。

"运-20"重型运输机，代号"鲲鹏"，于2013年1月26日首飞成功。该飞机机体长47m，翼展45m，高15m，实用升限是$1.3×10^4$m，最高载重量是66t，最大起飞质量220t，因此跻身全球十大运力最强运输机之列。"运-20"于2016年7月6日列装空军，7月7日列装后首飞。"运-20"舱内部分内饰构件使用了阻燃玻纤增强环氧树脂、玻纤增强酚醛树脂预浸料复合材料。该复合材料具有高比强度和高比刚度的特点，阻燃和低烟雾的优势更为明显，不仅成功为飞机结构减重，还提高了飞机的防火安全性能。

我国研制的2017年5月5日成功实现首飞的C919大型客机（图1-9），最大载客量190人，复合材料用量占总质量11.5%。C919的方向舵、平尾、雷达罩、机翼前后缘、活动翼面、翼梢小翼、翼身整

图1-9　C919飞机

流罩、后机身、尾翼等部件都采用复合材料制作。

此外，我国正在研制的 C929 大型客机复合材料设计用量占总质量超过 50%，采用复合材料制作机身，将使我国大型客机的复合材料设计与制造达到世界先进水平。

Z9 武装直升机（图 1-10）的旋翼、尾桨全部采用复合材料，机体所用的材料：59% 复合材料；28% 铝板、Nomex 填芯夹层结构；13% 普通铆接铝合金结构。Z10 武装直升机（图 1-11）主桨由 5 片全复合材料桨叶构成，直径约为 12m，尾桨为 4 片弹性玻璃纤维宽叶。通过大量采用吸收雷达波长的复合材料和涂装来缩短被敌人发现的距离，同时也达到减轻飞机重量的目的。

图 1-10　Z9 武装直升机

图 1-11　Z10 武装直升机

图 1-12　歼 20 飞机

歼 20 飞机（图 1-12）复合材料用量占材料总量 20% 左右，机身、机翼、垂尾、进气口以及鸭翼部分使用了复合材料。

经预测（图 1-13），2018—2027 年，全世界共需增加干线飞机 2.7 万多架，支线飞机 6800 架。中国需要增加大型喷气客机 2800 多架，支线客机近 1000 架。这为复合材料在飞机上的应用提供了广阔市场。

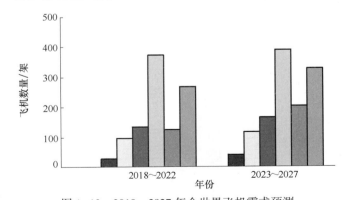

图 1-13　2018—2027 年全世界飞机需求预测

（二）在风力发电机上的应用

叶片是风力发电机中的关键部件之一，风机在工作过程中，叶片要承受强大的风载荷、砂石粒子冲击、紫外线照射等作用，因此必须对叶片体系进行精心设计和改进，使其能满足在恶劣环境下的正常运转要求。复合材料由于具有密度低、比强度高，以及良好的抗疲劳、抗蠕变、抗冲击等优点，成为当今风机叶片的首选。合理选择材料的基体和增强体，并充分考虑两者之间的相互作用，是风机叶片材料选择的关键。风力发电机叶片是一个由复合材料制成的薄壳结构，一般由根部、外壳和加强筋组成，复合材料在整个风电叶片中的质量一般占到90%以上。

风电叶片（图1-14）的基体材料通常使用热塑性材料或热固性塑料，这些材料的强度和模量都比较低，但由于其拥有良好的弹塑性，可经受住较大的应变。增强材料使用的纤维材料直径较小，一般在10μm以下，缺陷相对较小，具有较强的刚性，但呈脆性，易受到腐蚀、损伤及

图1-14 复合材料风电叶片

产生断裂。我国风机叶片的主要原材料是树脂和增强体材料，树脂有不饱和聚酯树脂、环氧树脂、乙烯基树脂，增强体材料有玻璃纤维、碳纤维，以及碳纤维和玻璃纤维混杂材料。

复合材料叶片的主要优点：①质量轻、强度高、刚度好，具有可设计性，可根据叶片受力特点设计强度与刚度，从而减轻叶片的质量。②冲击缺口敏感性低，内阻尼大，抗震性好，抗疲劳强度高。③耐候性好，可满足在酸、碱、水汽等气候环境下的使用要求。④维护方便，除了每隔若干年对叶片表面进行涂漆外，一般不需要大的维修。

2022年7月5日，由上海电气风电集团自主研发的S112超长风电叶片顺利下线。该叶片长达112m，是目前国内最长风电叶片，也标志我国风电叶片生产处于全球领先水平。

（三）在高铁及汽车上的应用

碳纤维复合材料可用作高速列车的车身结构、转向架、刹车盘、受电弓滑板、内饰、承重结构件或其他零部件。与铝合金和铸钢相比，机械强度提高了35%，抗冲击强度提高了20%，并且列车的整体重量降低了不少，能够有效地减少能耗。

据行业专家预测，如果碳纤维复合材料的原材料价格和工艺成本进一步降低，在高铁中的应用还有相当大的发展空间，可能会达到30%左右。目前碳纤维复合材料能够充分满足轨道车辆内饰件及非主要承载力结构件对强度、刚度、减重等方面的基本要求。在大部分的舱内部件，如车体壁板、厕所、盥洗室、座椅、水箱等部位中，碳纤维复合材料不仅减重，还体现出更为理想的耐疲劳和耐腐蚀性优势。随着碳纤维材料应用技术的进步，其在高铁车辆中的应用也在不断扩展。国内碳纤维零部件制造商智上新材料公司在长达5年的碳纤维高铁零部件制作基础上，已开始批量化生产碳纤维高铁司机驾驶舱系列部件，

包括碳纤维司机控制台面板及驾驶室组合部件等。

传统燃油汽车车体自重每减少 10%，汽车的燃油效率即可提高 6%～8%，有实验数据证明，汽车每减少 100kg 重量，行驶 100km 可节省 0.3～0.6L 油耗，二氧化碳排放相应减少约 500g。对于新能源汽车来说，轻量化的意义更加重大。采用碳纤维复合材料替代传统的金属材料是新能源汽车减轻自重最有效的方式之一。目前碳纤维复合材料被用来制造汽车车轮轮毂、方向盘、引擎盖及汽车内饰件等，今后将被用来制造汽车车身。碳纤维复合材料不仅重量轻、强度大，良好的吸能效果也是其重要的应用理由。当汽车受撞击时，碳纤维复合材料可很好地吸收由碰撞产生的巨大冲击力，起到良好的缓冲减震效果，减少因撞击产生的碎片，有效提升汽车的安全性能。

（四）在体育用品上的应用

随着体育运动的逐渐发展，体育材料开始日新月异。现代竞技体育促进了高性能复合材料在体育器材及用品中的应用。最开始的撑杆跳高中的跳杆为木制材料，由于此类材料不具备弹性转化动能的能力，所以最终被淘汰。20 世纪 50 年代左右，复合材料开始被应用到体育项目中，由玻璃纤维与有机树脂黏合制造成玻璃纤维复合杆，质量轻、经久耐用、弹性好，从而成为撑杆跳高运动员得心应手的器材。20 世纪末，利用合成树脂与碳纤维进行复合加工的复合材料有着远超一般材料的弹性和韧性，能够最大程度地将势能转化为动能，进而大大提升运动员撑杆跳高的成绩。

当前，随着竞技体育的发展和大众体育的普及，特别是我国"健康中国"的建设，参加体育活动和健身运动的人数越来越多，人们对高性能体育器材的需求越来越大。当然，"轻质高强"的复合材料体育器材也越来越受到人们的青睐。用复合材料制作的体育器材有撑杆、高尔夫球杆、冰球棒、钓鱼竿、网球拍、羽毛球拍、滑雪板、冲浪板、帆船板、滑雪车、赛艇、自行车、登山工具、弓箭等。

特别值得一提的是，北京 2022 年冬奥会火炬（图 1-15）是用碳纤维复合材料制作的，其中火炬外壳是碳纤维增强陶瓷基复合材料，解决了碳纤维复合材料在极端条件下的应用瓶颈，实现了火炬外壳在高于 800℃的氢气燃烧环境中正常使用，而且破解了火炬外壳在 1000℃高温制备过程中起泡、开裂等难题。除了耐高温外，冬奥会的火炬也很轻，便于火炬运输及传递活动。

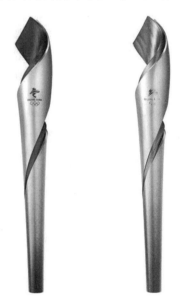

图 1-15　北京 2022 年冬奥会火炬

复合材料还被广泛应用在航天、武器装备、电子电器、建筑、市政设施等领域，主要用来制作火箭零部件、航天器零部件、导弹零部件、电路板、电线杆、路灯灯具、墙体材料、建筑装饰及雕塑、活动板房、桌椅、阴井盖、卫生洁具、下水管道、输气管道、输油管道、贮仓、公园游乐设施等，在推动科技进步、促进社会发展、提高人们生活水平与质量方面发挥重要作用。

第五节 复合材料的未来趋势

1. 降低纤维价格和开发新纤维

碳纤维性能优异，但价格昂贵，从而限制了它的应用范围，主要应用在航空航天及国防军工领域。应当从碳纤维原材料开发、生产技术改进等方面进一步降低碳纤维的价格，拓展碳纤维的应用领域。

另外，开发一些性能好、价格低的新纤维也是复合材料研究的一个重要方向。超高相对分子质量聚乙烯纤维、聚酰亚胺纤维、碳化硅纤维、玄武岩纤维、聚苯并双噁唑纤维、聚芳酯纤维等新型纤维目前逐渐得到推广应用。

2. 扩大复合材料的应用

复合材料具有"轻质高强"的优点，但与传统单一材料相比，复合材料产品的价格更高，限制了其在部分领域的应用。当然，从产品的整个使用周期来看，复合材料的价格并不高。例如，有的复合材料管道管用50年，那它的年使用成本远低于其他材料的管道。应当从产品整个使用周期成本角度，进一步推广复合材料的应用领域。

另外，复合材料的基体材料一般为化学合成材料，人们对其环保性、安全性有所顾虑，也限制了复合材料的应用。现在企业都是严格按照国家技术标准或规范进行生产，所生产的复合材料产品都是符合国家质量标准的，环保性、安全性是有保证的。因此，还要从提高人们对复合材料产品的认识的角度，进一步推广复合材料的应用。

3. 发展新的设计、制备方法和新的复合技术

复合材料除了具有原组分材料的性能之外，还具有原组分材料不具备的新性能，能够满足人们对材料性能更高的要求。从理论上讲，复合材料比单一材料具有更好的性能，能够进一步推动科技进步和社会发展。但是，受限于复合材料的生产技术能力与水平，有的复合材料并不能制造出来。因此，发展新的设计、制备方法和新的复合技术对复合材料的发展尤为重要。

大多数复合材料只包含一种增强材料或增强纤维。当然，性能越好的纤维，它的价格也越高。因此，在满足复合材料产品性能要求的前提下，人们选用性能较低、价格也较低的一种或多种纤维加上性能好、价格高的纤维作为混杂纤维制备复合材料，有利于降低复合材料的成本。

不同纤维的性能也不相同，多种纤维在性能上可以取长补短，能够提高增强材料的整体性能，从而提高复合材料的性能。

4. 发展功能、多功能、机敏、智能复合材料

复合材料的性能取决于组分材料的性能，不同组分材料的复合使得复合材料的性能具有可设计性。从理论上讲，任何性能的复合材料都可以通过组分材料的品种、含量、复合方式等方面设计并制造出来。随着科技进步和社会发展的需要，人们往往对材料性能的要求也更高。材料在满足结构强度的同时还要具备某种或多种功能，如导电、磁性、光学等。而且，人们也希望材料不光是材料，最好具备器件的功能，对材料器件化的需求也越来越大。单一材料几乎不可能满足这些要求，复合材料就可大显身手。因此，功能复合材料、多功能复合材料、机敏复合材料、智能复合材料是未来发展的重要方向。

5. 发展纳米复合材料和仿生复合材料

纳米材料由于尺寸效应在力学、电学及表面性能方面有着优异表现。选用纳米颗粒或纳米纤维作为增强材料可显著提高复合材料的性能。但纳米颗粒或纳米纤维在复合材料基体中的分散及与基体复合是人们研究的热点与难点问题。

人们在自然界中发现了不少动植物具有很好的性能。比如荷叶是很好的疏水材料，竹子和动物的骨骼是很好的梯度材料。人们通过分析天然材料的结构、组成特点等研制仿生复合材料，希望复合材料既具有天然材料的性能又具有合成材料在力学、热学等方面的新性能。

6. 发展复合材料回收再利用技术

为了满足人们对复合材料的强度、耐高温、耐腐蚀等性能的要求，近几十年热固性聚合物基复合材料，如环氧树脂基复合材料、不饱和聚酯树脂基复合材料得到了长足发展和广泛应用，而且绝大多数复合材料都是此类复合材料。但是，由于热固性聚合物基体是不溶不熔材料，不能像热塑性聚合物，如聚乙烯、聚丙烯等材料，通过加热熔融、冷却凝固就可回收再利用。这样使得不少超过使用期限的复合材料产品成为废弃物，面临污染环境的难题。随着复合材料的用量越来越大，特别是达到使用期限的复合材料产品也越来越多，如何回收再利用复合材料是亟须解决的问题。

早期的复合材料废料通常被焚烧并填埋处理，但该处理方法会造成大气污染和土壤污染，已被很多国家禁止。出于对节约资源、保护环境、社会可持续发展的考虑，世界各地的研究人员已开发出了许多回收处理复合材料废料的技术，部分技术已从试验转化进入工业化模式。目前，复合材料回收技术主要有物理回收法、能量回收法和化学回收法三大类。其中，化学回收法是使树脂基体降解成小分子化合物或低聚物，从而实现与纤维、填料等分离。既能回收增强纤维与填料，又能将树脂作为原料或能量进行回收，是最有发展前途的复合材料回收再利用的方法。

习题与思考题

1. 复合材料的定义是什么？如何命名复合材料？
2. 由两种或两种以上材料组成的材料都是复合材料吗？为什么？
3. 复合材料有哪些优点？存在的主要问题是什么？
4. 为什么复合材料被越来越多地用于制造飞机零部件？
5. 请谈谈你对复合材料的应用及未来发展的看法。

参 考 文 献

[1] 尹洪峰，魏剑. 复合材料 [M]. 2 版. 北京：冶金工业出版社，2021.
[2] 冀芳，李忠涛. 复合材料概论 [M]. 成都：电子科技大学出版社，2020.
[3] 黄丽. 聚合物复合材料 [M]. 2 版. 北京：中国轻工业出版社，2016.
[4] 倪礼忠，陈隙. 复合材料科学与工程 [M]. 北京：科学出版社，2002.
[5] 王荣国，武卫莉，谷万里. 复合材料概论 [M]. 哈尔滨：哈尔滨工业大学出版社，1999.

［6］ 宁莉，杨绍昌，冷悦，等. 先进复合材料在飞机上的应用及其制造技术发展概述［J］. 复合材料科学与工程，2020，18（5）：123-128.

［7］ 郭克星，夏鹏举. 智能复合材料的研究进展［J］. 功能材料，2019，50（4）：4017-4022+4029.

［8］ 吴为，徐柄桐，张荣霞，等. 交叠增韧仿生复合材料的研究进展［J］. 材料导报，2016，30（19）：1-6+25.

［9］ 杜晓. 碳纤维复合材料回收与再利用技术进展［J］. 高分子材料科学与工程，2020，36（8）：182-190.

［10］ 王威力，张松，王笛，等. 复合材料回收与降解的研究进展［J］. 纤维复合材料，2023，40（2）：111-114.

第二章 复合材料基体材料

第一节 聚合物基体

随着新能源汽车、高端制造、航空航天等行业的快速发展，我国制造业越来越注重复合材料的发展。且随着我国"力争2030年前实现碳达峰，2060年前实现碳中和"目标的提出，复合材料的发展优先级越来越靠前。塞锡高院士提出："想要材料既耐腐蚀、耐高温又质量轻、易加工、可溶解，就要从改变分子结构出发。"聚合物基体对复合材料的力学性能有重要影响，如纵向拉伸，压缩性能、疲劳性能、断裂韧性等。聚合物基体的主要作用包括：①黏结作用。基体材料作为连续相，把单根纤维粘成一个整体，使纤维共同承载。②保护纤维。在复合材料的生产与应用中，基体可以防止纤维受到磨损、遭受浸蚀。③均衡载荷、传递载荷。在复合材料受力时，力通过基体传递给纤维。聚合物基体按树脂热行为可分为热固性树脂基体和热塑性树脂基体。热固性树脂基体包括环氧树脂、酚醛树脂、双马来酰亚胺树脂、不饱和聚酯等，未固化前通常为相对分子质量较小的液态或固态预聚体，经加热或固化剂固化后，形成不溶不熔的三维网状高分子。热塑性树脂基体包括聚丙烯（PP）、聚酰胺（PA）、聚碳酸酯（PC）、聚醚酮（PEK）、聚醚醚酮（PEEK）等，为线型或有支链的固态高分子，可溶可熔，可反复加工成型。

几种常用树脂的性能见表2-1。

表2-1　　　　　　　　　　　　几种常用树脂的性能

名称	相对密度/（g/cm³）	拉伸强度/MPa	伸长率/%	模量/×10³MPa	抗压强度/MPa	抗弯强度/MPa
环氧树脂	1.1~1.3	60~95	5.0	3.0~4.0	90~110	100
酚醛树脂	1.3	42~64	1.5~2.0	3.2	88~110	78~120
不饱和聚酯树脂	1.1~1.4	42~71	5.0	2.1~4.5	92~190	60~120
聚酰胺	1.1	70	60.0	2.8	90	100
聚乙烯		23	60.0	8.4	20~25	25~29
聚丙烯	0.9	35~40	200.0	1.4	56	42~56
聚苯乙烯		59	2.0	2.8	98	77
聚碳酸酯	1.2	63	60.0~100.0	2.2	77	100

一、热固性树脂

热固性树脂是一种高分子聚合物材料，分子链通过化学交联在一起，形成刚性的不溶不熔的三维网络结构。热固性树脂具有优良的综合性能：高强度、耐热性好、电性能优良、抗腐蚀、耐老化、尺寸稳定性好等。环氧树脂、不饱和聚酯树脂和酚醛树脂等是最常见的热固性树脂。

（一）环氧树脂

环氧树脂是分子中含有两个或两个以上环氧基团的一类高分子化合物。环氧树脂由于具有优良的工艺性能、力学性能和物理性能，价格低，作为涂料、胶黏剂、复合材料树脂基体、电子封装材料等，广泛应用于机械、电子、航空、航天、化工、交通运输、建筑等领域。

（1）环氧树脂的分类及命名　环氧树脂分子结构主要分为 5 类：缩水甘油醚类、缩水甘油酯类、缩水甘油胺类、线型脂肪族类和脂环族类。前 3 类环氧树脂是由环氧氯丙烷与含活泼氢原子的化合物如多元酚、多元醇、多元酸、多元胺等缩聚而成，后 2 类是从含不饱和双键烯烃类化合物经环氧化制得的。

缩水甘油醚类
$$R\!-\!OCH_2CH\!-\!CH_2$$
$$O$$

缩水甘油酯类
$$R\!-\!CO_2CH_2CH\!-\!CH_2$$
$$O$$

缩水甘油胺类
$$R\!-\!N\!-\!CH_2CH\!-\!CH_2$$
$$R'\qquad O$$

线型脂肪族类
$$R\!-\!CH\!-\!CH\!-\!R'\!-\!CH\!-\!CH\!-\!R''$$
$$O\qquad\qquad O$$

脂环族类
$$\begin{array}{c}C\!-\!C\\O\ |\ R\ |\ O\\C\!-\!C\end{array}$$

缩水甘油醚类环氧树脂是由含活泼氢的酚类和醇类与环氧氯丙烷缩聚而成的。其中最主要且产量最大的一类是由二酚基丙烷与环氧氯丙烷缩聚而成的二酚基丙烷型环氧树脂。其次一类是由二阶线型酚醛树脂与环氧氯丙烷缩聚而成的酚醛多环氧树脂。此外，还有用乙二醇、丙三醇、季戊四醇和多缩二元醇等醇类，与环氧氯丙烷缩聚而得的缩水甘油醚类环氧树脂。二酚基丙烷型环氧树脂是环氧树脂中最主要且产量最大的品种，二酚基丙烷型环氧树脂的分子结构有下列通式：

$$H_2C\!-\!CH\!-\!CH_2\!\!\left[O\!-\!\!\bigcirc\!\!-\!\!\underset{CH_3}{\overset{CH_3}{C}}\!\!-\!\!\bigcirc\!\!-\!O\!-\!CH_2\!-\!\underset{OH}{CH}\!-\!CH_2\right]_n\!\!O\!-\!\!\bigcirc\!\!-\!\!\underset{CH_3}{\overset{CH_3}{C}}\!\!-\!\!\bigcirc\!\!-\!O\!-\!CH_2\!-\!CH\!-\!CH_2$$

合成二酚基丙烷型环氧树脂的原料是二酚基丙烷与环氧氯丙烷。控制环氧氯丙烷与二酚基丙烷的摩尔配比和合适的反应条件，可合成不同 n 值（即不同相对分子质量）的树脂，由此可得到一系列不同牌号的环氧树脂。低相对分子质量树脂（$n=0\sim1$）在常温下是黏性的液体，中、高相对分子质量树脂（$n\geqslant1$）在常温下是固体。但必须指出一点，即环氧树脂某些性能的理论值和实际值是有差异的，其原因是合成得到的树脂实际上是不同 n 值（即不同相对分子质量）的混合物。

低相对分子质量液态树脂的合成方法大致归纳为两种工艺路线：

第一种工艺称为一步法：二酚基丙烷和环氧氯丙烷在氢氧化钠作用下缩合（即开环和闭环反应在同一反应条件下进行）。

环氧氯丙烷在碱催化作用下与二酚基丙烷进行加成反应，并闭环生成环氧化合物。反应机理如下：

第二种工艺称为二步法：二酚基丙烷和环氧氯丙烷在催化剂（如季铵盐）存在下，第一步通过加成反应生成二酚基丙烷氯醇醚中间体，第二步在氢氧化钠存在下进行闭环反应，生成环氧树脂。

中、高相对分子质量固态树脂的合成方法亦有两种工艺，第一种工艺称为一步法，二酚基丙烷和环氧氯丙烷在氢氧化钠存在下进行缩合反应。用于制造中等相对分子质量的固态树脂，国内生产 E-20、E-14、E-12 等型号环氧树脂基本上采用此法。第二种工艺称为二步法，也称融熔聚合、添加法，即液态 E-型环氧树脂和二酚基丙烷在催化剂存在下进行加成反应。制造高相对分子质量的固态环氧树脂（E-10、E-06、E-03 等）都采用此法。

工业环氧树脂实际上是含不同聚合度分子的混合物。其中大多数分子是含有两个环氧基端基的线型结构。少数分子可能支化，极少数分子终止的基团是氯醇基团而不是环氧基。因此环氧树脂的环氧基含量、氯含量等对树脂的固化及固化物的性能有很大的影响。工业上作为树脂控制指标的有：

① 环氧值　环氧值是鉴别环氧树脂质量的最主要的指标，工业环氧树脂型号就是按照环氧值的不同来区分的。

环氧值是指每 100g 树脂中所含环氧基的摩尔数。例如，相对分子质量为 340，每个分子含两个环氧基的环氧树脂，它的环氧值为 $100 \times 2/340 = 0.59$。环氧值的倒数乘以 100 就称为环氧摩尔质量。环氧摩尔质量的含义是：含有 1 摩尔环氧基的环氧树脂的质量。例如环氧值为 0.59 的环氧树脂，其环氧摩尔质量为 170。

根据树脂的环氧值或环氧摩尔质量的数据，可以大致上估计该树脂的平均相对分子质量。对未支化的，分子链两端各带一个环氧基的树脂，其数均相对分子质量是环氧摩尔质量的 2 倍。

② 无机氯含量　树脂中的氯离子能与胺类固化剂起络合作用而影响树脂的固化，同时也影响固化树脂的电性能，因此氯含量也是工业环氧树脂的一项重要指标。

③ 总氯含量　通过总氯含量和无机氯含量，可以计算树脂的有机氯含量。树脂中的有机氯含量标志着分子中未起闭环反应的那部分氯醇基团的含量，它的含量应尽可能地降低，否则也要影响树脂的固化及固化物的性能。

$$有机氯含量 = 总氯含量 - 无机氯含量（摩尔/100g）$$

④ 挥发分　树脂中在常温常压下会挥发的成分，主要是一些溶剂。

⑤ 相对分子质量　工业环氧树脂除需控制上述几个主要指标外，还需控制液体树脂的黏度或固体树脂的软化点等指标。

E-44 环氧树脂的技术指标：

外观：黄至琥珀色高黏度透明液体。

环氧值：0.41～0.47 摩尔/100g。

有机氯：≤0.020 摩尔/100g。

无机氯：≤0.001 摩尔/100g。

挥发分：≤1%。

软化点：12～20℃。

缩水甘油酯类环氧树脂是由环氧氯丙烷与有机酸在碱性催化剂存在下，生成的氯化醇脱去氯化氢所得的产物。缩水甘油酯环氧树脂和二酚基丙烷环氧树脂相比较，具有黏度低、使用工艺性好，反应活性高，黏合力比通用环氧树脂高，固化物力学性能好，电绝缘性，尤其是耐漏电痕迹性好，耐超低温性良好，在 -196～-253℃超低温下，仍具有比其他类型环氧树脂高的黏接强度；表面光泽度较好，透光性、耐气候性好等优点。

$$R-\overset{\displaystyle O}{\underset{\displaystyle OH}{C}}+CH_2-CH-CH_2Cl\xrightarrow{催化剂}R-\overset{\displaystyle O}{\underset{\displaystyle OCH_2-\underset{Cl}{CH}-CH_2}{C}}\xrightarrow{碱}R-\overset{\displaystyle O}{\underset{\displaystyle O-CH_2-CH-CH_2}{C}}$$

缩水甘油胺类环氧树脂是由环氧氯丙烷与脂肪族或芳香族伯胺或仲胺类化合物反应而成的环氧树脂。这类树脂的特点是多官能度、环氧当量高、交联密度大、耐热性可显著提高，但其主要缺点是脆性较大。

线型脂肪族环氧树脂的特点是在分子结构中既无苯核，又无脂环结构，仅有脂肪链，环氧基与脂肪链相连。因为这类树脂的脂肪链是与环氧基直接相连的，所以柔韧性比较好，但耐热性较差。

脂环族环氧树脂是由脂环族烯烃的双键经环氧化制得的，它们的分子结构和双酚 A 型环氧树脂及其他环氧树脂有很大差异。前者的环氧基都直接连接在脂环上，而后者的环氧基都是以环氧丙基醚连接在苯环或脂肪烃上。脂环族环氧树脂的固化物具有下列一些特点：较高的抗拉强度和抗压强度；长期暴露在高温条件下仍能保持良好的力学性能和电性能；耐电弧性好；耐紫外光老化性能及耐气候性较好。

环氧树脂的命名方法（环氧树脂的代号及类别见表2-2）：

① 环氧树脂以一个或两个汉语拼音字母与两位阿拉伯数字作为型号，以表示类别及品种。

② 型号的第一位采用主要组成物质名称，取其主要组成物质汉语拼音的第一个字母，若遇相同则相加取第二个字母，以此类推。

③ 第二位组成中若有改性物质，则也用汉语拼音表示；若未改性则加一标记"-"。

④ 第三位和第四位是标志出该产品的主要性能，环氧值的算数平均值×100。

例如：ET - 51 ← 环氧值 × 100（主组分、改性物）

代号 ET-51 表示"环氧值为 0.51 有机钛改性二酚基丙烷型环氧树脂"。

例如：EX-44

代号 EX-44 表示"环氧值为 0.44 溴改性二酚基丙烷型环氧树脂"。

表 2-2　　　　　　　　　　　　环氧树脂代号及类别

代号	环氧树脂类别	代号	环氧树脂类别
E	二酚基丙烷型环氧树脂	N	酚钛环氧树脂
ET	有机钛改性二酚基丙烷型环氧树脂	S	四酚基环氧树脂
EG	有机硅二酚基丙烷型环氧树脂	J	间苯二酚环氧树脂
EX	溴改性二酚基丙烷型环氧树脂	A	三聚氰酸环氧树脂
EL	氯改性二酚基丙烷型环氧树脂	R	二氧化双环戊二烯环氧树脂
Fi	二酚基丙烷侧链型环氧树脂	Y	二氧化乙烯基环己烯环氧树脂
F	酚醛多环氧树脂	YJ	二甲基代二氧化乙烯基环己烯环氧树脂
B	丙三醇环氧树脂	D	环氧化聚丁二烯环氧树脂
L	有机磷环氧树脂	W	二氧化双环戊烯基醚树脂
H	3,4-环氧基-6-甲基环己烷甲酸 3′,4′-环氧基-6-甲基环己烷甲酯	Zg	脂肪酸甘油酯
G	硅环氧树脂	Ig	脂环族缩水甘油酯

常用环氧树脂代号：

统一代号：E-51　　E-44　　E-42　　E-20　　E-12

原代号：618　　6101　　634　　601　　604

（2）环氧树脂的固化剂及稀释剂　环氧树脂本身为热塑性的线型结构，受热后固态树脂可以软化、熔融，变成黏稠态或液态，液态树脂受热黏度降低，只有加入固化剂后，环氧树脂才能使用。如图 2-1 所示，环氧树脂的组成物由 4 种成分组成。然而在实际应用时，不一定 4 种成分都要具备，但固化剂是必不可少的重要组成成分。

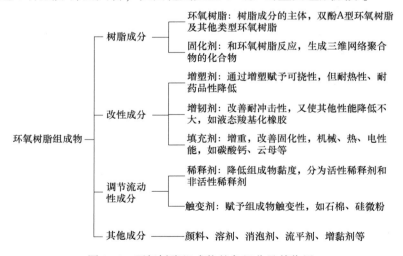

图 2-1　环氧树脂组成物的各组分及其作用

① 固化剂　环氧树脂本身是热塑性的线型结构，不能直接应用，必须和固化剂在一定温度条件下发生反应，形成不溶不熔的具有三维网状结构的高聚物后才能使用。如图 2-2 所示，环氧树脂的固化剂大体上分为显在型和潜伏型两类。

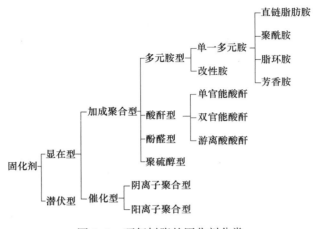

图 2-2　环氧树脂的固化剂分类

显在型固化剂（以下称为固化剂）分为加成聚合型和催化型。加成聚合即打开环氧树脂中的环氧基环进行加成聚合反应。因为凡是具有两个或两个以上活泼氢的化合物皆可作为固化剂，所以其种类很多。对于这种加成聚合反应，固化剂本身参加到已形成的三维网络结构中，如其用量不足，则固化产物中还存在着未反应的环氧基团。因此，就这类固化剂的加入量来说，有一个合适的配合量。催化型固化剂则以阳离子方式或以阴离子方式使环氧基开环进行加成聚合，而本身不参加到三维网络结构中，因此不存在等当量反应的合适量，增加其用量反使固化反应速率加快，不利于固化产物性能的稳定。潜伏型固化剂也都可以列入加成聚合型催化剂中，它具有加成聚合型催化剂所不具有的潜伏特性和使用方便性。

a. 脂肪族多元伯胺固化剂　固化原理：

一元胺固化剂

$$R—NH_2 +CH_2—CH—CH_2— \quad \longrightarrow \quad R—N—CH_2—CH— \qquad 生成肿胺$$

$$R—N—CH_2—CH +CH_2—CH—CH_2— \quad \longrightarrow \quad RN \qquad 生成叔胺$$

二元胺固化剂

$$H_2NRNH_2 +CH_2—CH—CH_2 \longrightarrow$$

固化剂用量的计算：

每一个活泼氢原子都可使一个环氧基打开，则：

$$胺的用量(phr) = 胺当量 \times 环氧值 = \frac{胺相对分子质量}{胺所含活泼氢数量} \times 环氧值$$

式中 phr——每 100 份（质量）树脂所需固化剂的质量份数。

例：树脂的环氧值为 0.51，使用三乙烯四胺固化剂，求三乙烯四胺的用量。

胺摩尔质量 = 146/6 = 24.3；

三乙烯四胺用量（phr）= 24.3×0.51 = 12.4。

b. 多元羧酸酐固化剂 固化原理

酸酐开环引发剂：水分，羟基；叔胺；三氟化硼

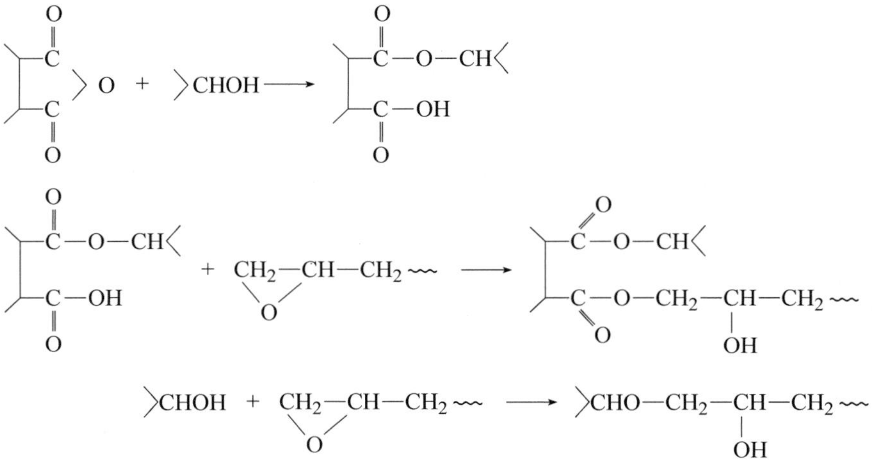

固化剂用量的计算：

酸酐用量（phr）= C×酸酐当量×环氧值；

一般酸酐 C = 0.85，含卤素酸酐 C = 0.60，加有叔胺催化剂 C = 1.0。

$$酸酐当量 = \frac{酸酐相对分子质量}{酸酐基团数}$$

例：树脂的环氧值为 0.44，苯酐作固化剂，求苯酐用量。

酸酐摩尔质量 = 148/1 = 148；

酸酐用量（phr）= 0.85×148×0.44 = 55.4

常用固化剂特性见表 2-3。

表 2-3 常用固化剂特性

固化剂	黏度/熔点	用量/phr	典型固化周期
邻苯二甲酸酐	131℃	30~75	4~24h/150℃
均苯四甲酸二酐	284~286℃	32	5~20h/220℃
二乙烯三胺	0.005Pa·s	8~12	7d/25℃;24h/65℃
三乙烯四胺	0.025Pa·s	10~13	7d/25℃;2h/100℃
间苯二胺	62.6℃	13~15	3h/154℃

② 稀释剂　目前产量和用量最大的环氧树脂为双酚 A 二缩水甘油醚型环氧树脂。但是，该树脂在常温下黏度高，影响复合材料成型工艺。添加稀释剂可降低环氧树脂的黏度。环氧树脂使用稀释剂之后，浇铸时可使树脂有较好的渗透力，粘接及层压制品时使树脂有较好的浸润力。除此之外，选择适当的稀释剂有利于控制环氧树脂与固化剂的反应热；延长树脂混合物的适用期；可以增加树脂混合物中填充剂（填料）的用量。

选择稀释剂的原则如下：

a. 有效地降低树脂的黏度。

b. 降低树脂黏度的同时，要能满足树脂固化物（或产品）的性能要求。

c. 成本要低。

d. 低毒性或无毒性。

稀释剂分为两种：非活性稀释剂与活性稀释剂。

非活性稀释剂不能与环氧树脂及固化剂进行反应，纯属物理混入过程。非活性稀释剂多半为高沸点溶剂如苄醇（101.3kPa，205℃）等，还有苯、甲苯、二甲苯、醇、酮。聚氯乙烯用增塑剂如苯二甲酸二丁酯、苯二甲酸二辛酯，苯乙烯及邻苯二甲酸二烯丙酯等。非活性稀释剂的用量以 5%～20% 为宜。用量少时对物理性能几乎无影响，而耐药品性，特别是耐溶剂性能会受到影响。用量大时，固化物的物理性能会受到影响。在固化过程中，由于部分非活性稀释剂逸出挥发掉，会引起收缩性增加。

活性稀释剂在其化合物分子结构里带有一个或两个以上的环氧基，能够与固化剂参与反应。和非活性稀释剂比较，使用活性稀释剂的固化物有较高的交联密度；使用含有苯环的活性稀释剂，固化物的耐热性、耐药品性均强于非活性稀释剂。含有两个或两个以上环氧基的活性稀释剂，除了起稀释剂作用外，有的因其自身黏度低，有时还作为低黏度环氧树脂使用。

（3）环氧树脂的特点　环氧树脂的性能主要取决于分子结构。环氧基和羟基赋予树脂反应性，使树脂固化物具有很强的内聚力和胶接力；醚键和羟基是极性基团，有助于提高浸润性和黏附力；醚键和 C—C 键使大分子具有柔韧性；苯环赋予聚合物以耐热性和刚性。环氧树脂具有以下特点：

优点：

① 形式多样　各种树脂、固化剂、改性剂体系几乎可以适应各种应用对形式提出的要求，其范围可以从极低的黏度到高熔点固体。

② 固化方便　选用几种不同的固化剂，环氧树脂体系几乎可以在 0～180℃ 温度范围内固化。

③ 黏附力强　环氧树脂中固有的极性羟基和醚键的存在，使其对各种物质具有很高的黏附力。而环氧树脂固化时收缩性低也有助于形成一种强韧的、内应力较小的黏合键。由于固化反应没有挥发性副产物放出，进一步提高环氧树脂体系的黏结强度。

④ 收缩性低　环氧树脂和所用的固化剂的反应是通过直接加成来进行的，没有水或其他挥发性副产物放出。它们和酚醛、不饱和聚酯树脂相比，在固化过程中显示出很低的收缩性（小于 2%）。

⑤ 力学性能　固化后的环氧树脂体系具有优良的力学性能。

⑥ 电性能　固化后的环氧树脂体系在宽广的频率和温度范围内具有良好的电性能。

它们是一种具有高介电性能、耐表面漏电、耐电弧的优良绝缘材料。

⑦ 化学稳定性能　通常固化后的环氧树脂体系具有优良的耐碱性、耐酸性和耐溶剂性，像固化环氧树脂体系的大部分性能一样，化学稳定性取决于所选用的树脂和固化剂。适当地选用环氧树脂和固化剂，可以使其具有特殊的化学稳定性能。

⑧ 尺寸稳定性　上述许多性能的综合，使固化环氧树脂体系具有突出的尺寸稳定性和耐久性。

缺点：

① 未增韧时，固化物一般偏脆，抗剥离、抗开裂、抗冲击性能较差。

② 有些原材料（如活性稀释剂、固化剂等）有不同程度的毒性或刺激性，设计配方时应尽量避免选用，施工操作时应加强通风和防护。

（4）环氧树脂的增韧改性　环氧树脂是一种交联度很高的热固性材料，分子链间不易滑动，内应力大，从而导致固化后存在韧性不足、耐冲击性能较差和容易开裂等问题，因此需要对其进行改性。目前增韧环氧树脂的途径有以下几种：

① 用弹性体、热塑性树脂或刚性颗粒等第二相来增韧改性。

② 用热塑性树脂连续地贯穿于热固性树脂中形成互穿网络来增韧改性。

③ 通过改变交联网络的化学结构（如在交联网络中加入"柔性段"），以提高网链分子的活性能力来增韧。

④ 由控制分子交联状态的不均匀性来形成有利于塑性形变的非均匀结构来实现增韧。

（二）不饱和聚酯树脂

不饱和聚酯由不饱和二元羧酸（酸酐）、饱和二元羧酸（酸酐）与多元醇缩聚而成。不饱和二元羧酸或酸酐包括反丁烯二酸、顺丁烯二酸酐等，饱和二元羧酸或酸酐包括间苯二甲酸、邻苯二甲酸酐等，多元醇包括乙二醇、1,2-丙二醇等。

不饱和聚酯树脂指不饱和聚酯在乙烯基类交联单体中的溶液。组成成分包括不饱和聚酯、交联剂、引发剂、促进剂、阻聚剂、填料等。不饱和聚酯树脂最常用的乙烯基类交联单体是苯乙烯，除此之外还有乙烯基甲苯、二乙烯基苯、甲基丙烯酸甲酯等。不饱和聚酯树脂具有黏度低，工艺性好，生产成本低，价格较为便宜和成型温度低等优点。

（1）不饱和聚酯的合成

① 合成机理　不饱和聚酯的合成过程完全遵循线性缩聚反应历程，以酸酐和二元醇为例，首先进行酸酐的开环加成反应，形成羟基酸，开始链反应：

$$HO-R'-OH \quad + \quad R\overset{\displaystyle C}{\underset{\displaystyle C}{\overset{O}{\underset{O}{\bigcirc}}}}O \quad \longrightarrow \quad HO-R'-O-\overset{O}{\overset{\|}{C}}-R-\overset{O}{\overset{\|}{C}}-OH$$

二元醇　　　　　二元酸酐　　　　　　　　　羟基酸

二聚体羟基酸的端羟基或端羧基可以与二元酸或二元醇反应，形成三聚体。

$$HORO \cdot OCR'COOH + HOROH \Longleftrightarrow HORO \cdot OCR'CO \cdot OROH + H_2O$$

$$HOOCR'COOH + HORO \cdot OCR'COOH \Longleftrightarrow HOOCR'CO \cdot ORO \cdot OCR'COOH + H_2O$$

二聚体也可以自缩聚，形成四聚体。

$$2HORO \cdot OCR'COOH \rightleftharpoons HOOCR'CO \cdot ORO \cdot OCR'CO \cdot OROH + H_2O$$

羟基酸也可以自缩聚：

如此逐步下去，相对分子质量逐渐增加，最后得到不饱和聚酯。

② 合成方法　不饱和聚酯的品种很多，按产品性能可分为通用型、防腐型、自熄型、耐热型、低收缩型等，生产过程大致相似，以通用型为例，其生产过程如下：先通入二氧化碳，排除反应系统中的空气，然后依次投入丙二醇、邻苯二甲酸酐和顺丁烯二酸酐于反应釜，原料配比为 n（丙二醇）：n（邻苯二甲酸酐）：n（顺丁烯二酸酐）= 2.15：1：1；待二元酸熔化后开始搅拌，加热体系，物料温度逐渐升到 190~210℃。反应过程中逐渐排除由缩聚反应产生的水分，反应终点由酸值控制，待酸值合格后，把物料温度降至190℃，加入石蜡（防止树脂固化后表面发黏）和阻聚剂（增强树脂的储存稳定性），再在反应系统内加入计量的苯乙烯稀释，苯乙烯的作用为稀释剂和后期固化的交联剂。稀释完毕，将树脂冷却至室温，过滤，包装。

通用型不饱和聚酯树脂的技术指标如下：

黏度：0.2~0.5Pa·s。

酸值：28~36mg KOH/g。

凝胶时间（25℃）：10~25min。

固体含量：60%~66%。

（2）乙烯基酯树脂　乙烯基酯树脂是 20 世纪 60 年代发展起来的新型树脂。如丙烯酸树脂、丙烯酸环氧树脂以及乙烯酯等，因为它是由环氧树脂和含双键的不饱和一元羧酸加成聚合的产物，其工艺性能和不饱和聚酯树脂相似，化学结构又和环氧树脂相近，因而可称为结合聚酯和环氧两种树脂的长处而产生的一种新型树脂。

以乙烯基酯树脂为例（图 2-3），剖析树脂的分子结构和树脂性能的影响。

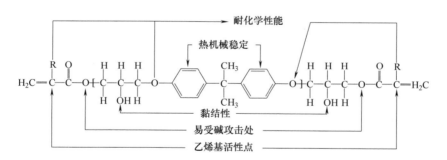

图 2-3　乙烯基酯树脂分子结构和性能

① 位于端基的乙烯基是一种活性较高的不饱和基团，可与不饱和单体发生快速的游离基聚合，使树脂快速固化。

② 甲基可屏蔽酯键，提高酯键的耐化学性能和耐水解稳定性。

③ 酯键，乙烯基酯树脂中，每单位相对分子质量中的酯键比不饱和聚酯中少 35%~50%，这样就提高了树脂在碱性溶液中的水解稳定性。

④ 仲羟基，分子链上的仲羟基与玻璃纤维或其他纤维表面上的羟基相互作用，可以改善对玻璃纤维或其他纤维的浸润性和黏结性。这是采用乙烯基酯树脂可以制得高强度的

复合材料的原因之一。

⑤ 环氧树脂主链，它可以赋予乙烯基酯树脂韧性。分子主链中的醚键可使树脂具有优异的耐酸性。乙烯基酯树脂的拉伸强度、断裂延伸率及热变形温度均受环氧树脂结构及相对分子质量的影响。

（3）不饱和聚酯树脂的固化　不饱和聚酯树脂的固化一般通过引发剂、光、高能辐射等引发不饱和聚酯中的双键与乙烯类单体进行游离基型反应，使线型的聚酯分子交联成具有三向网络结构的体型分子，如图 2-4 所示。

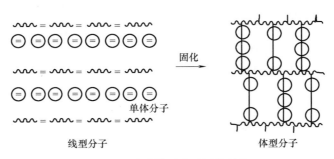

图 2-4　聚酯体型分子网络结构

不饱和聚酯树脂的固化过程可分为凝胶、硬化和熟化 3 个阶段。凝胶阶段是指从黏流态的树脂到失去流动性形成半固体凝胶。该阶段，树脂能熔融，并可溶于某些溶剂（如乙醇、丙酮等）中。这一阶段大约需要几分钟至几十分钟。硬化阶段是指从凝胶变成具有一定硬度和固定的状态，达到基本不粘手的状态。该阶段中，树脂与某些溶剂（如乙醇、丙酮等）接触时能溶胀但不能溶解，加热时可以软化但不能完全熔化。这一阶段大约需要几十分钟至几小时。熟化阶段是从硬化阶段具有一定的力学性能，经过后处理后具有稳定的化学与物理性能可供使用。该阶段中，树脂既不溶解也不熔融，这个阶段通常是一个很漫长的过程，需要几天、几周甚至更长的时间。

不饱和聚酯的固化是一种游离基型共聚反应，具有链引发、链增长及链终止反应特点。

① 链引发　用引发剂或紫外光进行链引发，形成初级自由基，初级自由基与不饱和聚酯和乙烯类单体形成单体自由基。

初级自由基的形成，可用于不饱和聚酯树脂固化反应，引发剂的种类有多种，如偶氮类引发剂、过氧化类引发剂、氧化-还原体系等。

过氧化二苯甲酰的分解过程如下：

② 单体自由基的形成，引发过程产生的初级自由基能进攻单体生成单体自由基，引发不饱和聚酯树脂低聚物和交联剂的固化反应。初级自由基可以进攻不饱和聚酯树脂低聚物，也可以进攻交联单体，得到不同的单体自由基。以不饱和聚酯树脂低聚物与苯乙烯组

成的树脂体系为例，其引发过程如下。

a. 初级自由基引发苯乙烯产生单体自由基

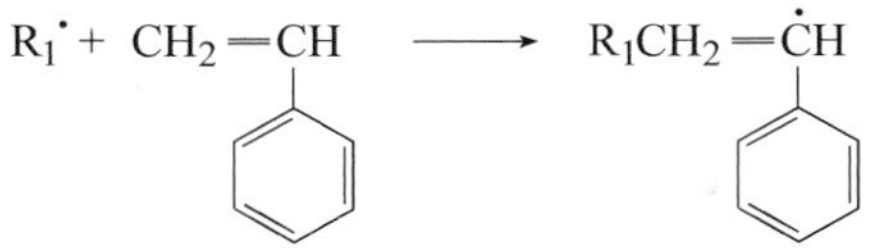

b. 初级自由基引发不饱和聚酯树脂低聚物产生单体自由基，在不饱和聚酯树脂合成的过程中，由于链交换反应的存在，加上主链上存在多个不饱和双键，使得不饱和聚酯树脂低聚物结构复杂，很难用化学结构式准确表达，不饱和聚酯树脂低聚物单体自由基的形成如下

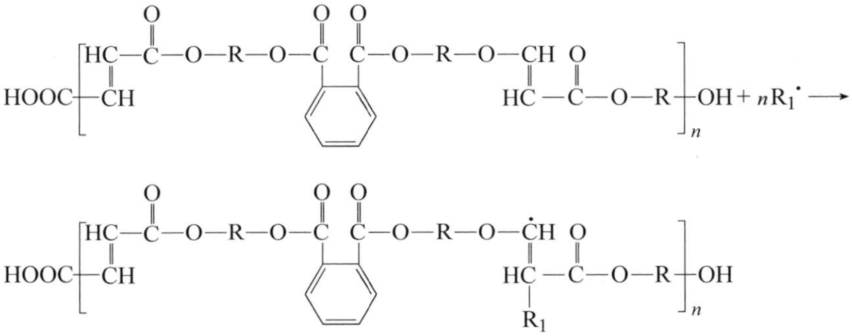

此外，由于不饱和聚酯树脂低聚物主链中有多个不饱和双键存在，因此，不饱和聚酯树脂低聚物形成单体自由基可能是单个活性点，也可能是多个活性点。

② 链增长 单体自由基打开双键，形成新的自由基，继续与单体进行共聚反应。

a. 苯乙烯自由基引发苯乙烯进行链增长

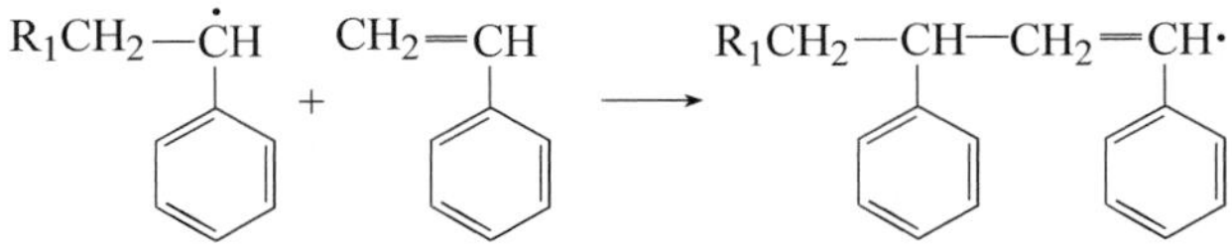

b. 苯乙烯自由基引发不饱和聚酯树脂低聚物进行链增长

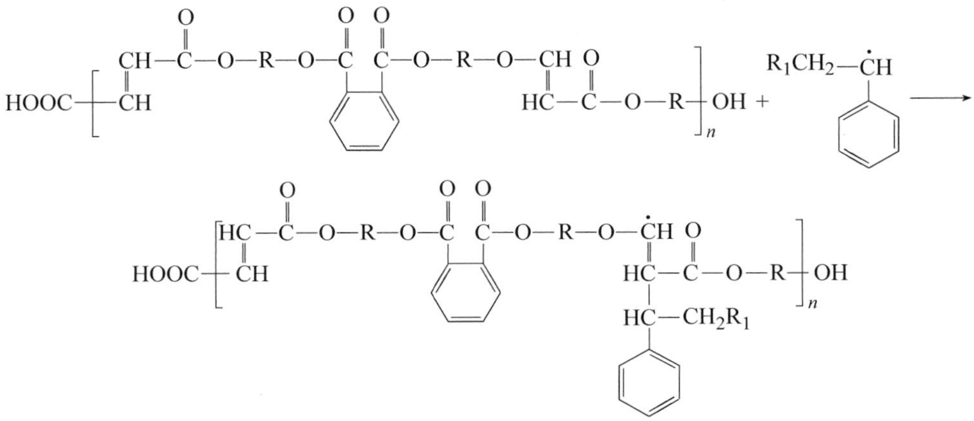

③ 链终止　包括双基终止和偶合终止。

a. 苯乙烯自由基的双基终止

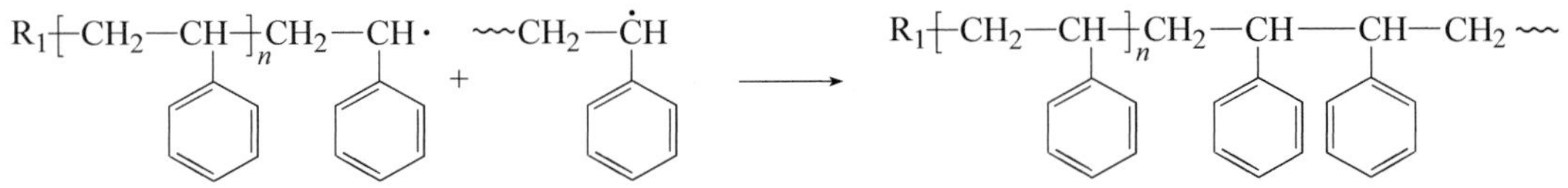

b. 苯乙烯自由基与不饱和聚酯树脂分子自由基的终止

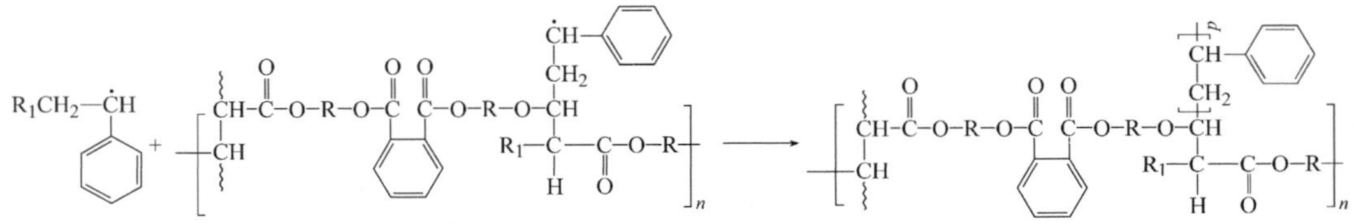

共聚反应进行到一定程度时，形成三维网状结构，限制单体的扩散速度，总的聚合速度下降，最终共聚速度趋于完全。

（4）不饱和聚酯树脂的特点　不饱和聚酯树脂固化物具有优良的力学性能、电绝缘性能和耐腐蚀性能，既可以单独使用，也可以和纤维及其他树脂或填料共混加工，可广泛用于工业、农业、交通、建筑以及国防工业等领域，是树脂基复合材料中迄今为止应用最广泛的热固性树脂之一。

不饱和聚酯树脂的主要优良特性：

① 优良的工艺性能，不饱和聚酯树脂具有很宽的加工温度，在室温下可用手工铺叠法加工，在中高温度下可用传递模塑方法加工，在高温下可用片材模塑、压塑和拉挤成型法加工，特别适合于大型和现场制造不饱和聚酯树脂基复合材料制品。此外，不饱和聚酯树脂颜色浅，可制成浅色、半透明、透明或多种彩色的不饱和聚酯树脂基复合材料制品，同时可采用多种技术措施来改善它的工艺性能。

② 固化后的树脂综合性能好，不饱和聚酯树脂固化物的力学性能介于环氧树脂和酚醛树脂之间，具有良好的耐腐蚀性能和电性能，并有多种特殊牌号的树脂以适应不同用途的需要，与纤维和填料共混可获得突出的力学性能。不饱和聚酯树脂具有较好的耐热性，绝大多数树脂的热变形温度都在 $60 \sim 70℃$，一些耐热性能好的不饱和聚酯树脂，其热变形温度为 $120℃$，有些可达到 $160℃$。

除了以上的优异性能外，不饱和聚酯树脂本身也有其不足之处。

① 固化时体积收缩率大，会影响制件尺寸的精度和表面光洁度，因此在成型时要充分考虑到这一点。目前，在研制低收缩性不饱和聚酯树脂方面已取得了进展，主要通过加入聚乙烯、聚氯乙烯、聚苯乙烯、聚甲基丙烯酸甲酯或邻苯二甲酸二丙烯酯等热塑性聚合物来实现。此外，在不饱和聚酯树脂的成型过程中一般都会加入苯乙烯，苯乙烯易挥发，有刺激性气味，长期接触对身体健康不利。

②固化物脆性大，不饱和聚酯树脂的固化物脆性较大，会使得制品的耐冲击、耐开裂和耐疲劳性较差。

（5）不饱和聚酯树脂的改性　不饱和聚酯树脂固化后收缩率较大、脆性大、冲击强度差，实际应用中受到限制。

① 一般改性　由于不饱和聚酯树脂胶黏剂胶层的收缩率大，粘接接头容易产生内应力，因此在很大程度上影响了它的应用。为此，可采取以下方法加以改性：

a. 通过共聚以降低树脂中不饱和键的含量。

b. 采用在固化反应时收缩率低的交联单体。

c. 加入适量与粘接材料线胀系数接近的填充剂。

d. 加入适量热塑性高分子化合物。

② 增韧改性　不饱和聚酯固化后脆性大、冲击强度差，实际应用中受到限制。为了提高聚酯制品的抗冲击性能，往往需要对不饱和聚酯树脂（UPR）进行韧性改性。从UPR分子主链角度考虑，引入的长链结构越多，分子越柔顺，在力学性能上则表现为冲击强度提高。在合成UPR时，引入长链醇与长链酸是最简便的方法。常见的二元醇有一缩二乙二醇、二缩三乙二醇、聚乙二醇，常见的二元酸有己二酸等。长链醇与长链酸被引入后，都能使UPR柔韧性提高，同时降低了树脂的强度。长链醇使树脂强度下降更多，价格又比长链酸贵，所以柔性树脂更多地采用己二酸。将己二酸作为饱和二元酸，引入到不饱和聚酯分子主链中，制成了双环戊二烯型不饱和聚酯树脂，使其韧性得到了显著提高。使用己二酸和一缩二乙二醇合成不饱和聚酯树脂，发现己二酸与一缩二乙二醇对不饱和聚酯树脂具有相似的增韧效果。使用己二酸与一缩二乙二醇同时增韧不饱和聚酯树脂，具有更好的增韧效果。

提高分子主链对称性，也可以提高UPR的柔韧性。采用间苯二甲酸作饱和二元酸，制备高分子质量的间苯型UPR，其冲击强度优于邻苯型UPR，因为间苯型UPR比邻苯型UPR对称性好。

（三）酚醛树脂

酚类化合物和醛类化合物缩聚而得的树脂统称为酚醛树脂。早在19世纪，德国化学家拜耳发现酚和醛在酸的存在下形成固体产物。1910年，美国科学家巴克兰（Backeland）工业化合成酚醛树脂，是最早人工合成的聚合物。由于其原料易得，合成方便，价格低廉，性能优异，是用量最大的树脂之一。

酚醛树脂是由酚类（苯酚、甲酚、二甲酚等）和醛类（甲醛、乙醛、糠醛等）在酸或碱催化作用下缩聚而得的聚合物。常用合成原料为甲醛和苯酚，甲醛为二官能度，苯酚的邻对位氢比较活泼，为三官能度。控制单体官能度数、摩尔比，以及催化剂的类型，可以得到两类不同的酚醛树脂。第一类为热固性酚醛树脂，含有可以进一步反应的羟甲基活性基团，继续加热可直接交联固化。第二类是线型热塑性酚醛树脂，进一步反应不会形成三维网络结构，要加入固化剂后才能形成具有三维网络的聚合物。工业上两类酚醛树脂的合成和固化如图2-5所示。

（1）热固性酚醛树脂

① 热固性酚醛树脂的合成　热固性酚醛树脂的缩聚反应一般是在碱性催化剂存在下进行的，常用催化剂为氢氧化钠、氨水、氢氧化钡、氢氧化钙、氢氧化镁、碳酸钠、叔胺等，NaOH用量1%~5%，Ba（OH）$_2$3%~6%，六次甲基四胺6%~12%。苯酚和甲醛的物质的量的比一般控制在1∶（1.0~1.5），甚至1∶（1.0~3.0），甲醛量比较多。总的反应过程可分为两步，即甲醛与苯酚的加成反应和羟甲基化合物的缩聚反应。

② 热固性酚醛树脂的固化　热固性酚醛树脂是在醛与酚摩尔比大于1，碱性催化剂

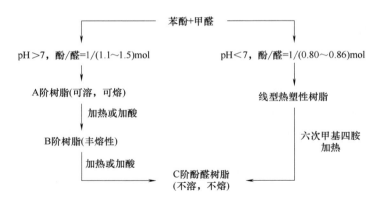

图 2-5 两类酚醛树脂合成与固化示意图

（如 NaOH）作用下加热反应合成的，其结构在 A（甲）阶段主要是一元、二元及三元羟甲基酚的混合物，有时也含有一定量的二聚体，它实际是缩聚控制在一定程度内的活性中间产物，因此很容易在适当条件下继续进行反应而凝胶化，其至交联固化成网状结构大分子。虽然常温下和在 pH 大于 7 的碱性条件下也可以使热固性酚醛树脂固化，但大多数场合为了加速其固化而需要适当加热和改变为酸性条件。

热固性酚醛树脂固化机理相当复杂，至今仍不完全清楚，比较一致的观点是主要由羟甲基酚之间的下列反应的不断发生，导致热固性酚醛树脂先实现凝胶化，进而交联固化。

热固性酚醛树脂的理想化模型：

（2）**热塑性酚醛树脂** 热塑性酚醛树脂的缩聚反应一般是在强酸性催化剂存在下，pH<3 时，甲醛和苯酚的物质的量的比小于 1（如 0.75～0.85）进行的，合成的树脂是一种热塑性线型树脂，线型或少量支化的缩聚物，主要以次甲基连接，相对分子质量可达2000。它是可溶、可熔的分子内不含羟甲基的酚醛树脂。加固化剂如六次甲基四胺（HM-TA）可交联成不溶不熔的产物。

热塑性酚醛树脂的结构，一般可表示为：

（3）酚醛树脂的特点 酚醛树脂脆性大、延伸率低，酚羟基不参与化学反应，容易吸水，使产品的电性能、耐碱性和力学性能下降。同时酚羟基易在热或紫外光作用下生成醌或其他结构，造成颜色的不均匀变深。封锁酚羟基或引进其他高分子，改变固化速度，降低吸水性，并兼具两种高分子材料的优点。

在酚醛树脂结构中芳环的数量比较多，原子之间键能高，聚合物链之间存在高的内聚力，因此酚醛树脂具有显著的耐热性和抗氧化性。表2-4列出耐热聚合物的级别与酚醛树脂的耐热性，说明酚醛树脂是比较耐热的聚合物。

表2-4 聚合物的耐热级别和酚酞树脂的耐热性

耐热聚合物的级别		热固性酚醛树脂耐热性	
温度/℃	时间/h	温度/℃	时间
175	30000	<200	按年计
250	1000	250~500	按小时计
500	1	500~1000	按分计
700	0.1	1000~1500	按秒计

酚醛树脂具有高分子化合物的一些基本特点，即相对分子质量较大，且呈现多分散性；当树脂处于线型、支链型结构状态，具有可溶可熔、可流动的性能；分子结构有多样性，在不同条件下可分别制成线型、支链型、交联型酚醛树脂。相对于其他树脂，酚醛树脂具有一些主要特性：原料价格便宜；耐热、耐燃，可自灭；化学稳定性好；制品尺寸稳定；树脂即可混入无机填料或有机填料制成模塑料。但酚醛树脂也具有脆性较大、收缩率高、不耐碱、电性能差等缺点。

（4）酚醛树脂的改性 酚醛树脂的弱点在于苯酚羟基和亚甲基易氧化。酚羟基在树脂合成中一般不参加化学反应，因此在酚醛树脂中存在许多酚羟基，酚羟基是一个强极性基团，容易吸水，使酚醛树脂制品的电性能差，机械强度低。但酚羟基易在热或紫外光作用下发生变化，生成醌或其他的结构，致使材料变色。因此，酚羟基和/或亚甲基的保护成为酚醛树脂改性的主要途径。通过化学或物理改性可改善酚醛树脂的性能，包括对增强材料的粘接性能、耐潮湿性能、耐温性能等，改性一般可通过下列途径。

① 酚羟基的醚化或酯化，酚羟基被苯环或芳烷基所封锁，其性能将得到大大改善。如二苯醚甲醛树脂或芳烷基醚甲醛树脂就克服了酚羟基所造成的吸水、变色等缺点，使制品的吸水性降低、脆性降低，而机械强度、电性能及耐化学腐蚀性提高，并可采用低压成型。烷基化反应也能使酚醛树脂改性。烷基化可利用Friedel-Crafts催化反应来达到。用烯烃也能烷基化，由于苯酚具有强的亲核活性，温和的条件下即可进行。但是在烷基化时也必须考虑到易形成醚，羟基与催化剂的络合。

② 加入其他组分，使其与酚醛树脂发生化学反应或进行混溶，分隔或包围酚羟基或降低酚羟基浓度，从而达到改变固化速度、降低吸水性、限制酚羟基的作用，以获得性能的改善。例如在酚改性二甲苯树脂中，疏水性的二甲苯环代替一些酚环，并使酚羟基处于疏水基团的包围之中，因而树脂吸水性大为降低，电性能、机械强度大为提高。工业上大量生产的聚乙烯醇缩醛和环氧树脂改性的酚醛树脂玻璃钢，都是属于这种类型。

③ 高分子链上引入杂原子（O，S，N，Si 等），取代亚甲基基团等。

④ 多价金属元素（Ca，Mg，Zn，Cd 等）与树脂形成络合物。

二、热塑性树脂

热塑性树脂是由合成的或天然的线型高分子化合物组成的，其中很多品种可直接以石油化工产品为原料。与热固性树脂相比较，热塑性聚合物基体发展较晚，但是热塑性树脂来源广泛，价格便宜，无论是产量和品种都有了非常迅速的发展，尤其在航空航天等高端领域得到了广泛应用。空客 A380 飞机已有超过 1000 个热塑性复合材料零部件，其中包括机翼前缘、机身加强筋和肋条等承力部件，还包括线缆夹具、客机座椅腰部支撑部件和管道夹具等辅助件，材料包括碳纤维增强聚苯硫醚、玻璃纤维增强聚苯硫醚和碳纤维聚醚亚胺等高性能热塑性复合材料，总重量达到 2.5t。

热塑性树脂使用范围通常可分为通用型和工程型两大类。前者一般被作为非结构材料使用，产量大价格低，但性能一般，主要品种有聚氯乙烯、聚乙烯、聚丙烯和聚苯乙烯等；后者则可作为结构材料，价格较高，通常在特殊的环境中使用，主要品种有聚酰胺、聚甲醛、聚苯醚、聚酯和聚碳酸酯等。

（一）通用型热塑性树脂

（1）聚氯乙烯　聚氯乙烯（PVC）在工业上是由氯乙烯通过游离基型加聚反应而得。工业聚氯乙烯树脂主要是无定形结构。硬质聚氯乙烯（未添加增塑剂）具有良好的力学性能、耐候性和耐燃性，可以单独用作结构材料。硬质聚氯乙烯可用增强材料（如玻璃纤维）进行增强，增强后聚氯乙烯强度与刚度可增加数倍。聚氯乙烯有较高的化学稳定性。除了浓度超过 90% 的浓硫酸和 50% 以上的浓硝酸以外，聚氯乙烯耐酸、碱的性能良好，并耐大多数油类、脂肪和醇类的侵蚀，但不耐芳烃类、酮类、酯类的侵蚀。环己酮、四氢呋喃、二氯乙烷和硝基苯则是它的溶剂。PVC 复合材料的加工温度范围很窄，需要小心操作以避免热降解。聚氯乙烯在室温下是稳定的，但温度超过 100℃ 时释放出氯化氢，使聚合物颜色变深，为了改善其热稳定性，在进一步加工过程中需要加入稳定剂。

（2）聚乙烯　聚乙烯（PE）是聚烯烃树脂中发展最为迅速的一种树脂，制造方法有高压法、中压法、低压法等。聚乙烯的分子结构简单，具有良好的结晶性。低压法聚乙烯软化点在 120℃ 以上，使用温度可达 80~100℃，但此时不能承受载荷。其耐寒性和摩擦性能良好，化学稳定性高。吸水性极小，并且有突出的电绝缘性能和良好的耐辐射性。其缺点是力学强度不高，热变形温度很低，故不能承受较高的载荷。用玻璃纤维增强聚乙烯可使力学性能和热性能有很大提高，常常用高密度聚乙烯（HDPE）作为主要的树脂基体。HDPE 为高度线型的结晶聚合物，而低、中密度的聚乙烯（LDPE、MPDE）支链较多，结晶度较低。聚乙烯能以均聚物的形式存在，也能以共聚物的形式存在。HDPE 在耐化学腐蚀、综合力学性能以及低成本方面都显示出优越性。而在大多数的应用中往往选用聚丙烯而不是 HDPE，这是因为聚丙烯除了具有 HDPE 几乎所有的优异性能外，还具有更好的耐热性。

（3）聚丙烯　聚丙烯（PP）的特点是结晶度很高，相对密度小（0.90~0.91），熔点在 170~175℃，相对分子质量一般在 15 万~70 万，与其他聚烯烃相比，聚丙烯相对分子质量的分布较宽。聚丙烯的强度和刚性均超过聚乙烯，尤其具有突出的耐弯曲疲劳性能。缺点是蠕变比聚酰胺和聚氯乙烯要大得多。耐热性较好，热变形温度为 90~105℃。聚丙烯为非极性高聚物，有优良的电绝缘性能，更兼有优良的耐热性。此外，它还有良好的化学稳定性，聚丙烯几乎不吸水，除对强氧化性的酸（发烟硫酸、发烟硝酸）外，几乎都很稳定，耐碱性也很突出。由于聚丙烯大分子链中的碳原子对氧的侵蚀非常敏感，在光、热和空气中氧的作用下容易老化，一般常将抗氧剂与紫外光稳定剂并用，使之起到协同效应作用，以抑制老化过程。用玻璃纤维增强的聚丙烯，其力学性能有很大的提高，热变形温度、尺寸稳定性及低温冲击性能和老化性能亦有所提高。聚丙烯具有耐化学腐蚀性、耐热性、低密度、低成本等优良的综合性能。通过聚丙烯的共聚（聚合过程中加入少量乙烯）可以提高韧性，但同时降低了刚度和耐热性。然而，作为复合材料的树脂基体，聚丙烯共聚物更受欢迎。虽然没有被列为"工程塑料"，但是在许多低应力的应用中，增强 PP 复合材料比那些使用较昂贵基体树脂的复合材料更具有竞争力。

（4）聚苯乙烯 聚苯乙烯（PS）的相对密度为 1.05~1.07，是一种无定形玻璃态聚合物，它具有刚性分子链，易于加工而且成本较低，玻璃化温度为 80℃左右，最高使用温度仅为 60~75℃。聚苯乙烯具有优良的电性能，有很高的体积电阻、表面电阻和极低的介电损耗，且这些性能随温度、湿度仅有微小的变化。它的吸水性极小，可以耐多种矿物油、有机酸、低级醇和脂肪烃。但受多种芳烃和氯代烃类的浸蚀而溶胀或溶解。聚苯乙烯具有良好的透明性，其透明度可达 88%~92%。由于分子中含有苯环，可使 α 位的 C—H 键活化而容易氧化，长时间在空气中会老化而产生龟裂。PS 溶于大多数溶剂，耐热性低，且很脆。用顺丁橡胶改性可以提高其韧性。但若作为复合材料的树脂基体一般说来不是很经济。加入适当的添加剂可以使 PS 具有阻燃性，而且表现出良好的介电性。当仅仅要求制品在室温下具有一定尺寸稳定性和硬度时，PS 复合材料应在考虑之列。聚苯乙烯用玻璃纤维增强后，最突出的性能改善是提高低温冲击韧性。

（二）工程型热塑性树脂

（1）聚酰胺 聚酰胺（PA）商品名为尼龙（Nylon）或锦纶。聚酰胺是主链上含有许多重复酰胺基团的一大类线型聚合物，品种很多。通常由 ω-氨基酸或内酰胺开环聚合而得，或由二元酸和二元胺经缩聚反应而得。聚酰胺分子链中的酰胺基材可以相互作用形成氢键，使聚合物有较高的结晶度和熔点。各种聚酰胺的熔点随高分子主链上酰胺基团的浓度和间距而变化，熔点相差较大，在 140~280℃。聚酰胺的熔点虽较高，但其热变形温度都较低，长期使用温度低于 80℃。然而，聚酰胺树脂用玻璃纤维增强后其热变形温度会明显提高，线胀系数也会降低很多。聚酰胺或尼龙可分为两种主要类型——尼龙 6 和尼龙 66，以及许多特殊类型如尼龙 46、尼龙 610、尼龙 612、尼龙 1212、尼龙 11 和尼龙 12。这些特殊尼龙由于在亲水氨基间存在憎水性的高级烷基链，因而与尼龙 6 或尼龙 66 相比不易吸湿。尼龙具有摩擦因数低、介电性好、抗疲劳性能优异等特点。

因聚酰胺分子中含有的酰胺基团极性大，吸水率较高，电绝缘性能较差。当采用玻璃纤维增强后，虽不能保证明显降低吸湿性，但可以明显改善使用性能。弹性模量的增加和蠕变性能的改善，能大大提高聚酰胺吸湿时的尺寸稳定性。聚酰胺对大多数化学试剂具有良好的稳定性，耐油性较好（如植物油、动物油及矿物油），对碱的稳定性亦较好，但不耐极性溶剂，如苯酚、甲酚等。尼龙具有良好的加工性能，与增强成分和填料间具有极好的黏附作用，因此在尼龙基体中可以添加高含量的改性剂并制得复合材料。经过适当改性，还可以得到阻燃性良好的尼龙材料。

（2）聚甲醛 聚甲醛（POM）是一种没有侧链、高密度、高结晶性的线型聚合物，具有优异的综合性能。聚甲醛的拉伸强度可达70MPa，可在104℃下长期使用，脆化温度为40℃，吸水性较小。但聚甲醛的热稳定性较差，耐候性较差，长期在大气中暴晒会老化。聚甲醛的力学性能相当好，它具有较高的强度和弹性模量，摩擦因数小，耐磨性能好。聚甲醛还具有高度抗蠕变和应力松弛的能力。聚甲醛尺寸稳定性好，吸水率很小，所以吸水率对其力学性能的影响可以不予考虑。聚甲醛有较好的介电性能，在很宽的频率和温度范围内，它的介电常数和介质损耗角因数变化很小。聚甲醛的耐热性较差，在成形温度下易降解放出甲醛，一般在造粒时加入稳定剂。若不受力，聚甲醛可在140℃下短期使用，其长期使用温度为85℃。聚甲醛耐气候性较差，经大气老化后，一般性能均有所下降。但它的化学稳定性非常优越，特别是对有机溶剂，其尺寸变化和力学性能的降低都很少。但对强酸和强氧化剂如硝酸、硫酸等耐蚀性很差。玻璃纤维增强可以进步提高强度。

（3）聚苯醚 聚苯醚（PPE）也称为聚苯氧化物，通常与聚苯乙烯或高抗冲聚苯乙烯共混，以提高材料的韧性和可加工性。使用增强成分增强后，混合物的刚度、尺寸稳定性和耐热性等综合性能优良。无定形材料通常使用增强成分增强以提高应力开裂性能。虽然它的吸水性非常低，但却不耐卤化和芳香族溶剂。还有一些PPE合金，例如，通过与PPS或尼龙66共混，可提高PPE的韧性和耐化学腐蚀性能。另外，通过加入添加剂可以达到阻燃要求。

（4）聚酯树脂 聚酯树脂（涤纶）是一类由多元酸和多元醇经缩聚反应得到的在大分子主链上具有酯基重复结构单元的树脂。涤纶树脂的主要结构为线型高相对分子质量的聚酯。涤纶树脂的熔点在260℃左右，对水和一般氧化剂水溶液是稳定的；在一般浓度酸碱溶液中，室温下较稳定，在大于50℃时有明显的浸蚀作用。它在室温条件下可溶于氯代醋酸和酚类，但不溶于脂肪烃。值得指出的是，涤纶树脂耐光化学的降解性能、耐气候性以及耐辐射性能都十分优良。涤纶树脂通过玻璃纤维、滑石粉、云母等增强材料来提高性能很有效。增强后的涤纶树脂在应力作用下的变形极小，在长时间负荷作用下的蠕变特性也极为优异，耐疲劳性也极好。

（5）聚碳酸酯 聚碳酸酯（PC）是一种非液晶态的碳酸聚酯，具有良好的力学性能、电性能以及耐寒、耐热、自熄等特点，尤其是具备极好的抗冲击性能，是性能最优异的热塑性塑料之一。主要性能如下：①相对密度为1.20，熔点为220~230℃，可溶于二氯甲烷、间甲酚、环己酮和二甲基酰胺等，在乙酸乙酯、四氢呋喃和苯中溶胀。②力学性能十分优良，注射模塑材料的冲击韧性大于$20kJ/m^2$，断裂伸长率为60%，弯曲弹性模量2.2~2.5GPa。③热变形温度达到130~140℃时仍具有良好的耐寒性，脆化温度为-100℃。

④它的吸水率很低，在较广的温度范围和潮湿条件下，仍具有较好的介电性能。添加增强成分后，会损失自身的两个优异性能——透明性和韧性，但提高了尺寸稳定性和抗蠕变（在连续负荷下的变形）性。它的介电性能和阻燃性能都相当好，但耐化学腐蚀性一般。聚碳酸酯能与其他聚合物如 PBT 和 ABS 进行共混改性。总的来说，它的性价比很好。

第二节　金属基体

以金属为基体的复合材料具有优异的耐热、导热、导电以及力学性能，其比模量可以跟聚合物基复合材料相媲美，而且也不存在聚合物基复合材料的老化、变质、耐热性不够高、传热性差、尺寸不够稳定等缺点。因此，可应用于航空航天及国防工业等高新技术领域。

一般用于复合材料的金属基体有钛及钛合金、铝及铝合金以及铜、镁、铅等。钛及钛合金具有质量轻、较高的比强度，耐高温、耐腐蚀及良好的低温韧性等优点。钛合金的强度可达 1380MPa，密度为 $4.505g/cm^3$，力学性能也非常好。但目前钛及钛合金的加工条件比较复杂，而且价格昂贵，因此在很大程度上限制了它们的应用。钛合金可以用来制造 400℃以下长期工作的零件、要求一定高温强度的发动机零件，以及在低温下使用的火箭、导弹的液氢燃料箱部件等。在 F-15 战斗机中，钛的用量达 31%。用碳化硅纤维增强的钛合金的强度在 815℃高温时比金属基超耐热合金还高 2 倍，是较为理想的涡轮发动机材料。用铝纤维增强钛合金复合材料具有很好的高温强度和弹性模量，可应用于飞机上的零部件。

铝是一种轻金属，密度为 $2.72g/cm^3$，约为钢密度的 1/3，当铝的纯度为 99.96% 时，其熔点约为 660℃。铝合金的密度一般在 $2.50\sim2.88g/cm^3$。铝具有良好的导热、导电性，其导电性仅次于银、铜，在室温下的导电率约为铜的 63%。由于铝和氧之间的亲和力很大，使得铝及其合金的表面能形成一层坚固的氧化膜，阻止氧向金属内部扩散，具有极强的抗大气腐蚀能力。其磁化率极低，接近于非铁磁性材料。铝及铝合金的塑性很好，便于进行各种冷、热压力加工，切削性能也很好。超高强铝合金成型后经热处理，可达到很高的强度。而且铝的资源丰富，价格也比较低。用碳化硅纤维增强的铝基复合材料具有高的比强度和比模量。而且在高温下具有良好的弯曲强度、拉伸强度，用来制作导弹、飞机、发动机上零部件的高性能结构材料。

铜及铜合金具有优良的物理化学性能。纯铜（也称紫铜）导热性、导电性非常优异，铜合金的导热、导电性能也很好。纯铜的熔点为 1083℃，密度为 $8.94g/cm^3$，不带磁性。纯铜具有很高的化学稳定性，在大气及淡水中有良好的抗腐蚀性，但在海水中易被腐蚀；纯铜的强度较低，不易作为结构材料，常常被用于装饰性场合。在铜中加入合金元素后，就可以获得较高的强度，同时还可保持纯铜的一些优良性能，因此在机械结构零件中使用的都是铜合金。常用的铜合金有黄铜及青铜。以锌为主要添加元素的铜合金称为黄铜，工业上使用的黄铜，其锌的添加量一般都小于 50%，另外，在黄铜中添加了锡、铝、锰等，还可改善其耐腐蚀性。青铜最早指的是铜锡合金，现在又发展了含铝、硅、铍、锰、铅的铜合金，也都称为青铜，所以青铜其实包含有锡青铜、铝青铜、铍青铜等。锡青铜在铸态时，随着锡含量的增加使强度和塑性有所增大。当锡含量为 5%～6% 时，塑性会急剧下降，而强度会继续增高。当锡含量达 20% 以后，合金的强度、塑性极差，所以工业上锡青铜的锡含量一般都在 3%～14%。其中压力加工的锡青铜，其含锡量小于 7%，而铸造锡青铜的含锡量为 10%～14%。铝青铜中的含铝量一般为 5%～7% 时，它的塑性最好，适合于冷加工。当铝含量为 10% 时合金强度最高，但塑性较差。高于 12% 时的铝青铜塑性很差，难于加工成型。实际应用的铝青铜的含铝量一般为 5%～12%。铝青铜与黄铜、锡青铜相比，具有更好的抗大气、海水腐蚀的能力、强度也优于黄铜及锡青铜，耐磨性能也比较好。若想进一步提高铝青铜的耐磨性、耐腐蚀性和强度，还可添加适量的铁、锰、铍等元素。铍青铜是以铍为基本合金元素的铜合金。

镁是一种比铝更轻的金属，它的密度很小，仅有 $1.74g/cm^3$，是工业用金属中最轻的一种。在镁当中加入了铝、锰、锌、锆及稀土元素之后，就成为镁合金。镁合金的强度不高，但其比强度却比较高，可以跟高强度合金结构钢相媲美，因而镁合金可用于航空及交通运输工具。镁的弹性模量很低，为 45MPa，对疲劳、磨损、蠕变的抵抗力也很低。而且，因为镁易与氧化合而燃烧，所以镁合金的浇铸与加工有一定的危险性。但是由于镁合金的密度较小，仍然可应用于航空航天工业领域中。

第三节　陶　瓷　基　体

本质上陶瓷是金属与非金属元素的化合物构成的非均匀固体物质，现在的陶瓷材料就是无机非金属材料的同义语，不仅包括传统的陶与瓷，还包括硅酸盐材料以及含氧化物、碳化物、氮化物、硼化物等新型陶瓷材料。

陶瓷具有很好的化学稳定性、耐高温性、耐磨损性、耐氧化性、高熔点、高硬度、质量轻、弹性模量高、强度高等优良性能。因此陶瓷可以在高温、腐蚀、辐射等苛刻环境下工作，是一种很有发展前途的工程结构材料。陶瓷的主要缺点就是脆性大，韧性低，容易因存在裂纹、空隙、杂质等缺陷而导致碎裂。

陶瓷主要有普通陶瓷（传统陶瓷）、特种陶瓷两大类。普通陶瓷主要是指黏土产品。按照其性能和用途来分，可有日用陶瓷、建筑陶瓷、化工陶瓷等。特种陶瓷是指具有特殊物理化学性能及力学性能的陶瓷，可分为电容器陶瓷、磁性陶瓷、压电陶瓷、高温陶瓷、金属陶瓷等。高温陶瓷在机械工程中占有非常重要的地位，按照化学组成来分，可分为两种：一种是氧化物陶瓷，如氧化铝、氧化铍、氧化钙、氧化镁、氧化锆等；另一种是非氧化物陶瓷，如碳化物、氢化物、硼化物等。高温陶瓷目前在各个领域中的应用是很广泛的。

特种陶瓷中的高温陶瓷，其熔点一般都高于 2000℃，这一特点给高温陶瓷带来了多方面的应用，尤其是在机械工程方面，使它们成为常用的高温结构材料之一。高温陶瓷应用得最多的是氧化铝、氧化锆、氧化镁以及氢化硅、碳化硅陶瓷等。氧化铝陶瓷的主要成分是 Al_2O_3 和 SiO_2。Al_2O_3 的含量越高则性能就越好，但成本也会增加。氧化铝陶瓷也可称为刚玉瓷。它具有很高的物理力学性能、热性能、电性能、良好的化学稳定性。可在 1600℃ 的高温下长期使用，在高频下有突出的电绝缘性能，每毫米厚度可耐 8000V 以上的电压。因此可用来制造各种电绝缘、无线电、电真空等技术中使用的陶瓷元件，还由于耐磨性较好，可用于制作刀具、模具、轴承。氧化锆陶瓷的特点是弱酸性或惰性。导热系数小，熔点为 2667℃，所以使用温度一般为 2000~2200℃，主要用于高温下的绝热材料及各种耐火材料，例如耐火坩埚、反应堆的绝热材料以及火箭和喷气发动机的耐腐蚀部件。氧化镁陶瓷有能抗各种金属碱性渣的作用，但在高温下容易挥发，所以其热稳定性较差。可用于制作坩埚、炉衬等。碳化硅、氢化硅、氮化硼陶瓷等耐高温陶瓷都属于非氧化物陶瓷。它们的特点是具有高的耐火度、硬度和高的耐磨性，但是这些材料的脆性都很大。碳化硅陶瓷是应用最广泛的陶瓷之一。它的密度为 $3.2g/cm^3$，弯曲强度为 200~250MPa，压缩强度为 1000~1500MPa，突出特点是在高温下的强度高。例如，在 1400℃ 的情况下，抗弯强度仍可保持在 500~600MPa 的水平。碳化硅具有很好的耐磨损性、耐腐蚀性和耐蠕变性，热传导能力很强，但耐强碱性较差。由于碳化硅陶瓷具有高温高强度的特点，可用于火箭尾喷管的喷嘴、热电偶套管、加热元件，以及燃气轮机的叶片、轴承等零件。氮化硅具有很高的硬度及耐磨性。硬度仅次于金刚石、氮化硼等物质。摩擦因数为 0.1 左右，相当于加油润滑的金属表面，它可作为研磨材料及高温轴承材料。氮化硅还具有优异的耐腐蚀性，可用于坩埚、热电偶保护管、密封件以及热处理炉的内衬。例如，在腐蚀介质中，用反应烧结氢化硅制作的密封环的寿命比其他陶瓷寿命高出 6~7 倍。另外，氮化硅还具有良好的高温强度、较高的导热系数及抗热震性能，还有较低的热胀系数。所以其有可能成为使用温度达 1200℃ 以上的新型高温高强度材料，它还可以作为火箭喷嘴、导弹发射台及燃气轮叶片的材料。氮化硼陶瓷有两种晶型：六方晶型与立方晶型。六方晶型具有与石墨相似的六方结构，性能也与石墨相似，因而也可称为"白石墨"。六方氮化硼的硬度不高，是唯一易于进行机械加工的陶瓷，可用作介电质和耐火润滑剂。六方氮化硼在高温（1700℃ 左右）、高压（$6~9×10^3$MPa）下会转变成为立方氮化硼。立方氮化硼有极高的硬度，接近于金刚石，是非常好的耐磨材料，现已用于高速切削刀具及模具材料。

习题与思考题

1. 聚合物基体的主要作用有哪些？
2. 环氧树脂按结构分为哪几类？控制指标有哪些？
3. 环氧树脂的特点是什么？
4. 请分析乙烯基酯树脂的分子结构对树脂性能的影响。
5. 试画出工业上热塑性和热固性树脂合成和固化流程图。
6. 陶瓷基体有哪些优良性能？

参 考 文 献

[1] 沈观林，胡更开. 复合材料力学［M］. 北京：清华大学出版社，2006.
[2] 赵玉庭，姚希曾. 复合材料聚合物基体［M］. 武汉：武汉理工大学出版社，2008.
[3] 黄世强，孙争光，吴军. 胶粘剂及其应用［M］. 北京：机械工业出版社，2011.

［4］ 黄丽. 聚合物复合材料［M］. 北京：中国轻工业出版社，2001.

［5］ 胡玉明. 环氧固化剂及添加剂［M］. 北京：化学工业出版社，2011.

［6］ 陈平，王德中. 环氧树脂及其应用［M］. 北京：化学工业出版社，2004.

［7］ 李玲. 不饱和聚酯树脂及其应用［M］. 北京：化学工业出版社，2012.

［8］ 唐路林，李乃宁，吴培熙. 高性能酚醛树脂及其应用技术［M］. 北京：化学工业出版社，2008.

［9］ 黄发荣，焦杨声. 酚醛树脂及其应用［M］. 北京：化学工业出版社，2011.

［10］ 刘士琦，周红霞，王玉，等. 热塑性复合材料的应用研究［J］. 化学与粘合，2019，43（1）：4-9.

第三章　复合材料增强材料

增强材料是复合材料的主要成分之一。它在复合材料中的作用是：不仅能够提高基体材料的各种强度、弹性模量等主要力学性能，而且能提高热变形温度，降低收缩率，并在热、电、磁等方面赋予新的性能。按物理形态分类，增强材料主要有 3 类：纤维、晶须、粉体。高性能纤维是指拥有高强、高模、耐高温、耐腐蚀以及阻燃性能等传统纤维所不具备的优良特性的纤维材料，主要包括碳纤维、芳纶纤维和超高相对分子质量聚乙烯等。

第一节　玻　璃　纤　维

玻璃纤维是最早用于制备聚合物基复合材料（俗称玻璃钢）的增强纤维。美国于1893 年研究成功，1938 年实现工业化并作为商品出售。玻璃纤维以叶蜡石、石英砂、石灰石、白云石、硼钙石、硼镁石 6 种矿石为原料，经高温熔制、拉丝、络纱、织布等工艺制造成，其单丝的直径为 $5 \sim 20\mu m$，相当于一根头发丝的 $1/20 \sim 1/5$，每束纤维原丝都由数百根甚至上千根单丝组成。玻璃纤维主要特点是不燃，不腐烂，耐热，拉伸强度高，断裂伸长率较小，绝热性与化学稳定性好，具有良好的电绝缘性及低热膨胀系数，还可以采用有机涂覆处理技术来进行制品深加工及扩大制品的应用。用玻璃纤维增强塑料已成为当今最热门的工业领域之一，因而玻纤已被越来越广泛地用于交通、运输、建筑、环保、石油、化工、电器、电子、机械、航空、航天、核能、兵器等传统产业部门和国防、高新技术部门。

一、玻璃纤维的组成和分类

（一）玻璃纤维的组成

玻璃纤维是由含有各种金属氧化物的硅酸盐类，如 TiO_2、ZrO_2、Al_2O_3 等，经熔融后以极快的速度抽丝而成。由于它质地柔软，可以纺织成各种玻璃布、玻璃带等织物。

研究证明，玻璃纤维的结构与玻璃的结构本质上没有什么区别，都是一种具有短距离网络结构的非晶结构。玻璃纤维的强度和模量主要取决于组成氧化物的三维结构。玻璃是由二氧化硅的四面体组成的三维网络结构，网络间的空隙由钠离子填充，每一个四面体均由一个硅原子与其周围的氧原子形成离子键，而不是直接联到网络结构上。网络结构和各化学键的强度可以通过添加其他金属氧化物来改变，由此可生产出具有不同化学性能和物理性能的玻璃纤维。填充的 Na 或 Ca 等阳离子称为网络改性物。

玻璃的主要成分为二氧化硅、氧化铝、氧化钙、氧化硼、氧化镁、氧化钠等。

表 3-1 所示为三种常见的玻璃纤维的成分。

（二）玻璃纤维的分类

玻璃纤维的种类很多，一般可从玻璃原料成分、单丝直径、纤维外观、纤维特性等方面进行分类（表 3-2）。玻璃原料是以不同含碱量来划分的。碱金属氧化物（Na_2O、K_2O）

表 3-1 三种常见的玻璃纤维的成分

成分	E 玻璃/%	C 玻璃/%	S 玻璃/%
SiO_2	52.4	64.4	64.4
Al_2O_3,Fe_2O_3	14.4	4.1	25.0
CaO	17.2	13.4	—
MgO	4.6	3.3	10.3
Na_2O,K_2O	0.8	9.6	0.3
Ba_2O_3	10.6	4.7	—
BaO	—	0.9	—

含量高，玻璃易熔、易抽丝，产品成本低。对于单丝直径小于 $4\mu m$ 的玻璃纤维称为超细纤维；一般 $5\sim10\mu m$ 纤维作为纺织制品用；$10\sim14\mu m$ 的纤维一般做无捻粗纱、无纺布、短切纤维毡等较为适宜。

表 3-2 玻璃纤维的种类

按玻璃原料分类	有碱玻璃纤维(碱性氧化物含量>12%,也称 A 玻璃纤维)
	中碱玻璃纤维(碱性氧化物含量 6%～12%)
	低碱玻璃纤维(碱性氧化物含量 2%～6%)
	无碱玻璃纤维(碱性氧化物含量<2%,也称 E 玻璃纤维)
按单丝直径分类	粗纤维(单丝直径 $30\mu m$)
	初级纤维(单丝直径 $20\mu m$)
	中级纤维(单丝直径 $10\sim20\mu m$)
	高级纤维,也叫纺织纤维(单丝直径 $3\sim9\mu m$)
按纤维外观分类	连续玻纤(无捻玻纤、有捻玻纤)
	短切玻纤
	空心玻璃纤维
	玻璃粉
	磨细纤维
按纤维特性分类	高力学性能,S 玻璃纤维,高强度、高模量、耐高温、耐腐蚀
	良好介电性能,D 玻璃纤维,电绝缘性及透波性好
	耐高温,高硅氧玻璃纤维,SiO_2 含量在 96%以上,可耐 900℃
	耐辐照,耐快中子辐射性能,不含硼
	光导玻璃纤维(光纤),利用光全反射,把光闭合在纤维中
	耐化学腐蚀,耐酸 E-CR,耐碱 AR

现有的商业玻璃纤维类型及代号：E-玻璃纤维，良好的电绝缘性；C-玻璃纤维，耐化学侵蚀，特别是耐酸性好，适用于作耐腐蚀件和蓄电池套管等；A-玻璃纤维，含有高碱金属氧化物；D-玻璃纤维，高介电性能，电绝缘性及透波性好，适用于作雷达装置的增强材料；S-玻璃纤维，具有高拉伸强度，可作结构材料；M-玻璃纤维，具有高弹性模量；AR-玻璃纤维，耐碱性好，是水泥基复合材料的良好增强纤维。作为增强体，玻璃纤维可以加工成纱、布、带、毡以及三维织物等形状。

（1）E-玻璃纤维 E-玻璃纤维也称无碱玻璃纤维，是最先用于电子绝缘带的纤维品种，也是最普通的聚合物基复合材料的增强玻璃纤维。它是一种 Ca-Al-B-Si 成分的玻璃纤维，其总的碱含量小于 0.8%，从而确保了其抗腐蚀性和高电阻，是现代工程材料中性能很好的电绝缘材料，用它制成的电磁线、浸渍材料、云母制品、层压制品及其聚合物基复合材料制品，已在电机、电器、电工和电子工业中广泛使用。该纤维还具有高强度、弹性模量较高，密度低及良好的耐水性能，是当代增强高聚物较为理想的增强玻璃纤维（国际上连续玻璃纤维 90% 以上应用此种纤维），是一种性能优良的结构材料和功能材料的原材料。E-玻璃纤维增强橡胶制品或制成高温过滤布，使用温度可达 150~300℃，可在水泥、电力、冶金和炭黑工业中高温尾气收尘过滤。E-玻璃纤维的主要缺陷是在酸、碱介质中抗化学腐蚀性较低，从而限制它在水泥基体中的应用。

（2）AR-玻璃纤维 AR-玻璃纤维含有约 16%ZrO_2，是抗碱玻璃纤维，用于水泥基复合材料增强体，其抗碱性优于普通玻璃纤维。此种复合材料与未增强的水泥砂浆相比，拉伸强度可提高 2~3 倍，弯曲强度可提高 3~4 倍，韧性可提高 15~20 倍，主要用以制造大尺寸的墙板、屋面板、波纹瓦、阳台栏板、各种管材和永久性模板等。

（3）S-玻璃纤维 S-玻璃纤维又称高强度玻璃纤维，是高性能玻璃纤维的一种，其主要组成为 SiO_2、Al_2O_3 和 MgO，这种纤维比无碱玻璃纤维拉伸强度高 35% 左右。代表性产品为"S-994"，其拉伸强度为 4.3~4.9GPa，弹性模量为 85GPa，密度为 2.49g/cm^3，软化点为 970℃。我国生产的高强 I 型单丝拉伸强度为 4.1GPa，弹性模量为 85GPa。纤维直径视用途可为 7~12μm，并可制成各种规格的无捻粗纱、有捻纱、布及其他制品。采用 KH-550 偶联剂可直接与环氧树脂、酚醛树脂及尼龙等基体复合，主要用于对强度要求较高的聚合物基复合材料制作。用于制作火箭发动机的壳体、飞机螺旋桨叶、起落架和雷达罩等武器装备，也可作为炮盖、炮弹引信、火箭筒壳体、深水水雷外壳、防弹衣、炮弹箱等，在提高武器的性能和质量方面起到了重要作用。在民品开发上可制作各种高压容器，如航空气瓶、保健气瓶、救生艇、冷藏船及螺旋桨（S-玻璃纤维/尼龙）等。

（4）M-玻璃纤维 M-玻璃纤维亦称高模量玻璃纤维，一般玻璃纤维强度很高，但模量却比较低，只有钢的 1/3 左右，但由于密度比钢低，比模量比钢高得多。提高玻璃纤维的模量，可以用它制作性能更好的结构复合材料。通常是在 SiO_2-Al_2O_3-MgO 系统中掺入 BeO、Y_2O_3、ZrO_2、TiO_2 和 CeO_2 氧化物提高纤维的弹性模量。但是 BeO 有剧毒，Y_2O_3 价格高，尽管它们的添加对模量的提高特别有效，但迄今难以在工业上应用。中国的"M_2"玻璃纤维添加 CeO_2、TiO_2 和 ZrO_2 氧化物，其纤维的弹性模量达到 95GPa。它们不仅弹性模量高，拉伸强度也很高，同时电绝缘性能好，与环氧树脂、酚醛树脂和尼龙等基体复合获得一种高性能复合材料，在航天工业中是一种应用广泛的结构材料，同时在民品开发上也有很重要的用途，如可以制作耐 50 万 V 超高压操作杆、撑杆跳高跳杆、跳水板等。制品形式有纱、布和无捻粗纱等。

（5）特种玻璃纤维 玻璃纤维由于强度高，综合性能优越，成本低廉，是目前应用面最广、产量最大的一种结构和功能复合材料的增强剂。为满足某些特殊性能的要求，人们又相继开发了一些特种玻璃纤维。

① 空心玻璃纤维 它是一种新型的玻璃纤维，其主要特点是质量轻、刚度高、介电常数低，而且导热性能差。空心玻璃纤维的主要技术指标是空心率和空心度。空心率指用

多孔空心漏嘴的漏板拉出一束纤维，其中空心纤维与总纤维数的比值以百分数表示。空心度是指单根纤维的空心直径与纤维直径的比值，常以 K 值表示。空心纤维一般用无碱玻璃来制造。空心纤维的性能与 K 值有关，当 K 值由 0 增加到 0.8 时，纤维的拉伸强度提高；但当 K 大于 0.8 时，纤维的拉伸强度反而下降。一般工业生产的空心玻璃纤维 K = 0.5~0.7。用空心纤维制得的复合材料，具有热传导率低、介电常数小的特点，主要用于航空工业和水下设施如雷达罩、深水容器、压力容器等。另外空心玻璃纤维还可以在其表面镀有锌或铝等金属外层，可以用作电子对抗无源干扰材料。由于它满足质轻、可靠、大容量、快速反应等要求，并且飘浮时间长、扩散面积大、干扰效果好，在抗静电、电磁屏蔽方面也有广泛的应用。

② 耐辐射绝缘玻璃纤维　它是由 SiO_2、Al_2O_3、CaO、MgO 组成的，具有抗中子俘获面积小、半衰期短、绝缘电阻高、力学性能较好和较无碱玻璃纤维耐水性好优点的一种特种玻璃纤维。在高剂量 γ 射线和快中子的强辐照下，仍能保持高而稳定的绝缘电阻。因此，该纤维可以在高温和高辐照条件下使用，是应用于原子能反应堆中耐辐射特种电缆和高温电缆的主要绝缘材料，也是耐高温导线的理想绝缘材料，因其低介电损耗、低密度特性，还适用于再制造电子元件及雷达罩，也是聚合物基复合材料重要的增强玻璃纤维的品种之一。

③ 高硅氧玻璃纤维　高硅氧玻璃纤维一般由 SiO_2 组成，含量在 96%~99%，并含有少量的 B_2O_3、Na_2O 和 Al_2O_3 等其他氧化物。中国采用 SiO_2-B_2O_3-Na_2O 体系的玻璃，熔融拉丝或加工成各种制品，在 500~600℃ 分相处理，再在盐酸中于一定温度下浸泡，沥滤出 B_2O_3 和 Na_2O，留下连续的 SiO_2，多孔骨架，再在 700~900℃ 下烧结致密，即得到 SiO_2 含量达 96% 以上的高硅氧玻璃纤维或制品，纤维直径 4~10μm，密度为 2.20g/cm³，拉伸强度为 1.50GPa，弹性模量为 73GPa。此类产品的主要特性是耐高温、尺寸稳定，以及抗热振性、化学稳定性好，它是耐高温烧蚀材料的增强体。例如增强酚醛树脂，制成各种复合材料，已应用于导弹、火箭耐烧蚀部件，导弹的端头帽、端头裙体、壳体以及火箭的大型喷管等。此外，高硅氧玻璃纤维毡、布等制品是高级保温隔热材料，用于导弹、火箭大面的防热层、钢水杂质过滤材料。由于它有微孔结构，可以用它作催化剂载体，以及制成反渗透膜用于海水淡化、气体分离等领域。

二、玻璃纤维的制造方法

玻璃纤维生产工艺有两种：坩埚拉丝法和池窑拉丝法。坩埚拉丝法也称"二步法"，先把玻璃原料高温熔制成玻璃球，然后将玻璃球二次熔化，高速拉丝制成玻璃纤维原丝。坩埚拉丝法工艺流程如图 3-1 所示。此种工艺有能耗高、成型工艺不稳定、劳动生产率低等特点。

池窑拉丝法也称为"一步法"，它不需要先制成玻璃小球，而是直接将各组分天然矿石原料按配比同时投入池窑内熔融拉丝。池窑拉丝法是目前最先进的工艺方法，其原料是以"叶蜡石"为主的矿粉混合料，原料在窑炉中熔制成玻璃溶液，排除气泡后经通路运送至多孔漏板，高速拉制成玻纤原丝。这种工艺工序简单、节能降耗、成型稳定、高效高产，便于大规模全自动化生产，成为国际主流生产工艺，用该工艺生产的玻璃纤维约占全球产量的 90% 以上。

池窑拉丝法的制造工艺流程（图 3-2）：原料选用→加水清洗→晒干→放入坩埚喷灯

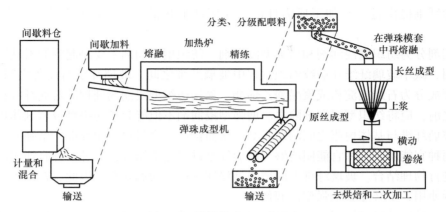

图 3-1　坩埚拉丝法工艺流程

引火预热→点火加热至 1100~1300℃→玻璃熔化、调整温度→拉丝、抽丝→软化→上丝→夹丝和缠丝→下丝成品→包装→成品→入库。其中有几个关键步骤：

① 引火　坩埚一定要放平，然后加玻璃，加到坩埚的 1/4 处，不要超过坩埚两边的尺寸。需要注意的是：进行点火之前，首先用喷灯预热坩埚，点火时不要太快或太慢，如果发现内玻璃液起泡和温度不匀，将泡挑破，然后把埚内的玻璃液来回调拌均匀即可。

② 拉丝和抽丝　引火完成后，等待坩埚内玻璃液温度达到 1100~1300℃，玻璃液就会自动地从网眼流出，如果流不出玻璃液，这时就要人为拉丝。拉丝时姿势端正，从坩埚边沿网眼往里拉，这样不易把丝碰断，夹子不要碰触铁把及夹埚架上，以免触电。把全盘的丝抽好之后，抽出一段丝，然后开始上丝。

③ 上丝　在上丝之前首先在滚筒上喷软化剂，把拉下来的丝缠到滚筒上，把压头压牢推动滚筒，待丝压牢后，打开电机，开始运转，继续加料，调剂温度正常生产。

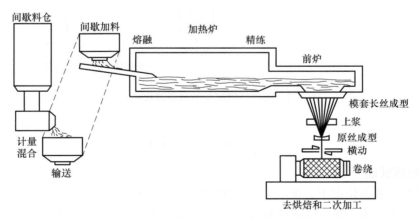

图 3-2　池窑拉丝法工艺流程

在生产玻璃纤维从单丝到原纱的过程中，需要在单丝上滴加浸润剂，也叫上浆剂，它是在单根纤维表面涂覆的由粘接组分、润滑组分和表面活性剂等配制的水乳液。浸润剂的作用主要有：①润滑作用，使纤维得到保护，防止纤维磨损降低强度；②黏结作用，使单丝集束成原纱或丝束；③防止纤维表面聚集静电荷，防止原纱缠绕成卷时，纤维相互黏

45

接；④为纤维提供进一步加工所需性能；⑤使纤维获得能与基体材料良好黏结的表面性质。

浸润剂分为纺织型浸润剂和增强型浸润剂。纺织型浸润剂主要是起到润滑玻璃纤维表面的作用，减小玻璃纤维在后续纺织过程中玻璃纤维之间、玻璃纤维与设备之间的摩擦。它的主要成分为石蜡或淀粉或聚醋酸乙烯酯。采用纺织型浸润剂处理的玻璃纤维在制备复合材料之前，应将纺织型浸润剂除去。增强型浸润剂不但能起到纺织型浸润剂作用，还可以作为玻璃纤维与基体树脂之间的偶联剂，从而提高复合材料界面性能。增强型浸润剂至少含有两种官能团，一种官能团能够与玻璃纤维进行化学结合，另外一种官能团能够与树脂基体进行物理结合。玻璃纤维上的增强型浸润剂可作为偶联剂，因此，在制备复合材料时可直接使用，不必除去增强型浸润剂。

玻璃纤维原纱经过纺织、加工之后，可制备成玻纤布、玻纤带、玻纤毡等制品，满足不同使用需要。玻璃纤维各种制品的制备过程如图 3-3 所示。

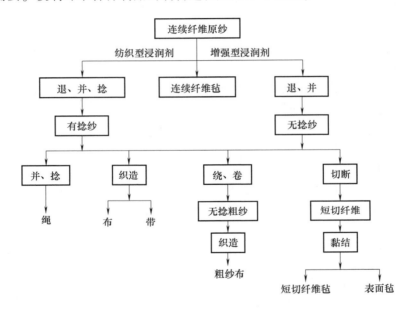

图 3-3　玻璃纤维制品的制备过程示意图

三、玻璃纤维的性能

（一）物理性能

（1）外观　通常情况下，玻璃是经熔融而冷却、固化形成的非结晶（在特定情况下）无机物，是过冷液体，通过不同成型及加工方法可制成不同形状和大小的制品。从外观上看，玻璃可呈现出从板状块体至薄膜与纤维等不同形态。

玻璃纤维是玻璃的一种形态，通常情况下呈光滑的圆柱形。在纤维成型过程中，熔融玻璃在表面张力作用下收缩成圆形截面。玻璃纤维表面光滑，对气体和液体的通过阻力小，是制作过滤材料的理想材料。但是，光滑的纤维表面也影响了与树脂的结合效果。为了能够改进表面，一种是通过使纤维表面成为毛糙有孔状态，形成麻面玻璃纤维；另一种是研制各类偶联剂，使得树脂与玻璃纤维之间通过偶联剂连为一体，从而达到复合效果，也是最为实用的一种手段。

（2）密度　玻璃纤维的密度是玻璃的基本物理性质之一，表示单位体积的玻璃质量，主要取决于构成玻璃的原子的质量，与原子的堆积紧密程度、配位数有关，是表征玻璃结构的一个标志。

玻璃纤维密度一般为 $2.50 \sim 2.80 \mathrm{g/cm^3}$，随着玻璃种类的不同而不同，与玻璃的成分关系密切。在玻璃纤维的组成中，含部分氧化物的网络结构的玻璃纤维密度比同组分块状玻璃相低。这是由于玻璃纤维保留了高温玻璃液的结构状态，而块状玻璃在冷却退火过程中，分子排列趋向密实，所以与纤维相比具有较高的密度值。不同玻璃纤维的物理性能见表 3-3。

表 3-3　　　　　　　　　　　　不同玻璃纤维的性能

性能	A	C	D	E	S	R	M
拉伸强度/GPa	3.10	3.10	2.50	3.40	4.58	4.40	3.50
弹性模量/GPa	73	74	55	71	85	86	110
延伸率/%	3.6	—	—	—	3.37	4.60	5.20
密度/（g/cm^3）	2.46	2.46	2.14	2.55	2.50	2.55	2.89
比强度/[GPa/（g/cm^3）]	1.3	1.3	1.2	1.3	1.8	1.7	1.2
比模量/[GPa/（g/cm^3）]	30	30	26	28	34	34	38
热膨胀系数/（10^{-6}/K）	—	8	2~3			4	
折射率	1.52	—		1.55	1.52	1.54	
损耗角正切值	—		0.0005	0.0039	0.0072	0.0015	
相对介电常数 10^{10}Hz	—		—	6.11	5.6		
体积电阻/（μΩ·m）	10						

（3）力学性能　玻纤的拉伸强度较高（$\sigma = 1500 \sim 4000 \mathrm{MPa}$），比一般合成纤维高约 10 倍，比合金钢高 2 倍，而且比普通块状或平板状玻璃高约 100 倍。玻璃在制造过程中引入许多微裂纹，受力后裂纹尖端应力集中。由于玻璃脆性大，当应力达到一定值时，裂纹扩展，玻璃被破坏。微裂纹尺寸越大，越多，应力集中越严重，导致强度越低。块状玻璃比玻璃纤维尺寸大，其内部和表面存在微裂纹的概率更大，所以块状玻璃比玻璃纤维的强度低得多。另外，玻璃纤维在制备的过程中，受到定向牵引力的作用，分子排列更规整，所以玻纤强度更大。

（4）光学性能　玻璃的光学性能主要包括折射、色散、反射、吸收、透过等，可以通过调整成分、着色、光照、热处理、光化学反应以及涂膜等物理和化学方法，改变玻璃的光学性能，从而制得符合要求的光学玻璃纤维。

具有导光特性的玻璃纤维称为光学纤维。光学纤维结构主要包括反射型光导纤维和折射型光导纤维两种。

反射型光学纤维是用低折射率玻璃包覆在透明的高折射率玻璃的周围，常用数值孔径表示它的聚光本领。以 n_1 和 n_2 分别表示芯玻璃和外层玻璃的折射率，并且放在折射率为 n_0 的媒介中，并且 $n_1 > n_2 > n_0$。

要使得以 θ 角度入射光学纤维的光在光学纤维内发生全反射，最大孔径角 θ 需满足

$$NA = n_0 \cdot \sin\theta = \sqrt{n_1^2 - n_2^2} \qquad\qquad (3-1)$$

式中 NA——光学纤维的数值孔径。

光学纤维的聚光能力可以用数值孔径与光学纤维直径的乘积来衡量。因此，在光学纤维直径恒定时，光学纤维的聚光能力与两种玻璃的折射率有关。

实际使用时，光学纤维经常弯成圈，当弯曲的夹角很小时。引起的数值孔径的变化值与光学纤维直径及弯曲半径有关。例如，光学纤维直径为 $30\mu m$，弯曲直径为 $10cm$ 时，数值孔径变化值为 0.024。

光的损失主要是由于两端面的反射、内全反反射以及芯材玻璃本身的吸收引起的。光程较长时，对吸收损失要求要很少。因此，芯玻璃的透明性很重要，要严格防止杂质、气泡和条纹等缺陷，并且纤维直径要很均匀。

（5）电性能

① 玻璃的导电性 在常温下一般玻璃是电绝缘材料，其电即率随组分而变，一般为 $10^{11} \sim 10^{18} \Omega \cdot cm$。

电子器件的小型化、芯片化以成为信息通信行业发展主流趋势，高介电低损耗材料成为该领域的发展方向。高介电玻璃纤维，具有高介电常数、低介电损耗及优越的化学稳定性，在 $1MHz$ 下，其介电常数可达 $11 \sim 12$。最初的高介电玻璃纤维是采用高介电常数的铅玻璃制成的，但随着全球环保要求的日益提高，为了避免铅玻璃对环境的严重污染，各国都向无铅高介电常数玻璃纤维的方向进行研究开发。

② 玻璃的半导性 早在 20 世纪 50 年代，人们已发现某些玻璃态元素化合物、磷钒酸盐玻璃等具有半导性能。它们被应用于热敏电阻、光敏电阻等元件。近年来发现，若干系统的玻璃还可用于制作开关和记忆元件。

（6）热性能

① 导热性能 物质通过质点的振动把热能传递至较低温度方向的能力称为导热性。物质的热导率值是晶格和电子所引起的热传导的总和。玻璃结构无序，自由电子少，所以玻璃的热导率小，热阻大，相对于金属材料，玻璃的导热能力较低。一般采用热导率表征物质传递热量的难易，它的倒数值称为热阻。玻璃是一种热的不良导体，其热导率较低，为 $0.712 \sim 1.340 W/(m \cdot K)$，耐热玻璃的热导率主要取决于玻璃的化学组成、温度及其颜色等。

② 比热容 单位质量的玻璃温度升高 1℃所需的热量称为比热容。玻璃的比热容取决于其化学组成以及所处的温度。在加热到软化温度之前，玻璃的比热容增加不大，而高于软化温度时开始迅速增加。这是玻璃由低温致密结构转变为高温疏松结构所导致。

③ 热稳定性 玻璃纤维与其他有机纤维相比，有很高的耐热性能，这是因为玻璃纤维的软化温度可达 $550 \sim 750$℃，而尼龙仅为 $232 \sim 250$℃，醋酸纤维为 $204 \sim 230$℃。

（二）化学性能

玻璃的化学性能是指其耐受各种化学介质的性能，即化学稳定性，如玻璃抵抗水、酸、碱等介质侵蚀的能力。玻璃的化学稳定性常用介质侵蚀前后的质量损失、析出的碱量及进入侵蚀液中的玻璃组成量等方法来度量。对于玻璃纤维，还可用侵蚀前后的强度损失和纤维直径减少率来度量。

玻璃纤维的化学稳定性与玻璃的组分与结构相关，硅氧含量越多，即网络结构越完整，玻璃的化学稳定性越高。碱金属氧化物含量越高，玻璃的化学稳定性越低；玻璃中同时存在两种碱金属氧化物时，其耐水性比只含一种碱金属氧化物时要好，并且在两者的比例中，有一个最佳点，这一现象称为混合碱效应，或中和效应。ZrO_2 的耐酸性最好，对耐水、耐酸也均有利。Al_2O_3、ZnO、CaO 等对耐水、耐酸性有利，对碱溶液的耐蚀性有一定效果。B_2O_3 对玻璃化学稳定性可分为两个方面。玻璃中游离氧较多时，B^{3+} 位于 ［BO_4］ 四面体中，使得网络结构完整，水溶出度下降；当玻璃中游离氧较少时，B^{3+} 位于 ［BO_3］ 三角体中，网络结构中有较多的断键，又促使水溶出度上升。在 $Na_2O-CaO-SiO_2$ 系统玻璃中，Al_2O_3 能形成 ［AlO_4］ 四面体，含量很少时，对网络起补网作用，因而提高了化学稳定性。但是，当 Al_2O_3 含量过高时，由于 ［AlO_4］ 四面体大于 ［SiO_4］ 四面体的体积，使网络紧密程度下降，玻璃的化学稳定性也随之下降。

第二节　碳　纤　维

碳纤维是由有机纤维 ［主要是聚丙烯腈（Polyacrylonitrile，PAN）］ 经碳化及石墨化处理而得到的微晶石墨材料纤维。碳纤维的含碳量在 90% 以上，具有强度高、质量轻、比模量高、耐腐蚀、耐疲劳、热膨胀系数小、耐高低温等优越性能，同时具有导电、导热、抗辐射、良好的阻尼、减震、降噪、可编织等一系列综合性能，主要应用于聚合物基、陶瓷基及碳基复合材料的增强体，其复合材料已广泛应用于航空航天、国防等军事尖端领域。

碳纤维的研究与应用已有 100 多年的历史，早在 1880 年，爱迪生用棉、亚麻等纤维制取碳纤维用作电灯丝，因碳丝太脆、易氧化、亮度太低，后改为钨丝。20 世纪 50 年代起，随着军事、航空航天工业的发展，碳纤维作为新型工程材料又重新得到重视。1959 年，美国联合碳化物公司研究出以人造丝为原料进行工业生产的碳纤维，商品牌号为 Thornel（索纳尔）。1962 年，日本大阪技术研究所的进腾昭男，以聚丙烯腈为原料研制出聚丙烯腈基碳纤维。1963 年，日本大谷杉郎以沥青为原料也成功地研制出碳纤维。1964 年，英国皇家研究所（RAE）的 Watt 等人在预氧化和碳化时对聚丙烯腈纤维施加应力牵伸，制得了高弹度、高模量的碳纤维。此后，碳纤维向高强度、高模量方向发展。日本东丽（Toray）公司已先后形成高强（T）、高模（M）和高强高模（MJ）3 个产品系列；美国赛特克斯（Hexlec）公司也发展了高强（AS 和 IM）系列产品。国内的碳纤维等原材料上游产业主要集中在江苏恒神、威海拓展、中简科技等民营企业；下游市场基本被航空工业集团公司、商飞、商发、航天、中电集团等国有企业所占领。国内航空复合材料产业链各个环节均已打通，完成了碳纤维等原材料国产化生产及装机应用，国产 T300 级、T700 级碳纤维复合材料已完成了应用验证，实现了航空复合材料全生命周期的国产化。T800 级碳纤维生产线完成了工程化试制，正在进行装机验证。

一、碳纤维的组成和分类

目前国内外由于对碳纤维性能和用途衡量的不同以及原料的来源不同，出现了许多分类方法，到目前仍未获得统一的认识。大多按习惯将碳纤维分为以下几个类型：

① 按前驱体纤维原料的不同，可分为黏胶基碳纤维、聚丙烯腈碳纤维、沥青基碳纤

维和气相生长碳纤维，原丝是制取高性能碳纤维的前提。

② 按纤维力学性能分类，可分为通用级碳纤维（GP）和高性能碳纤维（HP），其中高性能碳纤维包括中强型（MT）、高强型（HT）、超高强型（UHT）、中模型（IM）、高模型（HM）、超高模型（UHM），其类型和主要力学性能见表 3-4。

③ 按照碳纤维制造方法的不同分类，可分为碳纤维（800～1600℃）、石墨纤维（2000～3000℃）、氧化纤维（预氧丝 200～300℃）、活性碳纤维和气相生长碳纤维。

④ 按纤维形态分类，可分为短切碳纤维和连续纤维，碳纤维与玻璃纤维一样有布、毡等。

表 3-4　　　　　　　　　碳纤维类型和主要力学性能（按力学性能分类）

性能	碳纤维			
	UHM	HM	UHT	HT
弹性模量/GPa	>400	300～400	200～350	200～250
拉伸强度/GPa	>1.70	>1.70	>2.76	2.0～2.75
碳含量/%	99.8	99.0	96.5	95.0

二、碳纤维制造方法及应用

（一）聚丙烯腈碳纤维

PAN 基碳纤维是目前生产碳纤维主要的原丝，约占 80%以上，生产厂家主要包括日本东丽、东邦和三菱人造丝公司，其余生产厂家还包括美国 Hexcel、英国 BP Amoco 和中国台湾台塑。

（1）PAN 基碳纤维工艺　PAN 基碳纤维工艺流程如图 3-4 所示。

单体聚合阶段，制备纺丝原液有一步法和二步法。一步法是采用均相溶液聚合的方法，直接获得均一的 PAN 溶液，再经洗涤、脱单、脱泡一系列处理后得到纺丝原液，优点是黏度低、可直接纺丝；缺点是产物收率低，溶剂不易再回收，需要有洗涤、精制等工序。二步法是通过非均相聚合工艺，制得 PAN 固体粒子，粉料再经清洗、干燥、粉碎和溶解后制得均匀的 PAN 溶液，再经后续的脱单、脱泡处理，获得纺丝原液，

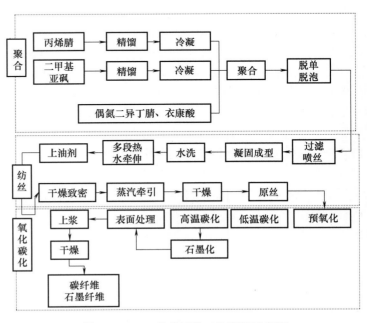

图 3-4　PAN 基碳纤维工艺流程示意图

相对于溶液聚合，这种方法的优点是可以获得相对分子质量较高、相对分子质量分布比较均匀的聚合物，并且聚合速率较快、转化率较高。缺点是纺丝前需要重新溶解，相较于一步法增加一道程序，同时 PAN 固体粒子的分离和干燥耗能较大。

①纺丝　在制备 PAN 原丝过程中，纺丝工艺主要有湿法纺丝和干喷湿纺。湿法纺丝是纺丝原液从喷丝头出来后直接浸入凝固液中，这种方法工艺简单，容易控制，典型代表是东丽 T300、T800。通过这种方法制备的碳纤维表面有沿纤维轴向排布的沟槽，这种沟槽增大了碳纤维表面积，有利于碳纤维与树脂的物理啮合，提高复合材料界面结合性能。但同时沟槽也是碳纤维表面的缺陷，容易产生应力集中，影响碳纤维的拉伸强度。干喷湿纺是原液从喷丝头流出后先经过空气再浸入凝液中，纺丝速度快，纤维致密，表面光滑。PAN 分子链段沿纤维方向排列取向优化，拉伸强度更高，但缺点是纺丝原液细流断裂后，原液容易沿喷丝头漫流，严重影响纺丝过程的连续性，同时容易残留有机溶剂。

②预氧化　原丝碳化前，为防止 PAN 纤维在高温中熔融，要对原丝进行预氧化处理，即将原丝置于 200～300℃预氧化炉的氧化气氛中，分子链沿纤维轴向取向，形成热稳定性能好的梯形结构。预氧化工艺的关键在于温度控制及设备排风，要及时排除炉内反应热，防止局部过热导致纤维断裂。

③碳化　经过预氧化处理后，预氧丝要在高纯度氮气的保护下进行两次碳化处理，分别是低温碳化，温度一般为 300～900℃；高温碳化，温度一般为 1200～1800℃。预氧化过程中产生的热稳定性梯形大分子发生交联，氢、氮、氧等元素随着碳化温度的升高逐渐裂解排出，纤维中碳元素含量从 60% 提高到 90% 以上，最终得到乱层石墨片状结构的 PAN 基碳纤维。

④石墨化　如果进一步制备高模量石墨碳纤维，则对碳化处理后的碳纤维进行石墨化处理，温度一般控制在 2600～3000℃，高纯度氩气作为介质气氛，碳纤维内部结晶在一定张力下进一步发生取向，最终产生有序的二维网面层状石墨结构纤维，碳元素含量也进一步提升到 99%。

⑤表面处理及上浆　表面处理是为了提高碳纤维表面与树脂基体的界面结合强度，未经表面处理的碳纤维表面具有石墨材料的天然化学惰性，反应活性低和树脂浸润性差，不能形成稳定的结合界面。当复合材料受到比较大的力的作用时，作为增强相的碳纤维不能有效传递来自树脂基体的载荷，阻止破坏发展，使得复合材料的性能降低、使用寿命减少。目前碳纤维表面处理的方法主要有两大类，分别是氧化处理和化学接枝。上浆是在碳纤维表面形成一层有效保护膜，隔绝环境中的杂质及水分，从而提高纤维的集束性和耐磨性，改善使用中的工艺性能。上浆剂成分和含量对碳纤维表面活性和纤维与树脂基体之间的界面性能有很大的影响，是目前碳纤维生产商的核心技术之一。

（2）PAN 基碳纤维特性　PAN 基碳纤维的特性有：可编织性好；密度小（1.7～2.1g/cm），质量轻；高模量（200～700GPa），高刚性；高强度（2～7GPa），强而坚；耐疲劳，使用寿命长；自润滑，耐磨损；吸能减振；线膨胀系数小（0～1.1×10⁻⁶K⁻¹），尺寸稳定；热导性好，不蓄热；导电（15～5μΩ·m），非磁性；X 射线穿透性好；与生物的相容性好等，可以满足各种条件下的使用要求。

目前日本东丽公司生产的 PAN 基碳纤维的规格和性能见表 3-5。

表 3-5 日本东丽公司 PAN 基碳纤维的规格与性能

规格	单丝根数/束	拉伸强度/GPa	弹性模量/GPa	断裂伸长率/%	线密度/tex	密度/(g/cm³)
T300	1	3.53	230	1.5	66	1.76
	3				198	
	6				396	
	12				800	
T300J	3	4.21	230	1.8	198	1.78
	6				396	
	12				800	
T400H	3	4.41	250	1.8	198	0.8
	6				396	
T600S	24	4.12	230	1.9	1700	1.79
T700S	6	4.90	230	2.1	400	1.80
	12				800	
	24				1650	
T700G	12	4.90	240	2.0	800	1.78
	24				1650	
T800H	6	5.49	294	1.9	223	1.81
	12				445	
T1000G	12	6.37	294	2.2	485	1.80
M35J	6	4.70	343	1.4	225	1.75
	12				450	
M40J	6	4.41	377	1.2	225	1.77
	12				445	
M46J	6	4.21	436	1.0	223	1.84
	12				445	
M50J	6	4.12	475	0.8	216	1.88
M60J	3	3.92	588	0.7	100	1.94
	6				200	
M30S	18	5.49	294	1.9	760	1.73
M30G	18	5.10	294	1.7	760	1.73
M40	—	2.74	392	0.7	61	1.81
	3				182	
	6				364	
	12				728	

　　中国 PAN 基碳纤维的研究起始于 20 世纪 60 年代。20 世纪 70 年代中期，研制出 PAN 基碳纤维的连续化预氧化和碳化工艺，制得拉伸强度为 2.00GPa、弹性模量为 180GPa 的

中强中模碳纤维。在 20 世纪 80 年代初，相继生产出拉伸强度为 2.5GPa、弹性模量为 180~200GPa 的高强 I 型 PAN 基碳纤维。继而在 20 世纪 80 年代末，又制成拉伸强度为 3.0~3.6GPa、弹性模量为 220GPa 的碳纤维，并同时生产出小批量的拉伸强度为 2.00GPa、弹性模量为 280GPa 的碳纤维。若石墨化温度达到 2500℃，碳纤维的弹性模量可达 300GPa，但抗拉伸强度只有 0.8~1.2GPa。20 世纪末已能批量生产连续长度大于 500m，拉伸强度大于 2.45GPa，弹性模量大于 392GPa 的 PAN 基碳纤维。中国科学院宁波材料技术与工程研究所自 2014 年开展 PAN 基高模量碳纤维的国产化关键技术研发，2016 年 1 月、2018 年 3 月，分别在国内率先实现 CNI QM55（M55J 级）、CNI QM60（M60J 级）高模量碳纤维关键技术突破；2020 年 6 月成功研发了拉伸模量 630GPa 以上的 CNI QM65（M65J 级）高强高模碳纤维。

（二）沥青基碳纤维

以煤沥青、石油沥青、聚氧乙烯沥青或合成沥青为基体，适当处理后使之具有一定的流变性能，并使其化学组成和结构满足碳化和石墨化性能的要求。沥青有各向同性和各向异性（中间相或液晶相）沥青两种。由前者制得的碳纤维性能较差，一般拉伸强度在 950MPa，弹性模量在 40~45GPa，断裂伸长率在 2.0%~2.2%，称为通用级制品，主要用在性能不高的复合材料和碳制品上。以中间相沥青为先驱体可以制得高性能碳纤维，尤其是用于制造超高模的碳纤维。由于沥青纤维初始含碳量比 PAN 纤维高，所以碳化收率高。在性能上，沥青基碳纤维除具有极高的弹性模量外，还具有极优良的导热、导电性和负的热膨胀系数。但其加工性及压缩强度不如 PAN 基碳纤维。高性能沥青基碳纤维在宇航、空间卫星等方面有独特的应用。

Granoc XN 系列属于低模量、低拉伸强度的沥青基碳纤维。纤维直径 10m，每束纤维 300 根，弹性模量在 55~155GPa，拉伸强度在 1.10~2.40GPa。Granoc XN 系列密度较低，为 1.65~2.80g/cm³，断裂伸长率比较高，为 1.5%~2.0%，主要用于土木建筑和基础设施，制作补强和修补用的碳纤维片材，是取代钢筋的增强材料、密封材料、隧道壁板系统、杆材等。

Granoc CN 沥青基碳纤维主要用于体育休闲用品和一般工业用的碳纤维。与 T300 PAN 基碳纤维相比，其弹性模量高得多，适用于对刚度要求高的材料。主要用于电子仪器设备、精密光学仪器、声学和音响设备、机器人手臂、各种辊子等。

Granoc YSH 沥青基碳纤维主要用于制造卫星天线、卫星结构构件、太阳能电池帆板、操纵杆、支杆、导弹轮构件和运载火箭轮构件等。

我国沥青基碳纤维的主要研究方向为通用级（以各向同性沥青为先驱体）沥青基碳纤维和高性能（以沥青中间相为先驱体）的沥青基碳纤维。通用级沥青基碳纤维已实现连续化生产，其拉伸强度为 0.80~0.95GPa，弹性模量为 40~45GPa，断裂伸长率为 2.0%~2.5%。由于该纤维力学性能不高，主要应用于功能复合材料和水泥基复合材料的制备。

高性能沥青基碳纤维重点研究以中间相沥青为先驱体，通过熔融纺丝、预氧化、碳化及石墨化来制备的方法。纤维的性能主要取决于先驱体结构和组成，因此对沥青中间相也进行了深入的研究。20 世纪末，以石油渣油和煤沥青为原材料进行改性和调制，获得软化点为 264~278℃、可纺性良好的中间相沥青（中间相沥青含量>95%），在自行设计制造的 250~500 孔熔融纺丝机上纺丝，经预氧化再经碳化、石墨化处理获得石墨纤维。连续的连续长度在500m左右。

将煤沥青经调制后获得中间相沥青，经单孔纺丝获得直径为10.3μm沥青纤维，连续长度可达29000 m，经预氧化、碳化和3000℃石墨化处理，获得石墨碳纤维拉伸强度达到2.5GPa，弹性模量高达973GPa。

（三）黏胶基碳纤维

由纤维素原料如木材、棉籽绒或甘蔗渣等提取α-纤维素（称为浆粕），经烧碱、二硫化碳等处理纯化后，溶解在稀NaOH溶液中，成为黏稠的纺丝原料，经湿法纺丝成型和后处理获得黏胶纤维，经洗涤、干燥化学处理后，在低于300℃进行低温热处理，再经洗涤、干燥，然后在高于800℃的高温惰气氛中碳化制得黏胶基碳纤维，若在2500℃以上氢气中高温热处理后，可得到黏胶基石墨纤维。纤维的含碳量大于99%，结晶度、热导率、抗氧化性、润滑性、比热容等均比碳纤维有较大的提高。

黏胶基碳纤维产品形态有短碳纤维、连续长纤维、炭纱、炭带、炭毡和炭布等。从性能上可分为黏胶基碳纤维和黏胶基石墨纤维。这种纤维除有比强度、比模量高，耐化学腐蚀，润滑性好等优点外，还具有密度低、纯度高、断裂伸长率大、柔软、可编织性好、热导率小、比表面积大、易活化等特性，是一种当今不可替代的隔热防护的耐烧蚀材料，也是一种功能复合材料的增强体，同时它与生物的相容性极好，是一种应用前景极好的生物工程材料。黏胶基碳纤维主要用作飞机刹车片、汽车刹车片、固体燃料发动机喷管、载人飞行器、火箭导弹的鼻锥及头部的大面积烧蚀屏蔽材料，还可以增强聚合物基复合材料，制作耐腐蚀泵体、叶片、管道、容器以及导电线材，发热体、密封材料、催化剂载体和医用吸附材料及胶体结构材料，也可作外伤包扎带和防化服等。

中国黏胶基碳纤维的研究起步于20世纪80年代，已建立了中试生成线，但产品的性能仍有待提高。在热处理温度为800~1300℃时，已获得黏胶基碳纤维，性能能够满足国防工程的要求，在已建成年产300kg生产线的基础上，又于2002年建成一条新生产线。采用一种多元胺的阻燃剂和聚碳硅烧处理后，经1000℃高温热处理得到连续碳化硅（SiC）涂层的黏胶基碳纤维，拉伸强度为1.3~2.0GPa，弹性模量为70~130GPa，纤维直径为4~6m，密度为1.55~1.60g/cm³。

三、碳纤维的结构和性能

（一）碳纤维的结构

（1）物理结构　碳纤维属于过渡形式碳，其微结构基本类似石墨，但层面的排列并不规整，属于乱层结构。随着热处理温度的升高，碳纤维的结构逐步向多晶石墨转化。微晶是碳纤维微结构的基本单元。构成多晶结构的基本单元是六角形芳环的层晶格，石墨片层是由层晶格组成的层平面。原纤以网状结构存在，它是由带状的石墨层片组成的微原纤构成的。原纤之间的界面方向错乱复杂，并且有长而窄的间隙存在。随着温度的升高，原纤沿纤维轴取向排列。温度越高，张力越大，择优取向角越小，模量越高。层间距也随温度的升高而减小，趋近石墨的层间距（0.3354nm）。纤维由二维乱层石墨结构向三维有序的石墨结构转变。

碳纤维的形态结构主要取决于原丝和热处理条件。在碳化过程中，纤维的结构特征如原丝结构，原丝的择优取向以及截面形状等都保留在碳纤维中。图3-5显示了沥青基碳纤维（K13D）横向横截面断裂表面的 FE-SEM 照片。纤维的微观结构显示出径向纹理。距纤维中心约 2μm 的核心区域显示出随机纹理。该区域的断裂表面似乎由表现出环状和弯曲形态的域组成，其方向与相邻域的方向无关。在内部区域，组成域显示出线性形态，并在径向方向上对齐。在外部区域未发现具有环形或弯曲形态的域。外部区域中结构域的长度从 0.6~1.0μm 不等。

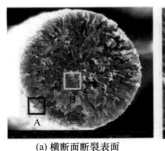

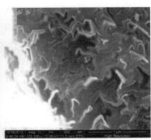

(a) 横断面断裂表面　　　　　(b) 内部区域B　　　　　(c) 外部区域A

图 3-5　K13D 碳纤维拉伸断裂面微观结构

由于纺丝工艺的不同，T300 和 T700 碳纤维表面呈现出明显不同的特征，其中 T300 的表面呈树皮状，并有明显深浅不一的沟槽，是湿法纺丝工艺的特征。T700 则呈现出光滑的表面，是干喷湿纺丝工艺的特征。T300 和 T700 碳纤维表面形貌如图 3-6 所示。

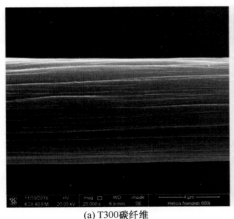
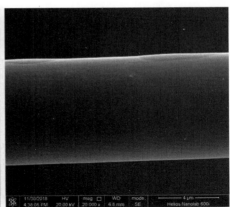

(a) T300碳纤维　　　　　　　　　　(b) T700的碳纤维

图 3-6　碳纤维表面形貌

湿法纺丝工艺制备的碳纤维表面形貌结构通常为沿纤维轴向分布的沟槽状结构。湿法纺丝阶段原丝表面形成沟槽的原因可能有几种：①纺丝液在喷丝孔处挤出时同时发生挤出胀大和凝固成纤过程，二者同时作用使纤维表面出现褶皱。②由于纺丝液内部的溶剂与凝固浴中的水的双扩散作用，导致纤维表面塌陷。③凝固浴中纤维表面形成的弹性凝胶壳层在牵伸作用下逐渐细化，纤维发生径向收缩，表面形成褶皱。④凝固相分离过程中，纺丝细流的外部先于内部开始结晶，晶区的大分子链形变能力弱于非晶区，在后续施加牵伸时，这种结晶的不均匀性导致纤维表面沟槽结构的形成。从现有沟槽机理中可以看出，原丝制备的凝固双扩散过程对纤维的表面沟槽形成有重要影响。

（2）表面化学结构　碳纤维经过高温处理后非碳元素不断逸走，碳元素不断富集，活性碳原子减少，石墨微晶结构趋于完整，逐渐形成了高表面惰性的化学结构。碳纤维的表面化学结构可通过碳纤维表面元素含量、官能团以及表面石墨结构 3 个方面进行分析。碳纤维表面主要由大量的碳元素构成，并含有少量的氧、氢等元素，有的碳纤维表面还含有原丝制备工艺中残留的硅、硫等元素。碳纤维表面的氧元素和氢元素以官能团的形式存在，含氧官能团和含氢官能团是增强碳纤维表面与树脂浸润性、亲和性的关键性因素。

（二）碳纤维的性能

不同的原丝工艺条件及处理条件制得的碳纤维的力学性能是不同的，表 3-6 列出工业上比较重要的聚丙烯腈和沥青碳纤维的力学特性比较。

表 3-6　　　　　　　各种先驱丝制得的碳纤维的力学特性

原丝种类	拉伸强度/GPa	弹性模量/GPa	断裂伸长率/%
PAN	3.5~8.0	230~600	0.6~2.0
人造丝	0.7~1.8	40	1.8
均质沥青	0.8~1.2	40	2.0
中间相沥青	2.0~4.0	200~850	0.3~0.7

通常聚丙烯腈碳纤维表现为高强中模量，中间相沥青碳纤维表现出中强高模量，均质沥青碳纤维为中强中模量。高模量碳纤维也可由聚丙烯腈碳纤维制得，但需约 3000℃ 的石墨化处理。表 3-7 为热处理温度对石墨纤维性能的影响。由表 3-7 可以看到，随着热处理温度的提高，碳纤维的电阻率随之降低。碳纤维属于半导体性质而石墨纤维的导电性比铝、铜还要高。低热膨胀系数是碳纤维的又一个特性，所以碳纤维制品具有高度的尺寸稳定性。

表 3-7　　　　　　　热处理温度对石墨纤维性能的影响

温度/℃	拉伸强度/GPa	拉伸模量/GPa	断裂伸长率/%	密度/(g/cm³)	电阻率/$10^{-6}\Omega \cdot m$	直径/μm
室温	3.49	227.6	1.60	1.721	12.12	6.28
2000	2.69	268.0	1.03	1.751	7.63	6.07
2200	2.24	289.9	0.79	1.770	6.93	6.07
2400	2.03	300.6	0.69	1.761	6.36	5.86
2600	1.93	343.7	0.66	1.817	5.34	5.70
2800	1.89	408.1	0.49	1.919	4.24	5.23
3000	1.79	418.6	0.48	1.962	3.70	5.52

第三节　其他增强体

一、其他纤维

（一）芳纶纤维

聚合物的主链由芳香环和酰胺基构成，每个重复单元中酰胺基的氮原子和羰基均直接与芳环中的碳原子相连接的聚合物称为芳香族聚酰胺树脂，由其纺成的纤维总称为芳香族聚酰胺纤维，简称芳纶纤维（KF）。芳纶纤维有两大类：全芳族聚酰胺纤维和杂环芳族聚酰胺纤维。全芳族聚酰胺纤维主要包括聚对苯二甲酰对苯二胺（PPTA）和聚对苯甲酰胺纤维、聚间苯二甲酰间苯二胺和聚间苯甲酰胺纤维、共聚芳酰胺纤维等。杂环芳族聚酰胺纤维是指含有氮、氧、硫等杂原子的二胺和二酰氯缩聚而成的芳酰胺纤维。芳纶纤维的种类繁多，但聚对苯二甲酰对苯二胺纤维作为复合材料的增强材料应用最多，例如美国杜邦公司的 Kevler 系列、荷兰 AKZO 公司的 Twaron 系列、俄罗斯的 Terlon 纤维都属这个品种。

Kevlar 纤维的密度为 $1.39 \sim 1.44 g/cm^3$，是钢丝的 1/5，比玻璃纤维轻 45%，比碳纤维轻 15%，是所有增强材料中密度较低的纤维之一。其拉伸强度为 $3.1 \sim 4.1GPa$，拉伸模量为 $75 \sim 186GPa$，超过玻璃纤维和碳纤维。热膨胀系数小，且纵向热膨胀系数为负值。能在 $170 \sim 180℃$ 条件下正常工作，其疲劳寿命达 15×10^6 次。韧性好，不像碳纤维那样脆，因而便于纺织。常用于和碳纤维混杂，提高纤维复合材料的耐冲击性能。其缺点是抗压强度低，耐光老化性能差等。

Kevlar 纤维制品形式很多，有短纤维、长纤维、粗砂纤维、织物等。主要用于航空航天工业中的机翼前缘、尾椎、火箭发动机壳体等，另还可用于增强橡胶、塑料、绳缆、降落伞、防护服等。

（二）超高相对分子质量聚乙烯纤维

超高相对分子质量聚乙烯纤维（UHMWPE）是近年来才开发的聚烯烃纤维，也称高强、高模量聚乙烯纤维（HTHMPE）或高性能聚乙烯纤维（HPPE），属于 PE 纤维。在 21 世纪，UHMWPE 纤维的发展异常迅速，化学专家预测，在不久的将来，PE 纤维将与 Kevlar、碳纤维竞争高性能纤维的国际市场，UHMWPE 纤维将是最有发展前途的纤维。UHMWPE 纤维具有突出的高模量、高韧性、高耐磨性和优良的自润滑性。由于这种纤维的主链结合强度很高，取向度和结晶度也极高，因此它的比强度是当今世界上最高的，相当于优质钢丝的 5 倍，比普通化学纤维高出近 10 倍，比对位芳纶纤维高 40% 左右，而且其密度只有 $0.97g/cm^3$，比水轻，可以漂浮于水面。UHMWPE 纤维的耐磨性在已知的高聚物中名列第一，比聚四氟乙烯高 6 倍，耐冲击性能比聚甲醛高 14 倍，比 ABS 高 4 倍。消声性能好，吸水率在 0.01% 以下，耐化学药品性能、抗黏结性能良好，耐低温性能优良，电绝缘性能好。

UHMWPE 纤维的制造技术有高压固态挤出法、溶液流动诱导结晶法和稀溶液凝胶纺丝热拉伸法等。该纤维是目前比强度最高的有机纤维，同时具有高比模量以及耐冲击、耐磨、自润滑、耐腐蚀、耐紫外线、耐低温、电绝缘等优异性能。其不足之处是熔点较低（约150℃）和高温容易蠕变，因此极限使用温度只有 $100 \sim 130℃$。目前，UHMWPE 纤维主要用于绳缆材料和高技术军用材料，可用于制作武器装甲、防弹背心、航天航空部件等。

（三）硼纤维

硼纤维是响应航空航天领域对材料日益严苛的要求而发展起来的。它是最早应用于高级复合材料的增强体。良好的综合力学性能，成熟的制备工艺，显著的增强效应是硼纤维能成熟发展与重点应用的最本质因素。它不仅可以以纤维形式使用（如硼纤维与尼龙或芳纶的编织罩），而且可以作为环氧树脂、铝和钛的增强体。美国最早将硼纤维增强铝复合材料应用在航天飞机轨道飞行器上。硼就其本质来说是一种脆性材料。它的原子序数为

5，相对原子质量为 10.81，熔点在 2000℃ 以上，是电的半导体，其硬度仅次于金刚石，很难直接制成纤维状。一般是通过在超细的芯材（载体）上化学气相沉积（Chemical Vapor De position，CVD）硼来获得表层为硼、含有异质芯材的复合纤维。目前生产的硼纤维直径有 100μm、140μm 和 200μm 3 种，芯材通常为钨丝或碳丝，也可用涂碳或者涂钨的石英纤维。

硼纤维具有高强度、高模量，但密度小，因此比强度和比刚度高。虽然金属钨的密度远高于硼，但对于直径 140μm 的钨芯硼纤维来说，钨芯所占的体积不足 1%，对硼纤维的密度影响值不超过 10%。与束状纤维（如碳纤维、束状碳化硅纤维等）相比，在与金属复合时界面问题易于控制，金属在纤维间的完好填充工艺相对简单，增强效益明显。而且，CVD 硼纤维抗弯性能、抗压性能好，构件刚性高。但纤维的芯丝不同、直径不同，所得密度和力学性能也是不同的。

硼纤维具有优异的热性能，在空气中 500℃ 下 1h 后降至室温，强度不变，在氩气保护下，即使在 1900℃ 下工作 1h 后降至室温后，强度仍然没有变化。其动态疲劳性能优良，用拉伸—零载的拉伸循环，150 次/min 的频率，所用的载荷约相当于平均拉伸强度的一半，可以超过 100 万次。硼纤维表面具有活性，对极性化合物有亲和力，并且对含氮化合物的亲和力大于类似的含氧化合物。在室温下，硼是比较惰性的材料，但在高温下硼容易和大多数金属起反应，如铁、钴、镍、铝、镁等，由于反应产物脆性大，导致这类复合材料强度严重损失。因而硼纤维应用于金属基复合材料时，必须采用涂层工艺防止界面反应。人们目前已经研究出几种避免硼纤维氧化和减少硼与金属界面反应的涂层，这包括：氮化硼（BN）、碳化硅（SiC）和碳化硼（B_4C）涂层。

硼纤维复合材料（主要包括硼纤维增强塑料和硼纤维增强金属）最初用于罗克韦尔国际公司的 B-1 轰炸机和格拉玛公司的 F-14 战斗机（水平尾翼），B/Al 的韧性是铝合金的 3 倍，质量仅为铝合金的 2/3。硼纤维增强铝复合材料板材和型材通常采用扩散结合工艺制造，硼纤维与铝复合时一般带有 SiC 涂层，以避免硼纤维与铝、镁等基体之间产生有害界面反应。硼纤维增强钛时需经 B_4C 涂层，基体常用 Ti-6A1-4V 或 Ti-15V-3Cr-3Sn-3Al。硼纤维受其价格高的限制而未获得更广泛的应用。

（四）碳化硅纤维

碳化硅纤维具有高比强度、高比模量、高温抗氧化性、优异的耐烧蚀性、耐热冲击性和一些特殊功能。碳化硅（SiC）纤维是典型的陶瓷纤维，按其形态可分为连续纤维、晶须和短切纤维；按其结构可分为单晶和多晶纤维；按其集束状态可分为单丝和束丝纤维。高性能复合材料用的碳化硅纤维包括 CVD 碳化硅纤维（即用化学气相沉积法制造的有芯、连续、多晶、单丝纤维）、前驱体碳化硅纤维（即用聚合物前驱体转化法制造的连续、多晶、束丝纤维）和碳化硅晶须（即用气-液-固法或稻壳焦化法制造的具有一定长径比的单晶纤维）。CVD 法碳化硅纤维具有很高的室温拉伸强度和拉伸模量，突出的高温性能和抗蠕变性能。其室温拉伸强度为 3.5～4.1GPa，拉伸模量为 414GPa。在 1371℃ 时，强度仅下降 30%。

SiC 纤维作为一种战略材料，主要应用于高性能复合材料的增强纤维和耐热材料，它的应用范围从宇航、军事用途直至一般运输工业及体育运动器材等民用品，应用范围广、潜力大，是值得开发的一种新型陶瓷纤维。具体应用方面可作高温耐热材料、聚合物、金属和陶瓷基复合材料的增强材料。作为高温防热材料，SiC 纤维可用作耐高温传送带、金属熔体过滤材料、高温烟尘过滤器汽车尾气收尘过滤器等。SiC 纤维与环氧树脂等聚合物复合制成优异的复合材料可用作喷气式发动机涡轮叶片、直升机螺旋桨、飞机与汽车构件等。SiC 纤维与金属铝等复合具有轻质、耐热、高强度、耐疲劳等优点，可用作飞机、汽车、机械等部件及体育运动器材等。SiC 纤维增强陶瓷具有耐高温特性，并对陶瓷具有增韧作用，其复合材料比超耐热合金的质量轻，可用作宇宙火箭、喷气式发动机等的耐热部件，也是高温耐腐蚀核聚变炉的防护层材料。

二、填　　料

填料一般是粉末状固体材料，也可以算作增强材料。填料加入聚合物基体中制备复合材料的主要作用是降低复合材料制品的成本，改善制品的性能（如机械性能、热性能、耐老化性能、电性能等）。与聚合物基体相比，一般填料的价格更低，因此，大多数情况下，加入填料主要是降低复合材料的成本。

填料通过自身的物理特性和表面相互作用，或没有表面相互作用，来改变材料物理和化学性质。随着填料使用范围的扩大，应用也越来越广泛。填料的物理状态是固态的，但它们可能为预分散状态。填料按化学组成可分为无机物或有机物，可能具有确定的化学组成，也可能是单质、天然产物、比例不确定的不同材料的混合物（废物和回收利用的材料），或者是特有组成的材料。填料按颗粒形状可分为球形、立方体、不规则块状、片状、薄片状、纤维状，不同形状的混合体。尺寸可以从几纳米到数十毫米。常用填料性能及作用见表 3-8。

表 3-8　　　　　　　　　　　　　　　常用填料性能及作用

名称	组成及性能	作用
滑石粉	分子式为 $Mg_3[Si_4O_{10}](OH)_2$；有良好的润滑性能，有强烈的吸附性，高比热容，能够抵抗冲击，化学性质稳定	提高复合材料的硬度、耐火性、抗酸碱性、电绝缘性、尺寸稳定性和润滑性
白炭黑	人工合成的白色二氧化硅微粉；有很高的绝缘性，不溶于水和酸，溶于苛性钠和氢氟酸；耐高温、吸水性	提高复合材料的刚硬度、电绝缘性
空心玻璃微珠	密度小（$0.3g/cm^3$），化学性质稳定，不燃，抗龟裂	降低复合材料的密度
高岭土	分子式 $2SiO_2 \cdot Al_2O_3 \cdot 2H_2O$；化学性质稳定，耐酸不耐碱，一定的阻燃作用，优良的电绝缘性能	适用于制作绝缘、耐腐蚀、阻燃复合材料产品
膨润土	分子式为 $(Na, Ca)_{0.33}[Al, Mg_2][Si_4O_{10}](OH)_2 \cdot H_2O$；具有强的吸湿性和膨胀性	用作黏结剂、悬浮剂、增塑剂、增稠剂、触变剂、稳定剂等，降低复合材料收缩率
碳酸钙	无味白色粉末，价格低廉，资源丰富	提高复合材料耐冲击性能和强度
石墨	具有良好的导热性、导电性、润滑性、涂敷性，最耐高温（熔点为 3850℃）	用于制作换热器、导电、导热构件
云母	含水铝硅酸盐矿物（白云母 $KAl_2[Si_3AlO_{10}](OH, F)_2$、金云母 $KMg_3[Si_3AlO_{10}](OH, F)_2$）；具有耐高温性能（550℃）、耐酸、碱性能及抗压性能	提高复合材料的耐热性能、耐腐蚀性能及降低制品的收缩率、翘曲率

一般情况下，填料添加量越大，复合材料的成本越低。随着填料的加入，复合材料的

性能会先上升并达到峰值后，性能下降，甚至不能满足使用要求。这是因为适量的填料能提高复合材料的性能，但是，过量的填料会在聚合物基体中团聚，成为缺陷，使得复合材料性能下降。因此，填料的加入要适量。为了提高填料在聚合物基体中的分散均匀性，通常可采用搅拌、超声分散以及对填料进行表面改性的方法。

纳米材料的出现，令人类第一次从微观层次主动设计、开发材料向分子原子尺度控制材料性能跨越，具备了对目前产业结构产生颠覆性影响的潜力。美国在 1994 年 11 月中旬召开了国际上第一次纳米材料商业性会议，纳米复合材料的发展和缩短其商业化进程是这次会议讨论的重点。

纳米材料主要是指具有纳米尺度形貌且由结构纳米化带来特殊性能的一类材料，大致可分为纳米粉末、纳米纤维、纳米膜、纳米块体 4 类。纳米微粒具有大的比表面积，表面原子数、表面能和表面张力随粒径的下降急剧增加，小尺寸效应、表面效应、量子尺寸效应及宏观量子隧道效应等导致纳米微粒的热、磁、光、敏感特性和表面稳定性等不同于常规粒子，这就使得它具有广阔应用前景。

纳米材料的分类有多种方式：按维度可分为零维、一维、二维和三维纳米材料。如果材料的尺度在三维空间受限，即在空间三维尺度均为纳米尺度，则称为零维纳米材料，如纳米颗粒和原子团簇等；如果材料只在两个空间方向上受限，即在空间中有两维处于纳米尺度，则称为一维纳米材料，如纳米纤维（纳米线、纳米棒、纳米管）等；如果是在一个空间方向上受限，即有一维处于纳米尺度，则称为二维纳米材料，如纳米膜（片、层）等；如果在 X、Y 和 Z 三个方向上都不受限，但材料的组成部分是纳米孔、纳米粒子或纳米线，就称为三维纳米结构材料（纳米块体材料）。

此外，按化学组成可分为纳米金属、纳米晶体、纳米陶瓷、纳米玻璃、纳米高分子、纳米复合材料等。按材料物性可分为纳米半导体、纳米磁性材料、纳米非线性材料、纳米铁电体、纳米超导材料、纳米热电材料等。按材料用途可分为纳米电子材料、纳米生物医用材料、纳米敏感材料、纳米光电子材料、纳米储能材料等。

近年来，纳米材料的应用研究已经远远超出了纳米材料本身的制备研究，经过各种技术手段，可使纳米材料广泛应用于涂料、塑料、乳液聚合、载体、催化、化妆品、石油工程、纺织化纤、光电信息等材料领域。将纳米材料作为填料加入聚合物基体中的主要作用为：提高聚合物耐热性能；提高材料的阻隔性与阻燃性；提高材料的耐老化性能；双向补强，保持聚合物材料轻质、韧性、透明等特点；提高聚合物结晶速率和加工性能；可设计形成网络缔合结构，改善材料流体的流变性能。

习题与思考题

1. 玻璃纤维的主要成分是什么？按玻璃原理成分可分为哪几类？
2. 玻璃纤维的化学稳定性与什么相关？
3. 碳纤维具有哪些优越性能和综合性能？
4. 碳纤维的物理结构和化学结构分别是怎样的？
5. 制备聚丙烯基腈碳纤维原丝一步法和二步法分别是什么？二步法的优点是什么？
6. 结合教材内容并查阅相关资料，举例说明一种纳米填料如何提高聚合物的性能。

参 考 文 献

［1］ 祖群，赵谦. 高性能玻璃纤维［M］. 北京：国防工业出版社，2017.

［2］ 益小苏，杜善义，张立同. 复合材料手册［M］. 北京：化学工业出版社，2009.

［3］ 黄丽. 聚合物复合材料［M］. 北京：中国轻工业出版社，2001.

［4］ 邢丽英. 先进树脂基复合材料发展现状和面临的挑战［J］. 复合材料学报，2012，33（7）：1327-1338.

［5］ 张立德，牟季美. 纳米材料和纳米结构［J］. 中国科学院院刊，2001，16（6）：444-445.

［6］ 朱美芳. 纳米复合纤维材料［M］. 北京：科学出版社，2014.

［7］ Tanaka Y，Naito K，Kakisawa H. Measurement method of multi scale thermal deformation inhomogeneity in CFRP using in situ FE-SEM observations［J］. Composites Part A：Applied Science and Manufacturing，2017，102（8）：178-183.

［8］ Chang C，Chen W，Chen Y，et al. Recent progress on two-dimensional materials［J］. Acta Physico-Chimica Sinica，2021，37（12）：17-28.

第四章 复合材料原理

第一节 复合材料的界面

复合材料中增强体与基体接触构成的界面，是一层具有一定厚度（纳米以上）、结构因基体和增强体而异的，与基体和增强体有明显差别的新相——界面相。复合材料之所以能够通过协同效应表现出原有组分所没有的独特性能，与界面有着非常直接的关系。界面相可以是基体与增强体在复合材料制备和使用过程的反应产物层，可以是两者之间的扩散结合层、成分过渡层、残余应力层、间隙等，也可以是人为引入的用于控制复合材料界面性能的涂层。

界面按其宏观特性可分为：①机械结合界面，即靠增强体的粗糙表面与基体摩擦力的结合；②溶解与润湿结合界面，即界面发生原子扩散和溶解，有溶质原子过渡带的结合；③反应结合界面，即界面发生了化学反应产生化合物的结合；④交换反应结合界面，即界面不仅发生化学反应生成化合物结合，还通过扩散发生元素交换形成固溶体结合；⑤混合结合界面，即组合了以上几种方式的结合。

复合材料界面的作用可归纳为以下几个方面：

① 传递作用 界面能传递力，即将外力传递给增强物，在基体和增强体之间起到桥梁作用。

② 阻断作用 结合适当的界面有阻止裂纹扩展、中断材料破坏、减缓应力集中的作用。

③ 不连续作用 在界面上产生物理性能（如导电性、电感应性、磁性等）不连续性及界面摩擦等现象。

④ 散射和吸收作用 光波、声波、热弹性波、冲击波等在界面出现散射和吸收现象，产生透光性、隔热性、隔音性及耐机械冲击性等。

⑤ 诱导效应 一种物质的表面结构（增强体）使另一种物质的表面结构（基体）由于诱导效应而发生改变，由此产生一些现象，如强的弹性、低的膨胀性、耐热性和耐冲击性等。

一、表面与界面

增强材料与聚合物间界面的形成首先要求增强材料与基体之间能够浸润和接触，这是界面形成的第一阶段。能否浸润，这主要取决于其表面自由能，即表面张力。表面张力是物质的主要表面性能之一，不同的物质由于其组成和结构不同，其表面张力也各不相同，但不论表面张力大小，它总是力图缩小物体的表面，趋向于稳定。例如，两种密度相同但不互混的液体，让其中一种液体在另一种液体中分散，结果分散液体总是以球形小珠形态存在，这是因为球形体表面积最小。

（一）表面张力

从液相内部迁移到液体表面层上来，会使该体系的总能量增加，而外界为增加表面积所消耗的功就叫做表面功。

假定在恒温、恒压或恒组成的情况下，以可逆平衡的方式增加了 ΔS 的新表面积，而环境所做的表面功 ΔW 则应与增加的表面积 ΔS 成正比，此处 γ 作为常数系数看待，所以 ΔW 应为

$$\Delta W = \gamma \Delta S \tag{4-1}$$

表面积的增加意味着表面能也相应增加，以 ΔE 表示表面能的增量，这应当与外力所做的功相等，即

$$\Delta E = \Delta W = \gamma \Delta S = \Delta E / \Delta S \tag{4-2}$$

比例常数 γ 称为表面张力或界面张力，它可定义为增加单位表面积所需的功，或增加单位表面积时表面能的增量。不同物质的表面张力是不一样的，这与分子间作用力的大小有关，相互作用力大的表面张力高，相互作用力小的表面张力低。对于各种液态物质，金属键的物质表面张力最大，其次是离子键的物质，再次为极性分子的物质，表面张力最小的是非极性分子的物质。

（二）润湿性

润湿性是指固体-液体在分子水平上紧密接触的可能程度，或液体在固体表面自动铺展的程度。高的润湿性是形成良好界面结合的必要条件。润湿性可采用液体与固体的润湿角（又称接触角 θ）来表征。润湿角愈小，润湿性愈好（图4-1）。

如果把不同性质的液滴放在不同的固体表面上，有的液滴就聚积成球形，有的液滴会铺展开来遮盖固体的表面。液滴铺展开的，我们

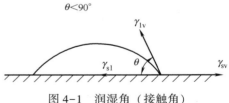

图4-1　润湿角（接触角）

称为"浸润"或"润湿"。反之，如果液滴不铺展而是球状，则称为是"不浸润"或"润湿不好"。"浸润"或"不浸润"取决于液体对固体和液体自身的吸引力大小，当液体对固体的吸引力大于液体自身的吸引力时，就会产生浸润现象。

液体对固体的润湿程度一般可用接触角大小来表征：

$$\cos\theta = \frac{\gamma_{sv} - \gamma_{sl}}{\gamma_{lv}} \tag{4-3}$$

式中　γ_{sv}——固体表面在液体饱和蒸气压下的表面张力；

　　　γ_{sl}——液体在它自身饱和蒸气压下的表面张力；

　　　γ_{lv}——固液间的表面张力；

　　　θ——气液固达到平衡时的接触角。

① 当 $\theta > 90°$ 时，液体浸润固体能力较差；

② 当 $0° < \theta < 90°$，固体为液体浸润；

③ 当 $\theta = 0°$ 时，固体表面完全被浸润。

二、聚合物基复合材料的界面

（一）界面的形成

聚合物基复合材料是由增强体（纤维、颗粒、晶须）与聚合物基体（热固性或热塑性树脂）复合而成的多相材料。根据基体的特性不同，聚合物基复合材料分为热塑性复合材料和热固性复合材料两类。

热塑性复合材料的成型分两步进行：①热塑性聚合物基体的熔体和增强体之间的接触与润湿；②复合体冷却凝固成型。由于热塑性聚合物熔体的黏度很高，很难通过渗透使熔体填充增强体之间的空隙。

热固性聚合物基复合材料的成型方法不同于热塑性聚合物基复合材料，其基体黏度较低，又可溶于溶剂中，有利于基体对增强体的浸润。

热固性聚合物基复合材料的界面是在成型过程中形成的，分为两个阶段。

（1）基体与增强体的接触与润湿 由于增强体对基体分子中的各种基团或基体中各组分的吸附能力不相同，增强体总是要优先吸附那些降低其表面能的物质或基团，因此聚合物的界面结构与本体不同。

（2）聚合物的固化 该阶段聚合物通过物理或化学的变化而固化，形成固定界面层。该阶段受第一阶段的影响，同时直接决定所形成界面层的结构。以热固性树脂的固化为例，树脂的固化反应可借助固化剂或靠本身基团的反应来实现。在由固化剂来固化的过程中，固化反应是以固化剂为中心呈辐射状向四周扩展，最后形成中心密度大、边缘密度小的非均匀固态结构。密度大的部分称胶粒，密度小的部分称胶絮。有树脂本身基团反应的固化过程也出现类似的现象。

界面层可以看作是一个单独的相，但是界面相又依赖于两边的相。界面与两边的相结合状态对复合材料的性能起着重要作用。界面层的结构主要包括界面结合力的性质、界面层的厚度、界面层的组成和微观结构。界面结合力存在于两相之间，可分为宏观结合力和微观结合力。宏观结合力是由裂纹及表面的粗糙产生的机械咬合力，而微观结合力包括化学键和次价键，这两种键的相对比例取决于其组成成分和表面性质。化学键的结合力最强，对界面结合强度起主要作用。因此，为提高界面结合力，要尽可能多地向界面引入反应基团，增加化学键的比例。如碳纤维增强复合材料可通过低温等离子处理以提高界面的反应性，增加化学键比例，达到提高复合材料性能的目的。

界面及其附近区域的性能、结构均不同于组分本身，因而构成界面层。界面层由纤维与基体的结合界面以及基体和纤维表面的薄层构成。从微观上看，界面区可看成是由表面原子及表面亚原子构成的，但影响界面层的亚原子层有多少，目前尚不清楚。一般情况下，聚合物基体表面层的厚度约为增强的无机纤维的数十倍，它在界面层中所占的比例对复合材料的性能影响很大。

（二）界面作用机理

复合材料是一种由基体、增强体和界面组成的多相材料，其性能取决于基体、增强体和界面，界面是产生复合效应的根本原因。界面层使基体与增强体形成一个整体，并通过它传递应力。若增强体与基体的相容性不好，界面不完整，则应力的传递面仅为增强体总面积的一部分，增强体没有得到充分利用。因此，为使复合材料具有较高的性能，就需具有完整的界面层。

在结构复合材料中，界面对力学性能的作用尤为显著。界面结合牢固，不仅可提高纤维复合材料的纵向拉伸强度，还可提高横向和层间的拉伸强度与剪切强度、拉伸模量与剪切模量。但陶瓷和玻璃纤维的韧性差，如果界面很脆，断裂应变很小而强度很大，则纤维的断裂可能引起裂纹沿垂直于纤维方向扩展，诱发相邻纤维相继断裂，导致这种复合材料的韧性很差。如果界面结合较弱，则纤维断裂引起的裂纹可以改变方向沿界面扩展，遇到纤维缺陷或薄弱环节，裂纹再次穿过纤维，继续沿界面扩展，形成曲折的扩展路径，这就需要消耗较多的断裂功。因此，如果基体和界面的断裂应变均较低时，适当减弱界面强度可提高复合材料的断裂韧性。

界面作用机理是指界面发挥作用的微观机理，目前的理论有多种，最重要的是第一种理论，其他理论都还需进一步完善。

不损伤纤维本身特性一直是复合材料领域的研究热点。界面的黏结机理主要包括：

（1）浸润机理　浸润机理即增强体与树脂基体之间的浸润性，良好的浸润性能够保证树脂基体良好均匀地铺展在增强体的表面，这也是制备稳定复合材料的前提。为了提高树脂对增强体的浸润性，通常采用两种手段，其一是改善树脂的流动性，如降低黏度来实现，其二是对纤维本身进行改性，增加其表面能，使树脂能更好地和增强体浸润接触。

（2）机械互锁机理　通常采用提高增强体表面粗糙度来增强纤维和树脂基体之间的界面结合性，纤维表面粗糙度越高，锁合作用越强，类似于自然界中昆虫的勾爪作用。当材料受到载荷时，纤维表面的凹凸点更有力地"抓住"树脂基体，从而达到纤维不易从树脂基体中拔出的目的。

（3）物理化学键结合　复合材料各组分之间本身就有一定的物理化学作用，如静电作用、氢键、范德华力、化学键合等，这些作用力在界面结合中也扮演着各自的重要角色。当破坏发生时，界面处拥有更强的物理化学结合，就需要消耗更多的断裂能，最终达到均匀分布载荷的目的，使增强体复合材料免于发生灾难性的破坏。通常采用对纤维表面改性，提高增强体表面的化学活性，使各组分之间产生化学键合来提高界面结合性。

（4）界面扩散　聚合物分子链本身具有相互渗透、缠结作用，使得树脂聚合物有良好的黏性，在与纤维复合的时候可以形成一个模糊的黏性界面，分子或原子之间相互渗透缠结，有利于提高增强体复合材料的界面黏结性。

三、非聚合物基复合材料的界面

（一）金属基复合材料的界面

金属基复合材料的复合温度一般较高，在基体金属熔点以上温度复合形成。因此，在金属基复合材料中，基体与增强体相互扩散形成扩散层，或发生化学反应形成化合物。为了改善基体与增强体的界面润湿性，常在增强体表面进行涂覆处理，这些均使得界面的形状、尺寸、成分、结构等变得非常复杂。金属基复合材料的界面比聚合物基复合材料的界面复杂得多。金属基复合材料的界面一般有 3 种类型：第 1 类，界面平整型，其厚度仅为数个分子层，界面很纯净，除了原始组分外基本不含其他成分的物质；第 2 类，界面凹凸型，由于组分间的扩散、溶解不均匀形成的凹凸状界面，又称溶解扩散型界面，第 3 类，界面反应型，组分材料在界面发生化学反应，形成了不同于任何组分材料的新物质。

（二）陶瓷基复合材料的界面

增强体与陶瓷基体之间的界面结合主要通过 3 种方式：机械结合、溶解与润湿结合和反应结合。了解界面结合方式对于控制复合材料界面结合程度、抑制界面不稳定性的产生具有重要意义。许多研究者都认为，陶瓷基复合材料中增强体与基体界面的结合类型，起支配作用的是机械结合。在纤维增强玻璃或玻璃陶瓷复合材料中，几乎没有看到化学结合。支持这一观点的证据是复合材料的横向强度很低，并且在断裂表面（断口）上被拔出的纤维上未发现有基体黏连。纤维增强玻璃或玻璃陶瓷复合材料的界面是基体嵌入表面凹凸不平的碳纤维中产生的纯机械结合。

第二节　增强材料的表面改性处理

纤维复合材料的力学性能不仅取决于纤维与树脂基体的力学性能，还与纤维和树脂基体之间的界面黏结性能密切相关。然而未处理的碳、芳纶及 PBO 等纤维表面光滑，缺乏极性基团，化学活性低，致使纤维与树脂基体之间的相互作用力仅局限于较弱的次级原子力相互作用，从而限制了纤维性能的发挥，因此，纤维表面改性成为提高其复合材料力学性能的关键。

纤维的黏结性能取决于纤维的表面形貌、比表面积、表面自由能、表面粗糙度等因素。经过表面处理后纤维的表面粗糙度增加，表面微晶结构变小，表面极性基团以及边缘棱角的不饱和碳原子数增加，有利于增加纤维与树脂基体间的化学、物理相互作用，使得复合材料的界面黏结性能得到提高。目前，许多研究表明，增加纤维表面极性基团的含量可提高纤维与树脂之间的浸润性能，增加纤维与基体之间的化学键合相互作用，从而能有效地提高复合材料的界面黏结性能。也有研究表明增加纤维表面粗糙度，能有效地增加纤维与树脂基体之间的机械嵌合相互作用，也可提高复合材料的界面黏结性能。因此，各种纤维表面改性方法都力求增加纤维与树脂之间的一种或者几种相互作用力，并通过寻找影响其变化的规律，以实现对复合材料界面性能的调控。

目前，研究纤维表面改性的方法比较多，常见的处理方法有：气相氧化法、液相氧化法、纤维表面聚合物涂层法、化学气相沉积、电聚合方法、超声波改性、γ 射线辐照处理、纤维表面等离子体处理等方法。

一、化学改性方法

（一）气相氧化法

气相氧化法是在一定的温度条件下，采用氧化性的气相介质对纤维表面进行处理的方法，该方法多用于碳纤维的表面处理，常用的介质有臭氧、氧气、空气等。在纤维表面处理的过程中，通过改变氧化时间、氧化温度和氧化介质浓度等工艺参数来控制纤维的氧化程度，以达到最佳的处理效果。

以臭氧作为气相氧化介质对碳纤维表面进行处理为例，其典型的工艺参数为：处理温度为 100~180℃，处理时间为 30~200s，含臭氧的氧化性气体流动方向与碳纤维运行方向相同，臭氧浓度为 0.5%~3%。纤维表面处理的过程中，臭氧分子首先发生热分解生成活性极强的新生态氧，进而与碳纤维表面不饱和碳原子反应，生成含氧官能团，使其含氧官能团大幅度增加，其中增加最多的是羧基，而羧基可与树脂的活性基团结合生成较强的化学键，这是界面强度提高的主要原因之一。有研究表明碳纤维经过臭氧表面处理后，碳纤维/环氧复合材料的层间剪切强度可由 99MPa 提高到 120MPa。

该方法的特点是设备简单、操作方便、反应迅速、处理效率高、可持续处理等优点，其缺点在于氧化反应的程度不易控制，容易向纤维纵深氧化，导致纤维强度的严重下降，因此需要精心选择氧化条件和严格控制工艺参数。

（二）液相氧化法

液相氧化法是采用氧化性的液相介质对碳纤维表面进行氧化处理的方法，根据氧化的方式不同，该方法可分为化学氧化法与阳极氧化法。

化学氧化法方法采用氧化性的介质如硝酸、硫酸、过氧化氢、高锰酸钾、氯酸盐、次氯酸盐、过硫酸盐等，对碳纤维表面进行氧化刻蚀，以提高纤维表面含氧基团的含量及自由能。化学氧化法处理增加了碳纤维表面的羧基含量与表面粗糙度，从而可大幅度提高碳纤维复合材料的剪切强度，而纤维本体的强度变化不大。与气相氧化处理法相比，化学氧化法处理较为温和，不会使碳纤维产生过多的起坑和裂解。但是其处理时间较长，氧化处理后纤维表面的清洗、干燥工艺烦琐，与碳纤维生产线匹配困难，多用于间歇性的纤维表面处理。Tarantili 等人将芳纶纤维浸泡于甲基丙酰氯溶液中，处理后的纤维表面粗糙度中等，与胶的黏合更加紧密。Park 等利用磷酸对芳纶进行化学处理，发现在适当的酸浓度下，芳纶表面的氧含量得到提高，同时剪切强度和耐冲击性能也得到了提高，这可能是因为化学处理在其表面产生了极性基团从而提高了纤维和树脂间的黏结力。

阳极氧化法也称为电化学氧化法，该方法以碳纤维作为阳极，以石墨板、铜板、镍板等作为阴极，在电解质溶液中的对碳纤维表面进行氧化处理。利用电解产生的初生态氧对碳纤维表面进行氧化、刻蚀，纤维阳极氧化处理的结果，一方面使碳纤维表面变得粗糙，表面沟槽加深，增加了纤维表面对树脂基体的物理嵌合作用；另一方面，氧化的结果在碳纤维表面形成了许多含氧官能团，使得纤维表面可与树脂基体发生化学反应，增加了界面化学键合作用，从而提高了复合材料的层间剪切强度。

阳极氧化法所采用的电解质可以分为酸、碱、盐 3 类，采用不同电解质对纤维表面处理的效果因所选择电解质的不同而存在差异，如采用铵盐的水溶液进行处理时可以在碳纤维表面引入含氮基团；而选用钠盐的水溶液作为电解质可在纤维表面引入—CO—、—COO—等含氧基团。因此可根据所选用树脂基体的性质来选择适当的电解质溶液，使得处理后的纤维与树脂间达到最佳的界面黏结效果。

阳极氧化方法不仅可以有效地处理碳纤维束丝，还可以对碳纤维立体编织预成型物中的纤维表面进行均一的氧化处理，具有处理时间短、处理效果均匀等特点，是目前工业上对碳纤维进行处理比较普遍采用的方法之一，其缺点在于纤维表面残存的电解质对复合材料的界面黏结性能存在消极的影响，因此，阳极氧化处理后纤维表面的清洗、干燥工艺必不可少，使得纤维表面处理工艺变得烦琐，处理的成本增加。

二、物理改性方法

（一）纤维表面聚合物涂层法

为提高纤维与树脂基体之间的黏结性能，经常采用聚合物涂层浸涂纤维表面的方法，通常涂覆涂层均在纤维表面处理后进行。其优点在于：①聚合物涂层使纤维毛丝多、集束性差、不耐折等缺点得以避免，从而提高了纤维强度的发挥程度。②由于聚合物涂层溶液的黏度比较低，非常容易浸入纤维表面的微小沟槽中，因此要比直接用树脂浸润效果好得多。③聚合物涂层溶液对处理后的纤维表面起到保护作用，避免了纤维表面处理效果的退化效应。④若在聚合物涂层中引入特定的官能团，还可以进一步改善界面的黏结性。对于碳纤维/环氧复合材料，经常采用的涂层材料有酚醛树脂、糠醛树脂、环氧树脂和聚乙烯醇树脂等。对于聚酰亚胺基体复合材料，可采用聚酰亚胺溶液涂层。通常涂层为纤维质量的 $1\% \sim 2\%$（纤维直径为 $6 \sim 8\mu m$），但涂层厚度的控制一直是至关重要的问题。涂层处理法具有工艺简单、界面改善效果显著等优点，也是工业上比较常用的纤维表面处理方法之一。

由于芳纶沿轴向高度取向结晶及苯环的位阻效应，酰胺基团较难与其他原子或基团发生作用，表面缺少化学活性基团，表面浸润性也较差，纤维表面光滑，致使其增强复合材料的界面黏结较弱，从而导致这种材料的层间剪切强度、压缩强度和耐疲劳性能均较差，因而限制了它优越性能的发挥。所以，可以在纤维表面涂覆一些涂饰剂或胶料等表面处理剂，包括浸润剂及一系列偶联剂（如钛偶联剂）和助剂等物质，也可以涂覆一层柔性延展层来达到表面修饰的目的。该涂层有利于纤维与基体间形成良好的黏结界面，可以促进裂纹的局部塑性变形，钝化裂纹的扩展，增大纤维的拔出长度，从而增加材料的破坏能。在材料损伤破坏时，由于在涂层上可以使应力释放和纤维拔出引起的能量吸收达到最大，从而提高材料的力学性能。这类处理剂主要是改善材料的韧性，同时又使材料的耐湿热老化性能提高。

（二）超声波改性

在连续纤维浸胶后，采用超声波对纤维带进行处理，以改善连续纤维缠绕成型复合材料的界面结合质量。该方法的实质是物理强迫浸润机制：第一，由于超声波的空化作用去除了纤维表面吸附的气泡，此外，空化作用产生的瞬时高温、高压，将树脂打入纤维表面的空隙中，从而有效地降低了复合材料的界面缺陷；第二，超声波的声流和激波的作用去除了纤维表面吸附的杂质和污物，因而减少了界面区的薄弱点，相对增大了黏结界面；第三，由于空化、声流和激波的共同作用，刻蚀了纤维表面，使表面凸凹不平，粗糙度增加，增大了纤维与树脂之间的机械黏合力，物理相互作用增强。因而复合材料的界面黏结性能得到提高。超声波处理方法具有操作简便、易于实现连续生产等优点，该方法还可以应用金属基复合材料及热塑性树脂基复合材料体系的界面改性。

应用超声技术对芳纶表面和界面处理进行了研究，发现超声处理主要是降低树脂的黏度和表面张力，从而增强对芳纶的浸润性，并且迫使树脂渗透到纤维的微纤部分，大大增强了两者的浸润速率，使得芳纶增强复合材料的力学性能得到提高。

三、等离子体改性方法

等离子体纤维表面改性技术是目前纤维表面改性方法中应用得最多的方法之一，该方法利用等离子体中的高能粒子（如电子、离子等）对纤维表面的氧化、刻蚀作用，除去纤维表面的弱界面层，增加纤维的极性及表面粗糙度，使得纤维与树脂基体间的化学键合、物理嵌合相互作用增强，进而增加复合材料的界面黏结性能。

等离子体是气体在外电场作用下产生的发光的电中性的电离气体。在该等离子体中电子温度非常高，而气体的温度比较低，是一种非平衡的等离子体。在低气压条件下，从直流放电到微波放电等大范围频率的放电都可以产生等离子体，其中以射频等离子体（ICP，射频频率 13.56MHz）在纤维表面处理中的应用最为广泛。

从化学的角度来看，等离子体中含有大量的活性粒子，等离子体被称为物质的第四态，它是由带电的正离子、负离子、电子、自由基和各种活性基团等组成的集合体。例如，O_2 等离子体中含有大量的离子、激发态的原子、分子、自由基：

$$O_2 \longrightarrow O_2^* + O_2^+ + O^+ + O^{\cdot} + O + h\nu + e \cdots$$

当纤维置于等离子体中时，其表面将受到活性粒子的轰击、溅射、氧化等作用，使得纤维表面的性质发生相应的变化，纤维表面的等离子体化学过程归纳起来大体可分为下面 4 类：

① $A(s) + B(g) \longrightarrow C(g)$；

② $A(s) + B(g) \longrightarrow C(s)$；

③ $A(s) + B(g) \longrightarrow C(s) + D(g)$；

④ $A(g) + B(g) + M(s) \longrightarrow AB(g) + M(s)$。

第一类反应为等离子体与纤维表面发生反应，生成挥发性气体而除去，即发生等离子体表面刻蚀；第二类反应为等离子体气体与纤维表面反应并在其表面生成化合物，使纤维表面的化学成分发生显著变化，也称为材料表面活化；第三类反应为两种气体在等离子体状态下相互反应，从而形成新的物质沉积到固体表面，即固体表面气相沉积；第四类反应为在 M 固体催化剂的作用下，A、B 两种等离子体气体发生离解或者复合的反应。

纤维表面的等离子体处理的反应以前 3 类为主，通过这 3 类的等离子体化学反应，等离子体对纤维表面产生的作用主要有：①对纤维表面进行清洗作用，减少纤维与树脂基体之间的弱界面层。②对纤维表面的刻蚀作用，使得纤维表面的粗糙度增加。③在等离子体中的激发态的分子、离子、自由基及高能射线的作用下，激发态的分子通过反应在纤维表面引入活性的官能团，如羟基、羰基等含氧基团，增加了纤维表面的极性。④在纤维表面产生自由基，能够引发纤维表面发生接枝聚合反应。

等离子体与纤维表面发生化学作用的机理与所使用的气体种类有关。例如，纤维表面刻蚀通常采用含较高电子亲和能的气体，如 CO_2、空气等，经过等离子体表面刻蚀的碳纤维表面粗糙，含有较多的极性基团，有利于碳纤维与树脂基体的浸润，同时粗糙的碳纤维表面可与树脂基体形成钩锚作用，提高复合材料的界面黏结性能。而采用 He、Ar 等惰性气体，则可在纤维表面进行接枝反应，理论上惰性气体不参加纤维表面的任何反应，只把能量传递给纤维表层分子，使之活化生成链自由基，纤维表面的自由基可与所通入的各类饱和与不饱和单体或纤维表面预先浸渍特定的单体溶液反应，从而在纤维表面形成接枝的聚合层。由于纤维表面引入可以与树脂相互作用的聚合层，纤维与树脂基体的黏结性能增强。

等离子体处理技术与传统的纤维表面处理技术相比，具有对纤维表面损伤比较小、处理效率高、经济、环保等优点，因而得到众多科研工作者的广泛关注，成为高性能碳纤维和有机纤维表面改性的最重要的方法之一。

第三节　复合材料性能的复合规律

一、复合材料力学性能的复合规律

对于结构材料而言，改善材料的力学性能是材料复合的主要目的之一。对于功能复合材料，为了能在指定的工作环境下正常运行，同样有着严格的力学性能要求。复合材料力学性能的复合原理正是讨论复合材料中组分的力学性质及状态与复合材料力学性能间的关系及性能预测，同时提供复合材料力学性能的设计基础。

复合材料是由连续的基体和嵌在其中的一种或几种增强体所组成。增强体根据形态分为纤维和粉体填料。纤维形态可以分为连续纤维、非连续纤维（短纤维）或晶须（长度为 $100\sim1000\mu m$、直径为 $1\sim10\mu m$ 的单晶体）两类，同时根据纤维的分布，可以分为按一个方向分布的单向结构和按不同方向分布（或随机分布）的结构。

复合材料的力学复合可以从两个方面来研究，即细观力学和宏观力学。细观力学分析是依据增强体和基体性能及相互作用来了解复合材料（更多的是单向复合材料）的特性，用近似的模型来模拟复合材料的细观结构，然后根据复合材料组分的性能来预测材料的平均性能（如材料强度、刚度等）。

一些高性能的纤维复合材料通常由单向铺层并按不同方向堆叠而得，或由连续纤维缠绕成型。根据单向材料的平均性能，即纵向弹性模量 E_1、横向弹性模量 E_2、主泊松比 ν_{12}、面内剪切模量 G_{12} 以及适当的强度平均值用宏观力学方法来设计或预测复合材料的性能。

细观力学与宏观力学主要的不同点还在于，细观力学主要是根据材料微区的细观行为来预测和了解这些"平均"性能，而不是获得精确的设计数据；宏观力学则主要依据单向复合材料的物理和力学试验所得到的结果来进行运作。

在复合材料的细观模型中，增强体和基体各自采用不同的模型。在最简单的模型中，则假设增强体是均匀、线弹性、各向同性、间隔相等、排列整齐及几何形态相等，而基体是均匀、线弹性和各向同性的。同时假定增强体与基体的界面是完整的，没有空隙或脱粘情况存在。

代表比较实际的复杂模型可包括空隙、脱粘、含缺陷（包括缺陷严重程度的统计变化）、波纹状纤维、非均匀的增强体偏差、增强体几何尺度的变化及残余应力。细观力学本身可以用两种方法来处理：①"材料力学"方法。这是旨在预测复合材料简化模型的行为；②"弹性理论"方法。这种方法通常用于求上下限的解及特殊情况的精确解或数值解。这两种方法的共同点是以复合材料的组分特性来确定复合材料的弹性模量和强度。

作为单向纤维复合材料，其主弹性常数为：

E_1——纵向弹性模量（纤维方向的模量）；

E_2——横向弹性模量；

ν_{12}——主泊松比（由于纤维方向拉伸引起横向的收缩比）；

G_{12}——面内剪切模量。

材料的主强度值为：

σ_1——纵向强度（拉伸和压缩）；

σ_2——横向强度（拉伸和压缩）；

τ_{12}——剪切强度。

连续纤维复合材料是结构复合材料的主要形式之一。在讨论连续纤维复合材料力学复合特性时，将先确定单向复合板的性能与组分性能之间的关系，然后给出随机长纤维层板的相应关系。对于单向和随机长纤维单层板，除了只考虑其断裂过程外，不考虑纤维端部的影响。

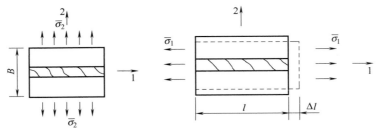

图 4-2　单向板不同方向受力示意图

（1 方向受力体积单元，2 方向受力体积单元）

（一）单向板的弹性性能

（1）单向板的纵向弹性模量 E_1　当拉伸载荷平行于纤维方向作用在单向板上时，实际为一个并联模型，如图 4-2 所示。则有：

$$E_1 = E_f V_f + E_m V_m \tag{4-4}$$

式中　E_f、E_m——纤维和基体的弹性模量；

$\quad\quad$ V_f、V_m——纤维和基体的体积分数。

（2）单向板的横向弹性模量 E_2　体积元是沿纤维轴向切割的一材料薄片，垂直于纤维的横向载荷等同地作用在纤维和基体上，即可以看作纤维与基体的串联模型。

$$E_1 = \frac{E_f E_m}{E_m V_f + E_f (1 - V_f)} \tag{4-5}$$

（3）单向板的泊松比 ν_{21} 和 ν_{12}

$$\nu_{21} = \nu_f V_f + \nu_m V_m \tag{4-6}$$

$$\nu_{12} = \frac{E_2}{E_1} \nu_{21} \tag{4-7}$$

式中　ν_f、ν_m——纤维和基体的泊松比。

（4）单层板的面内剪切模量 G_{12}　假定纤维和基体所承受的剪切应力相等，并假定复合材料的剪切特性是线性，可以得到：

$$G_{12} = \frac{G_f G_m}{G_m V_f + G_f V_m} \tag{4-8}$$

式中　G_f——纤维剪切模量；

$\quad\quad$ G_m——基体剪切模量。

由上述材料力学方法计算所得 E_1 和 ν_{21} 与实验结果比较符合，但 E_2 和 G_{12} 一般与实验结果相差较大，有一定的离散率，所以只能作为一个估算横向模量的近似值。这是因为在横向载荷作用下，纤维和基体在纤维纵向所产生的不同约束而引起的双轴效应明显不同。不同的约束是由于两相的应变不同产生的，并且当两相的泊松比不同时则更加明显。

（二）单向板的强度性能

对于纤维增强复合材料的强度预测还没有达到研究刚度（模量）那样比较成熟的程度，这是由于强度和刚度的不同性质，刚度基本上是材料的一种整体特性，而强度是反映材料的一种局部特性。影响强度的因素很多，如纤维和基体的强度和物理性质、纤维形状和分布情况以及体积含量等，复合材料的制造工艺不同也会引起纤维分布不均匀、空隙和微裂纹、残余温度应力和不同界面强度等。在细观力学分析复合材料强度时，采用数学分析模型很难全面考虑到这么多复杂的因素，因此用较简单的数学模型往往不能真实地代表实际复合材料。目前对于单向复合材料的强度，工程实用上仍依靠实验测定。通过理论分析可估计纤维和基体的各种性能参数对单向纤维复合材料的强度的影响，从而为改善材料性能、进行复合材料设计提出指导性意见。下面讨论均匀纤维单向复合板的强度，假设所有纤维在同一应力水平下，在同一时间内，而且在同一平面内断裂。虽然这一假设很不真实，但它为进一步分析提供了参考。

（1）单向板的纵向拉伸强度　与前面确定 E_1 的模型一样，若纤维与基体之间牢固结合，对于单向板进行平行于纤维轴向拉伸时，纤维和基体所经受的应变相等，即有：

$$\varepsilon_1 = \varepsilon_f = \varepsilon_m \qquad (4-9)$$

利用导出的计算 E_1 的混合定律公式，假定在纤维和基体仍然保持弹性和良好黏结，则可以改写为：

$$\sigma_1 = E_f \varepsilon_1 V_f + E_m \varepsilon_1 (1 - V_f) \qquad (4-10)$$

设 σ_1^u、σ_f^u、σ_m^u 分别为复合材料单向板平行于纤维轴向的拉伸破坏应力、纤维的轴向破坏应力和基体的拉伸破坏应力，σ_f' 和 σ_m' 分别为基体破坏时纤维承受的拉伸应力和纤维破坏时基体所承受的应力。σ_1、σ_f、σ_m 为材料破坏前的单层板、纤维、基体各自承受的应力。ε_1^u、ε_f^u、ε_m^u 与 ε_1、ε_f、ε_m 上述对应的应变。

作为一级近似，玻璃纤维、碳纤维、Kevlar 纤维在拉伸到纤维断裂强度 σ_f^u 范围内表现为弹性，而常用的聚酯树脂和环氧树脂具有非线性的应力–应变曲线，在断裂之前可以产生相当大的黏弹性变形，此时单层板中平行于纤维的应力可表示为：

$$\sigma_1 = \sigma_f V_f + \sigma_m (1 - V_f) \qquad (4-11)$$

复合材料的响应依赖于基体与纤维破坏应变的大小。这里有两种情况：一是 $\varepsilon_f^u > \varepsilon_m^u$；二是 $\varepsilon_m^u > \varepsilon_f^u$，如图 4–3 所示。

在 $\varepsilon_f^u > \varepsilon_m^u$ 时，可以设想两种不同的破坏顺序，这两种顺序取决于 V_f 的大小。当 V_f 较低时，单层板强度 σ_1^u 主要依赖于 σ_m^u。在纤维断裂前先发生基体断裂，于是，所有载荷转移到纤维上，当 V_f 很小时，纤维不能承受这些载荷而破坏，于是有：

$$\sigma_1^u = \sigma_f' V_f + \sigma_m^u (1 - V_f) \qquad (4-12)$$

① 当 V_f 较大时，因 $E_f > E_m$，基体只承受小部分载荷，故当基体破坏时，向纤维转移的载荷不足以引起纤维的断裂。若载荷转移仍可以实现，单层板上的载荷还可以增加，直至纤维的断裂强度，则：

$$\sigma_1^u = \sigma_f^u V_f \qquad (4-13)$$

对于大多数树脂基结构复合材料，刚性纤维的破坏应变明显地小于基体的破坏应变，

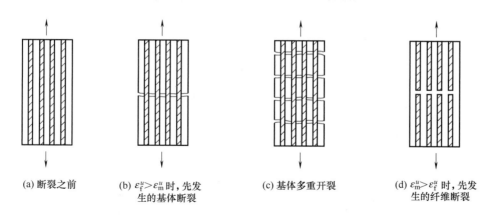

(a) 断裂之前　　(b) $\varepsilon_f^u > \varepsilon_m^u$ 时，先发　　(c) 基体多重开裂　　(d) $\varepsilon_m^u > \varepsilon_f^u$ 时，先发
　　　　　　　　生的基体断裂　　　　　　　　　　　　　　　生的纤维断裂

图 4-3　单向板纵向拉伸破坏过程示意图

纤维将首先破坏，同时将全部载荷转移到基体上。与 $\varepsilon_f^u > \varepsilon_m^u$ 时一样，在 $\varepsilon_m^u > \varepsilon_f^u$ 时一样，因 V_f 含量的不同，也会有两种破坏顺序。

② 在 V_f 较小时，单层板中纤维断裂而附加到基体上的额外载荷不足以使基体开裂，而可以全部承受，此时复合材料的强度为：

$$\sigma_1^u = \sigma_m^u V_m = \sigma_m^u (1 - V_f) \tag{4-14}$$

在 V_f 较高时，纤维发生断裂时，转移到基体上的载荷很大，使基体无法承受全部载荷。因此，当纤维断裂后，基体即刻断裂、复合材料的强度则为：

$$\sigma_1^u = \sigma_m V_m = \sigma_m'(1 - V_f) \tag{4-15}$$

（2）单向板的横向拉伸强度　单向板的横向拉伸强度很低，这对复合材料的结构设计提出一个重要的问题。预测这一横向强度没有简单的关系式。它不像纵向拉伸强度几乎完全取决于单一因素，即纤维强度。横向强度受到很多因素控制，包括纤维与基体的性质、界面结合强度、空隙的存在和空洞的分布，以及由于纤维与空隙相互作用引起的内应力与内应变等。横向强度最明显的特点是它通常小于基体树脂的强度，因此，与纤维对横向模量的效应相反，即纤维对横向强度有负的增强作用。基体在拉伸过程中发生了黏弹性或塑性变形。而单层板的破坏应变似乎与基体的破坏应变无甚关系，且应变量很小，具有很小或根本没有界面结合强度。

造成横向拉伸强度低的其他原因包括树脂的内聚破坏和纤维的内聚破坏之前的界面脱粘。纤维内聚破坏对碳纤维复合材料特别重要，因为碳纤维具有平行于表面的层状结构。基体与增强体的内聚破坏和界面脱粘都会形成尖锐的裂纹而发生突发性破坏。另外，即使无外载荷，基体固化过程中的反应收缩和热收缩，也可能导致复合材料中产生横向微裂纹。

为了获得一定的横向强度，可以通过改变基体的结构，以减小应力集中效应。可以考虑两种方法：在脆性基体内均匀混入细微的弹性微粒改性体，这样可以提高脆性基体的断裂韧性而不致强度和刚度明显降低，这在 V_f 值较小时极有价值；在增强体-基体界面采用过渡层，可能引起应力形态的改变和应力集中的减小。

（3）单向板的纵向压缩强度　单向板的纵向压缩强度同样依赖于很多因素，包括纤维和基体的性质，界面黏结强度和空隙含量。而压缩破坏的模式对复合材料的 V_f 和树脂性能特别敏感。

前面介绍的有关拉伸破坏的有关公式不适用于压缩强度，因为纤维在单纯压缩下一般不会破坏。而通常的纤维破坏是由于纤维的局部屈曲造成。这种行为非常复杂，因为它与复合材料中因增强体与基体的膨胀系数不同而产生的残余应力有关。如环氧玻璃纤维/树脂复合材料中，树脂固化冷却下来后将使纤维出现屈曲。预测值与实际压缩强度吻合程度较差，预测值比实验结果大得多。

造成实验值和预测值有较大误差的原因有多种因素，使纤维的抗屈曲能力比模型下降了许多，主要因素有：

① 纤维成束　这将造成局部树脂富集区。在这个区域内的抗屈曲力小于相同 V_f 均匀分布时的预测值，导致压缩破坏的发生。

② 空隙的存在　这比树脂高集区有更为显著的影响，影响程度也依赖于空隙的尺寸，并导致压缩强度明显下降。

③ 纤维排列不佳　这将造成一些纤维的取向对屈曲的发生产生有利作用。

④ 纤维脱粘　这由基体与纤维的泊松比不同而产生。例如，当对纤维施加平行载荷，将在纤维周围的某些部位产生拉伸应力，这依赖于纤维的排列。基体产生的化学反应收缩和增强体与基体不等量的热收缩加强了这个效应，而脱粘的纤维显然比黏结未破坏的纤维更易屈曲。

⑤ 基体的黏弹性变形　这种变形引起基体的有效剪切模量小于瞬间模量。

所有以上的效应都会使纵向压缩强度的实测值偏低。而以上的这些效应都与加工条件有密切的关系，这表明压缩强度与材料的加工条件密切相关。

（三）其他复合材料力学性能复合规律

（1）短切纤维增强复合材料力学性能复合规律　短纤维复合材料是指增强体（或功能体）具有一定长径比的复合材料，它包括晶须复合材料和针状、片状的复合材料。与粒子复合材料不同，短纤维复合材料中的纤维可以承受较大的纵向（轴向）载荷而有明显的增强作用。事实上当长径比趋于 1 时，即为粒子复合材料；而长径比趋于无穷大时，即为连续纤维复合材料。因此，短纤维复合材料的性能与其分布方向、长径比（长度分布）有密切关系。

① 单向短纤维复合材料的纵向弹性性能　因为短纤维增强效果低于长纤维，所以，短纤维复合材料的等效模量也比较低。已知在一般情况下，材料具有纤维取向的三维分布和纤维长度的分布。

对纤维长度为 l 的单向排列的纤维复合材料，可以对混合律方程增加一个长度修正因子 η 予以修正，这样得到：

$$E_1 = \eta_1 E_f V_f + E_m (1 - V_f) \tag{4-16}$$

作为 Halpin-Tsai 方程的推广，E_1 另一种表达式为：

$$E_1 = \frac{E_m (1 + \xi \eta V_f)}{(1 - \eta V_f)} \tag{4-17}$$

式中　$\xi = l/r$；

　　r——纤维半径。

② 取向短纤维复合材料的弹性性能　当纤维按不同取向程度取向分布时，短纤维的

增强效率随取向程度的降低而进一步下降。对于取向分布的短纤维复合材料，可以再引入一个附加因子来考虑这一因素：

$$E_1 = \eta_0 \eta E_f V_f + E_m (1 - V_f) \tag{4-18}$$

式中　　η_0——取向效率因子。

假设纤维和基体只产生弹性应变，则对一组总横截面积为 A_f 的平行纤维，与外载荷成 θ 角度，则它等效于另一组平行于外载荷方向的、总截面积为 A_f 的纤维，它们之间的关系为：

$$A_f' = \Delta A_f \cos^4 \theta \tag{4-19}$$

对于许多组不同取向的纤维，总的增强纤维等效面积为：

$$\sum A_f' = \sum A_f \cos^4 \theta \tag{4-20}$$

取向效率因子 η_0 定义为：

$$\eta_0 = \frac{A_f'}{A_f} = \frac{\sum A_f \cos^4 \theta}{A_f} \tag{4-21}$$

对平行于纤维方向和垂直于纤维方向的单向板，η_0 分别为 1 和 0。而面内随机分布纤维的复合材料 $\eta_0 = \frac{3}{8}$。三维随机分布纤维的材料，其 $\eta_0 = \frac{1}{5}$。

（2）粒子复合材料的力学性能　粒子复合材料是复合材料的一大类，粒子的加入可以大幅度地改善基体的多种性能，特别对某些功能复合材料，粒子作为功能体而赋予材料具有特殊功能。此外，作为增强体而获得粒子增强复合材料，也可以用来降低成本，增强尺寸稳定性、改变（增加或降低）材料的导热性、增加材料的耐磨性等。大多数粒子复合材料中，作为增强体（或功能体、填充物）的粒子通常随机分布于基体中，使材料在宏观上呈各向同性，材料相关参数少，研究比较方便。但是，由于粒子的尺寸和形状不规则，粒子与基体间的性能差异程度各不相同，因而，建立精确的适合各种情况的分析模型亦有一定困难，以往经验的和半经验的公式更有实际意义。

Guth 提出了复合材料弹性模量最简单的公式：

$$E = E_m (1 + 2.5 V_f + 14.1 V_f^2) \tag{4-22}$$

Guth 认为粒子复合材料的弹性模量只与基体的弹性模量及粒子的体积分数有关，但是不同增强粒子复合材料的力学性能不仅与增强体本身性能有关，还与粒子的几何形态有关。影响粒子复合材料强度的主要取决于基体和界面。粒子表面的活性和惰性影响较大。粒子表面为惰性时，粒子与基体间无化学作用，出热残余应力形成的机械结合外，界面结合力弱，复合材料的拉伸强度下降。具有活性表面的粒子一方面可与树脂形成化学结合，另一方面能降低应力集中程度，起到增强作用。

（3）抗冲击特性　复合材料的冲击强度在实际应用上是一个极其重要的特性。由于实际材料受冲击的方式是多种多样的，因此，冲击试验也不可能仅以一种方法与多种实际情况相适应，而必须根据实际情况选择适宜的试验方法。冲击强度的材料试验方法有悬臂梁（有切口或无切口）、简支梁（有切口或无切口）和落球冲击等各种方法，其中以悬臂梁法最为常用。

由于影响因素的复杂性，无法用统一的复合规则来估算材料的冲击强度。一般地说，复合材料的冲击强度会因填料的填充而降低。但是，Nielsen 在研究球状填料复合体系的拉伸应力模型时指出，如果能使填料周围产生小的空隙（裂缝），由它来吸收冲击能量，则有可能制得冲击强度比基体聚合物更大的复合材料。

（4）硬度　塑料的硬度与刚性密切相关，凡能提高复合材料刚性的填料都有提高硬度的效果。实际复合材料的硬度取决于基体聚合物种类、填料的刚度和形态、填料与聚合物的界面黏结等。

（5）摩擦因数　填料对复合材料表面特性的影响，一般来说，粗填料以低浓度填充时，表面极不规则，摩擦因数较大；而细填料以高浓度填充到可以抑制聚合物收缩时，表面极为平滑，摩擦因数较小。如用聚四氯乙烯粉末、二硫化铝、石墨和碳纤维等本身摩擦因数极小的材料作为特殊填料，则可制得润滑性极为良好的复合材料。

二、复合材料物理和化学性能复合规律

（一）密度

密度是复合材料的最基本物性。在复合材料中，基体或填料的含量通常可以用质量百分率表示，因此必须将质量百分率换算成体积百分率，才能应用复合规则来估算复合材料的密度。复合材料的密度可以用式表示：

$$\rho_1 = \rho_m(1-V_f) + \rho_f V_f \tag{4-23}$$

式中　ρ_1——复合材料的密度；

ρ_m——基体的密度；

ρ_f——增强体的密度。

已知基体的质量分数 W_m 时，可得：

$$\rho_1 = \frac{\rho_m \rho_f}{W_m \rho_f + (1-W_m)\rho_m} \tag{4-24}$$

（二）热性能

材料的热性能通常是指材料的热基础物性和耐热性。热基础物性是热功能复合材料最重要的性质，而耐热性则与力学性能并列为结构复合材料最重要的特性。

（1）热膨胀系数　复合材料的热膨胀系数基本上可按复合规律加以计算：

$$a_1 = a_m(1-V_f) + a_f V_f \tag{4-25}$$

式中　a_1——复合材料的线膨胀系数；

a_f——基体的线膨胀系数；

a_m——增强体的线膨胀系数。

由于填料和聚合物的热膨胀系数不同，在成型以后的冷却过程中，聚合物-填料的界面将受到很大的应力。沿纤维方向的应力有可能破坏界面黏结，而垂直于纤维方向的应力则将填料紧缚起来。

（2）耐热性　提高材料的耐热性与改进刚性等力学性能一样，是进行材料复合的主要目的之一。但是，在改进耐热性方面的复合效果往往随聚合物和填料的不同而有明显的差异。

表征聚合物基体耐热性的物理量是玻璃化温度 T_g（对于结晶性聚合物则是熔点 T_m）。玻璃化温度在宏观上是指聚合物由玻璃态转变为高弹态的特征温度，在微观上是高分子链段开始运动的温度。链段的运动显然与大分子链的结构密切相关，主要与大分子链的刚性

有关。凡能增加大分子链刚性的因素，如提高主链的刚性，旁侧引入极性基团、交联等均能提高玻璃化温度。反之，凡能增加大分子链柔性的因素，如加入增塑剂等将使玻璃化温度下降。

填料对聚合物玻璃化温度的影响，一般表现为随着填料的加入，玻璃化温度升高，同时玻璃化温度的升高程度与填料加入量成正比。但也有降低玻璃化温度的，例如，在聚甲基丙烯酸甲酯中加入 10% 白垩，玻璃化温度可下降 10℃ 左右。

虽然，玻璃化温度可以表征聚合物或聚合物复合材料的耐热性，但在实际应用中，常以热变形温度作为材料耐热性的指标。热变形温度是指材料在一定的受压负荷下，材料变形达到一定程度时的温度。除热变形温度外，在实际应用中，表征材料耐热性的还有维卡软化温度、马丁耐热等物理量。

习题与思考题

1. 复合材料的界面的作用主要包括哪些？
2. 复合材料的界面层的粘接机理是什么？
3. 试阐述常用的纤维表面处理方法。
4. 如何计算单向板的纵向和横向弹性模量？
5. 试阐述复合材料单向板的纵向压缩强度实验值和预测值相差较大的原因。

参 考 文 献

［1］ 闻荻江. 复合材料原理［M］. 武汉：武汉理工大学出版社，2010.
［2］ 陈平，陈辉. 先进聚合物基复合材料界面及纤维表面改性［M］. 北京：科学出版社，2009.
［3］ 张长瑞. 陶瓷基复合材料原理，工艺，性能与设计［M］. 北京：国防科技大学出版社，2001.
［4］ 和国，张爱文. 复合材料原理［M］. 北京：国防工业出版社，2013.
［5］ 尹洪峰，魏剑. 复合材料［M］. 北京：冶金工业出版社，2010.
［6］ 沃丁柱. 复合材料大全［M］. 北京：化学工业出版社，2000.
［7］ 唐见茂. 高性能纤维及复合材料［M］. 北京：化学工业出版社，2013.

第五章　聚合物基复合材料

第一节　概　　述

聚合物基复合材料（Polymer Matrix Composites，简称 PMC）是目前结构复合材料（主要作为结构件使用，发挥材料的力学性能）中发展最早、研究最多、应用最广、规模最大的一类复合材料。根据增强材料（增强纤维）的发展与应用来看，聚合物基复合材料经历了 5 个阶段。

第一阶段：最初的 PMC——玻璃纤维/不饱和聚酯树脂，即玻璃纤维增强塑料（Glass Fiber Reinforced Plastics，简称 GFRP）于 1942 年在美国问世，此后直至 20 世纪 60 年代中期，是聚合物基复合材料发展的第一阶段。我国从 20 世纪 50 年代末期开始开发与应用 GFRP（俗称玻璃钢）。这一阶段聚合物基复合材料主要以玻璃纤维为主要增强材料，应用于军事工业、航空航天、船舶、化工、建筑、车辆、电子电气等领域。随着 GFRP 的原材料性能及制造技术的成熟，其产品质量有了很大的提高，并逐渐从主要用于制作非承力结构或次承力结构发展到作为部分主承力结构件广泛使用。特别是随着 S 玻璃纤维的出现和应用，GFRP 的性能有了明显的提高，使得这种高强度、高模量、低成本的复合材料在各领域得到了广泛应用。目前，GFRP 仍是用量最大、技术最成熟、低成本的聚合物基复合材料。

第二阶段：1965 年，碳纤维在美国诞生，到 1970 年，碳纤维的拉伸强度和弹性模量分别达到 2.76GPa 和 345GPa，比强度为 1.28×10^7cm，比模量为 1.28×10^{10}cm，性能位于当时各种增强材料之首。自此，以碳纤维为增强体的高比模量、高比强度先进聚合物基复合材料得到了各国军方和工业部门的高度重视，迅速在空间技术、航空航天、武器装备、工业领域得到了重点研究和广泛应用。

第三阶段：1972 年，美国杜邦公司研制出高强度、高模量的有机纤维——聚芳酰胺纤维（Kevlar，又名凯芙拉纤维、芳纶纤维）。这种热熔性液晶聚合物纤维强度和模量分别为 3.4GPa 和 130GPa，加上其突出的韧性和回弹性，使得聚合物基复合材料的发展和应用更为迅速。Kevlar 纤维目前仍是最具发展潜力的增强材料之一。

第四阶段：20 世纪 80 年代后期，美国 Allied 公司生产的以 Spectra-900 和 Spectra-1000 为代表的具有超高强度和模量的高拉伸聚乙烯纤维，其拉伸强度可达 3.5GPa、弹性模量达 125GPa，比强度比碳纤维大 4 倍、比芳纶纤维大 50%，而且密度最小为 0.92kg/m³，并具有透射雷达波、介电性能好、结构强度高的特点。因此，以超高强度和模量的高拉伸聚乙烯纤维为增强材料的聚合物基复合材料在军事工业和航空航天领域具有重要应用。

第五阶段：美国陶氏化学公司和日本东洋纺织公司合作研制的聚对苯撑苯并二噁唑（PBO）纤维，被称为 21 世纪的超级纤维。该纤维无熔点（高温下不熔融），在空气中热分解温度高达 650℃，与火焰接触不收缩，移去火焰后基本无残焰，密度为 1.55g/cm³，拉伸强度为 5.8GPa，弹性模量为 280GPa。因此 PBO 纤维具有出色的力学性能和耐高温、耐火特性。以 PBO 纤维为增强材料的聚合物基复合材料被视为航空航天及军事等领域的新一代先进结构复合材料，并迅速在航天航空和汽车工业中开始应用。用 PBO 纤维制成的防火、防弹服装，在火焰中不燃烧、不收缩，仍非常柔软，并且利用 PBO 纤维可原纤化吸收冲击能的特性，开发了 PBO 纤维在防弹抗冲击吸能材料领域的应用。另外，PBO 纤维还可用于新型高速交通工具、宇宙中间器材、深层海洋开发及高级体育运动竞技用品等领域。

含不同增强纤维的聚合物基复合材料性能不同、成本差异较大，应用领域也不一样。通常情况下，玻璃纤维增强的聚合物基复合材料由于成本较低，广泛应用在日常生活的方方面面，而碳纤维增强的聚合物基复合材料虽然成本较高，但性能优异，应用在国防军工及航空航天领域较多。目前，上述不同阶段的聚合物基复合材料，即含不同增强纤维的聚合物基复合材料仍然形成共用局面。今后，随着复合材料技术与设备的发展，生产规模不断扩大，品种逐渐丰富，应用领域不断拓展，聚合物基复合材料将成为国防军工、航空航天、交通运输、化工、能源和其他工业领域重要的高性能材料，甚至是最佳材料。

第二节 聚合物基复合材料的分类

一般来讲，聚合物基复合材料是由一种或多种微米级或纳米级的增强材料分散于聚合物基体中，并通过适当的制造工艺过程制备的复合材料。

按增强材料的外观来分，通常可将聚合物基复合材料分类为：长纤维（连续）增强聚合物基复合材料以及颗粒、晶须、短纤维（不连续）增强聚合物基复合材料。长纤维（连续）增强聚合物基复合材料是以长纤维作为主要的载荷承载材料而起到增强作用，因而可最大限度地发挥纤维的增强效果，复合材料通常具有很高的强度和模量。这是最常见的复合材料种类，特别是大型复合材料零部件。颗粒、晶须、短纤维（不连续）增强聚合物基复合材料主要是通过增强材料阻止基体变形和裂纹扩展起到增强作用。对于聚合物基复合材料来说，以纤维增强聚合物基复合材料居多，特别是长纤维增强聚合物基复合材料。颗粒增强聚合物基复合材料可在有效降低材料成本的基础上，改善聚合物基体的各种性能（如增加表面硬度、减小成型收缩率、消除成型裂纹、改善阻燃性、改善外观、改进热性能和导电性等），或不明显降低主要性能。聚合物基体可通过添加炭黑或硅石以改进其强度和耐磨性，同时保持其良好的弹性。在聚合物基体中添加一定量的金属粉末可成为导电复合材料；在聚合物基体中加入高含量的铅粉可起到隔音和屏蔽辐射的作用；而将金属粉末用在碳氟聚合物（常作为轴承材料）中可增加导热性、降低线膨胀系数，并大大减小材料的磨损率。短纤维增强聚合物的性能除了与纤维含量有关外，还与纤维的长径比、短纤维排列取向等有关。通常有二维无序或三维空间随机取向分布的短纤维增强聚合物基复合材料，其强度和模量与基体材料相比均有大幅提高。

按增强材料的品种来分，聚合物基复合材料可分为：玻璃纤维增强聚合物基复合材料、碳纤维增强聚合物基复合材料、芳纶纤维增强聚合物基复合材料、芳香族聚酰胺合成纤维增强聚合物基复合材料等类型。

按聚合物基体的性质来分，聚合物基复合材料可分为：热固性聚合物基复合材料和热塑性聚合物基复合材料。热固性树脂基体是利用树脂大分子的相互交联反应的化学变化达到固化成型的目的，成型后基体材料不溶不熔，加工过程不可逆。热塑性树脂基体的成型是利用树脂的熔化、流动、冷却、凝固的物理过程变化来实现的，其过程具有可逆性，能再次成型加工。热固性树脂基体主要有环氧树脂、酚醛树脂、不饱和聚酯树脂等。热塑性树脂基体主要有尼龙、聚醚醚酮、聚苯硫醚等。

此外，所谓的先进聚合物基复合材料，通常指以碳纤维、Kevlar 纤维、聚乙烯纤维以及高性能玻璃纤维为增强材料的复合材料，或以聚酰亚胺（PI）、双马来酰亚胺（BMI）等高性能树脂为基体的复合材料。

第三节　聚合物基复合材料的制造技术

不同种类聚合物基体的复合材料由于成型原理不同，采用的成型方法也不相同。热固性树脂基体成型为复合材料过程中由于固化剂、温度、压力的作用发生了交联固化反应，由可溶可熔的线型小分子结构变为不溶不熔的体型结构，是一种不可逆的化学反应。热塑性树脂基体成型为复合材料过程中主要是在温度、压力的作用下，发生了熔化、凝固过程，是一种可逆的物理变化。

热固性聚合物基复合材料制造技术比热塑性聚合物基复合材料制造技术更复杂，并且，目前各领域应用的复合材料主要是热固性聚合物基复合材料。因此，本章节主要介绍热固性聚合物基复合材料的制造技术。

复合材料制品的生产一般包括原材料及模具准备、成型工序、修整及检验等流程，最后得到复合材料制品。复合材料制品的生产流程如图 5-1 所示。

根据复合材料原材料的使用情况，复合材料制备方法可分为湿法成型（又称一次成型）和干法成型（又称二次成型）。湿法成型是指直接将液态树脂（含固化剂、填料等）与增强材料铺覆在模具上，树脂固化后制备复合材料产品的方法。常见湿法成型方法主要有手糊成型、喷射成型、树脂传递模塑、缠绕成型（湿法）和拉挤成型等。干法成型是指先将液态树脂（含固化剂、填料等）与增强材料混合，制成预浸料或预混料等半成品，干燥、备用；然后将预混料或预浸料铺覆在模具上，加热、加压，树脂固化后制备复合材料产品的方法。常见干法成型方法主要有模压成型、层压成型、缠绕成型（干法）和热压罐成型等。有的湿法成型方法，如手糊成型、喷射成型，虽然生产技术简便，生产效率高，但产品易产生缺陷，树脂损失较大，生产卫生条件较差。干法成型方法产品质量较高，生产卫生条件好，但生产效率较低，设备投资较大。究竟是选用湿法成型方法，还是选用干法成型方法，主要根据产品性能要求、生产批量及供货时间、现有生产条件及资金、企业综合经济效益来确定。

一、复合材料预浸料与预混料的制备

预浸料、预混料是复合材料生产过程中由增强纤维、树脂、固化剂、填料和添加剂经混合或浸渍并加工而成的复合材料半成品，可由它们直接通过各种成型工艺制成复合材料产品。预浸料通常是指连续纤维（包括单向布、织物）等浸渍树脂后所形成的厚度均匀的薄片状半成品。

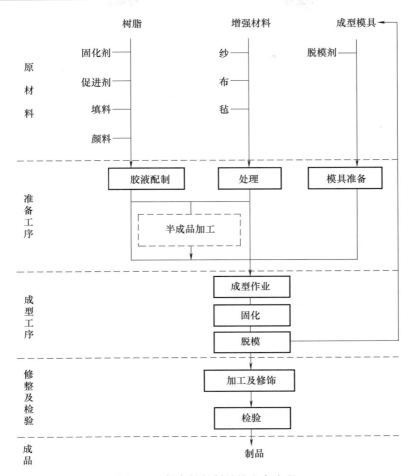

图 5-1　复合材料制品的生产流程

　　预混料通常是指短切纤维、填料与树脂混合后所形成的厚片状或块状或膨松状半成品，包括片状模塑料（Sheet Moulding Compound，SMC）、块状模塑料（Bulk Moulding Compound，BMC）、玻璃纤维毡增强热塑性塑料片材（Glass Mat Reinforced Thermoplastics-sheet，GMT）等。表 5-1 为复合材料预浸料和预混料的组成及适用范围。

表 5-1　　　　　　　　　　　复合材料预浸料和预混料的组成及适用范围

材料	预浸料		预混料	
	单向织物	纱束	GMT	SMC　BMC
适用工艺	层压模压	缠绕 拉挤	冲压 模压	模压
适用结构	高性能结构		—	普通结构
常用纤维	碳,Kevlar,玻璃		—	玻璃
纤维长度	连续		—	10~50mm
纤维含量/%	50~70		—	15~40
常用基体类型	热固性:EP、PF、BMI 等 热塑性:PEEK,PPS 等		PP,PC PET 等	UP、PF 等

（一）预浸料的制备

目前预浸料（图 5-2）的制造已经成为一种专门的工艺技术，由专业化工厂进行生产，自动化、机械化水平较高，预浸料性能比较稳定。预浸料的原材料包括增强材料、基体树脂和辅助材料。增强材料主要有碳纤维、芳纶纤维、玻璃纤维及其织物等。基体树脂主要有环氧树脂、酚醛树脂、氰酸酯树脂、双马来酰亚胺、聚酰亚胺等热固性树脂和聚砜、聚醚砜、聚苯硫醚、聚醚酰亚胺、聚醚醚酮等热塑性树脂。辅助材料主要是含有压花的聚乙烯薄膜，覆盖在预浸料表面，防止灰尘附着在预浸料上及防止预浸料相互粘连，便于预浸料的储存和运输。预浸料在使用前，需要将其表面的聚乙烯薄膜撕掉。

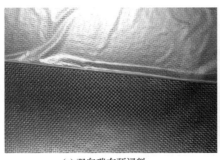

(a) 双向碳布预浸料　　　　　　　(b) 单向碳布预浸料

图 5-2　预浸料示意图

预浸料的制备方法主要有溶液浸渍法和热熔法。

溶液浸渍法是把树脂基体各组分按规定比例溶解于溶剂中，使其成为一定浓度的溶液，置于树脂槽内；然后将纤维束或织物浸入树脂基体溶液并以一定的速度通过树脂槽，使纤维束或织物浸渍树脂基体，并通过加热去除溶剂，使树脂得到合适的黏性。溶液浸渍法可分为辊筒缠绕法或连续浸渍法。

辊筒缠绕法是将纤维束通过树脂溶液胶槽，随后缠绕在辊筒上，待纤维束布满辊筒后停机。沿辊筒纵向将纤维束切断，即可得到一张单向预浸料。预浸料的长度为辊筒的周长，预浸料的宽度为辊筒的长度。辊筒缠绕法效率较低，预浸料的长度受限制，仅在研究与开发新型预浸料过程中应用，一般不应用于工业化生产。辊筒缠绕法如图 5-3 所示。

连续浸渍法是从纱架引出纤维束或织物，调节纤维张力使其平整，然后以一定速度进入树脂槽内，并通过挤胶辊挤除多余的树脂。随后进入烘干炉，使树脂中的溶剂挥发。最后用含有压花的聚乙烯薄膜包裹并收卷。纤维束连续浸渍法（图 5-4）制备的预浸料为单

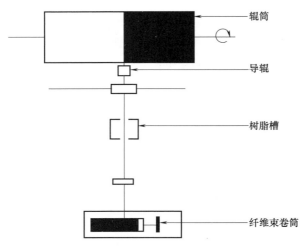

辊筒

导辊

树脂槽

纤维束卷筒

图 5-3　辊筒缠绕法制备预浸料示意图

向纤维预浸料，与辊筒缠绕法相比，生产效率大大提高了。纤维布连续浸渍法（图5-5）制备的预浸料为双向织物预浸料。

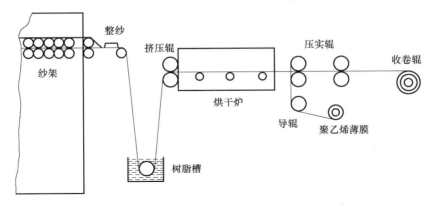

图5-4　纤维束连续浸渍法制备预浸料示意图

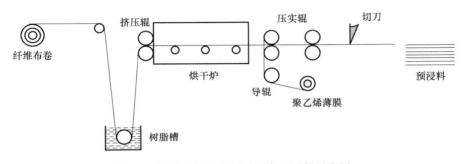

图5-5　纤维布连续浸渍法制备预浸料示意图

溶液浸渍法过程中，增强材料容易被树脂基体浸透，既能制备薄型预浸料，又可制备厚型预浸料，可选用的树脂基体较多，并且工艺简便，设备成本也不高，在预浸料制备中应用比较广泛。但是，预浸料中往往残留过量的溶剂，在成型复合材料时易产生气泡，影响复合材料的性能。另外，预浸料在烘干的过程中，挥发大量有机溶剂，对环境也有一定的影响。

溶液浸渍法制备的预浸料质量指标主要有挥发分含量、树脂含量、可溶性树脂含量、流动度。

挥发分含量是指预浸料中挥发物的质量占预浸料总质量的百分比。为了降低树脂基体的黏度，使树脂基体充分浸渍增强材料，树脂基体中通常加入有机溶剂。在烘干炉中能够使得绝大部分溶剂挥发、除去，但不能使溶剂完全除去。因此预浸料中一般含有 1.5% ~ 3% 的溶剂。挥发分含量过高，则易在成型复合材料中产生气泡，影响复合材料性能。通过调整烘干温度、烘干时间可控制挥发分含量。

树脂含量是指预浸料中树脂质量占预浸料总质量的百分比，一般约为40%。采用空气灼烧法、溶剂法、酸分解法可测定预浸料的树脂含量，通过调整浸胶时间、胶液黏度、胶辊间距，可控制树脂含量。

可溶性树脂含量是指预浸料中可溶性树脂占树脂总质量的百分比，一般为 70%~95%。制备预浸料的树脂溶液中加入了潜伏型固化剂（如咪唑类固化剂），在烘干的过程中，如果温度过高、时间过长，则会引起树脂固化。可溶性树脂含量偏低，则表明预浸料中已固化的树脂偏多，在成型复合材料过程中，易在复合材料中产生分层、空隙等缺陷。采用溶剂溶解法可测定预浸料中可溶性树脂含量，通过调整烘干温度、烘干时间，可控制可溶性树脂含量。

流动度是预浸料性能的综合指标，也是衡量预浸料工艺性能的重要指标。流动度测定方法是将 12 层 76mm×76mm 的正方形预浸料或直径为 76mm 的圆形预浸料叠合在一起，放入预先加热的上、下两块不锈钢板中，加压 6~7MPa，加热至 150~160℃，保温、保压 3~5min，至预浸料不流胶为止。取出试样，测量试样四边流胶的最大长度，然后算出平均值即为预浸料的流动度，一般为 20~30mm。流动度太小，则易在成型复合材料中产生分层、空隙等缺陷。

因为预浸料基体树脂中含有固化剂，所以预浸料需要低温储存，避免树脂固化，并且有一定的保质期。−5℃以下贮存，保质期为 3 个月；−18℃贮存，保质期为 6 个月。当预浸料从冷藏室中取出使用时，需要在室温下放置 24h，以使预浸料恢复到正常温度；否则，冷热温差会引起吸潮而导致预浸料变质。

热熔法是在溶液浸渍法的基础上发展起来的，以避免溶液浸渍法制备的预浸料因溶剂问题而带来的缺点。热熔法因工艺步骤不同，分为直接熔融法和胶膜压延法。直接熔融法工艺示意图如图 5-6 所示，熔融态树脂从漏斗流到隔离纸上形成一层厚度均匀的胶膜，经导向辊与经过排纱整径后平行排列的纤维束或纤维布叠合，然后通过热鼓时树脂进一步熔融并浸渍纤维，再经过辊压使树脂充分浸渍纤维，之后冷却收卷。胶膜压延法工艺示意图如图 5-7 所示，胶膜材料即为基体树脂，胶膜从上、下两面包裹一定数量的纤维束或纤维布，通过加热辊挤压，使胶膜融化并浸渍纤维，冷却即可得到预浸料。

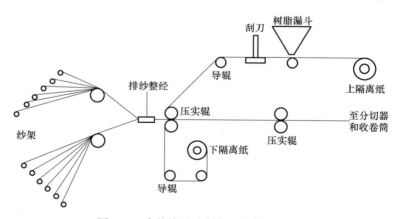

图 5-6　直接熔融法制备预浸料示意图

热熔法的优点是工艺过程效率高，树脂含量容易控制，不使用溶剂，预浸料挥发分含量低，工艺安全，预浸料外观质量好。热熔法对树脂体系黏度和稳定性要求高，可选择的树脂基体较少。由于熔融树脂黏度大，纤维难以被树脂浸透，在成型复合材料时也容易产生气泡，影响复合材料的性能。

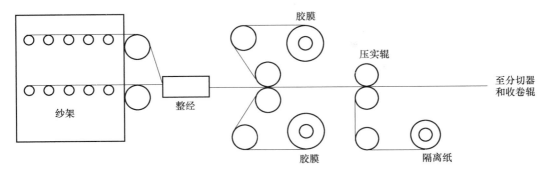

图 5-7 胶膜压延法制备预浸料示意图

（二）预混料的制备

（1）模压料 模压料是指由短纤维增强材料、树脂基体及辅助材料混合而成的半成品，主要用作模压成型工艺的原材料。图 5-8 为酚醛树脂模压料。短纤维增强材料多为玻璃纤维、高硅氧纤维，也使用碳纤维、尼龙纤维及两种以上纤维混杂材料。纤维长度多为 30~50mm，质量含量一般为 50%~60%。树脂基体主要有酚醛树脂和环氧树脂。辅助材料是为了使模压料具有良好的工艺性、降低制品成本和满足制品的特殊性能要求，比如改善流动性、尺寸稳定性、阻燃性、耐化学腐蚀性等，常用的辅助材料主要有二硫化铂、碳酸钙、氢氧化铝、含卤族元素化合物等。

图 5-8 酚醛树脂模压料

模压料制备工艺流程如下：

常见模压料配方见表 5-2。

表 5-2   常见模压料配方表

树脂	辅助剂	溶剂	纤维	备注
E-42 : 616 = 60 : 40	MoS_2 加入量为树脂总量的 4%	树脂 : 丙酮 = 1 : 1	玻璃纤维含量在模压料中占 60%	先将 MoS_2 溶于丙酮,再倒入树脂液中充分搅拌,再进行浸胶
F-46	NA 酸酐 : 树脂 = 80 : 100(二甲基苯胺加入量为树脂质量的 1%)	树脂 : 丙酮 = 1 : 1	树脂 : 玻璃纤维 = 40 : 60	在树脂被加热升温至 130℃ 后,加入 NA 酸酐充分搅拌,温度回升到 120℃ 时滴加二甲基苯胺,并在 120~130℃ 反应,6min 后倒入丙酮,充分搅拌,冷却后待用
616	KH-550 加入量为纯树脂质量的 1%	酒精加入量应使树脂浓度为(50±3)%	树脂 : 玻璃纤维 = 40 : 60	KH-500 用迁移法直接加入树脂中,充分搅拌待用
镁酚醛	油溶黑加入量为树脂质量的 4%~5%	酒精加入量应使树脂液密度控制在 $1.0g/cm^3$ 内	树脂 : 玻璃纤维 = 40~45 : 60~55	先将油溶黑溶于酒精,再倒入树脂液中

注:表中的比例均为质量比。

图 5-9   捏合机外形

玻璃纤维/镁酚醛树脂模压料制备工艺过程为:

① 将玻璃纤维在 180℃ 下干燥 40~60min。

② 将烘干后的纤维切成 30~50mm 长。

③ 按树脂配方配成胶液,用工业酒精调配胶液密度在 $1.0g/cm^3$ 左右。

④ 按 m(纤维): m(树脂)= 55 : 45 的比例将短切纤维和树脂胶液混合,并放入捏合机(图 5-9、图 5-10)内进行捏合,使树脂充分浸渍纤维。

⑤ 将捏合后的混合料加入撕松机

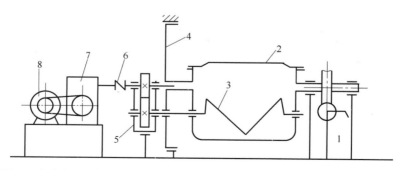

1—手动蜗杆;2—捏合室;3—捏合桨;4—滑动齿圈;5—复合传动箱;6—联轴器;7—减速箱;8—电机。

图 5-10   捏合机结构示意图

（图 5-11、图 5-12）中进行撕松。

⑥ 将撕松的混合料均匀铺放在网筛上晾置一段时间，除去水分和溶剂。

⑦ 将经自然晾置的混合料在 80℃烘房中烘 20~30min，进一步除去水分和溶剂。

⑧ 烘干后的混合料即为模压料。将模压料装入包装袋中储存、备用。

捏合机是通过捏合的外力将树脂与纤维混合均匀，主要由有可翻转出料的捏合室、双 Z 桨式捏合桨和动力传动装置等结构组成。混合料的捏合效果主要取决于捏合时间、树脂黏度、加料量。捏合时间越长，树脂与纤维混合越均匀，但纤维强度损失越大。

图 5-11　撕松机外形

若时间过短，树脂与纤维混合不均匀。树脂黏度控制不当，既影响树脂对纤维的均匀浸润和浸透速度，又会对纤维强度带来影响。树脂黏度过小，则树脂与纤维会离析；树脂黏度过大，则树脂与纤维不能捏合成团，纤维强度损失较大。加料量也要适当，最大加料量约为捏合室内容积的 60%~70%，过多过少都不能有效捏合。

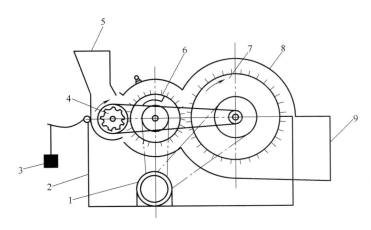

1—电机；2—机体；3—配重；4—进料辊；5—进料口；6、7—撕料辊；8—壳体；9—出料口。

图 5-12　撕松机结构示意图

撕松机的作用是将捏合成团的物料进行蓬松，主要由进料辊和一对撕松辊组成。通过两个不同直径的撕料辊按相同方向旋转，物料在两个撕松辊间受撕扯而松散。撕散和蓬松的物料便于晾干和烘烤。

其他种类模压料的制备过程与玻璃纤维/镁酚醛树脂模压料制备过程类似。

模压料的质量指标主要有：树脂含量、挥发物含量、不溶性树脂含量。常用模压料质量指标见表 5-3。模压料质量对其模塑特性及模压制品性能有较大影响。因此，在模压料的制备过程中要严格控制相关工艺条件，主要有树脂胶液黏度、纤维短切长度、捏合时间、烘干条件等。

表 5-3 常见模压料质量指标

模压料类型	指标		
	树脂含量/%	挥发物含量/%	不溶性树脂含量/%
镁酚醛/玻璃纤维	40~50	2.0~3.5	5~10
氨酚醛/玻璃纤维	40±4	2~4	<15
氨酚醛料	35±5(玻璃) 40±4(高硅氧)	<4	3~20

模压料的工艺性主要为模压料的流动性、收缩率和压缩性。

在实际生产中，模压料能否成型为一定形状的制品，主要取决于模压料在模具中的流动性及充模效果，这主要与模压料中的树脂含量有关。树脂含量越高，模压料的流动性及充模效果越好，越容易制备形状复杂的产品。流动性好，可选用较低成型温度、压力，较容易成型复杂制品。流动性过大，会导致树脂流失或纤维局部聚集，制品性能下降。流动性差，需选用较高成型温度、压力，不易成型复杂制品。流动性过小，物料不能充满模腔或局部缺料，无法成型。模压料的流动性主要与模压温度、压力、加热时间、基体树脂分子结构、树脂含量以及模具结构与光滑程度有关。

模压制品从模具脱出后尺寸减小的特性称为模压料的收缩性，由制品的热收缩（可逆收缩）和结构收缩（化学收缩，不可逆收缩）组成。一般模压料的线膨胀系数比模具材料大，制品脱模冷却后的收缩率大于模具收缩率，使得制品尺寸小于模具尺寸。另外，模压料中树脂固化过程中发生缩聚（或聚合）反应、分子交联，分子链段之间更加紧密，还有溶剂以及固化反应生成的低分子逸出等引起的不可逆体积收缩。收缩率分为实际收缩率和计算收缩率。实际收缩率表示模具空腔或制品在模压温度下的尺寸与制品在室温下尺寸之间的差值与制品在室温下尺寸的比值。计算收缩率表示在室温下模具空腔尺寸与制品尺寸之间的差值与制品在室温下尺寸的比值。模压料的收缩率与模压料成分、模具结构、模压工艺条件等有关。

模压料的压缩性是指制品密度与模压料密度的比值。压缩比过大，即模压料过于蓬松，给装模带来困难，且压缩比大的模压料需设计大的装料室，不仅增加了模具质量，也增大了热量消耗。对于压缩比太大的模压料，一般需要采取预成型工艺。纤维状的模压料的压缩比一般为 6~10。

（2）片状模塑料 片状模塑料（Sheet Molding Compound，SMC）是用不饱和聚酯树脂、固化剂、阻聚剂、增稠剂、低收缩添加剂、填料、内脱模剂和着色剂等混合成树脂糊浸渍短切玻璃纤维粗纱或玻璃纤维毡，并在两面用聚乙烯或聚丙烯薄膜包覆起来形成的片状模压成型材料。图 5-13 所示为片状模塑料。

SMC 生产工艺流程和成型机组如图 5-14 和图 5-15 所示，主要包括树脂糊制备、上糊操作、纤维切割沉降、浸渍、稠化等过程。

SMC 在制备时要求树脂的黏度低，以利于树脂对玻璃纤维及填料的浸渍。而在储运和模压成型时，又要求坯料黏度较高，以满足模压要求和使制品的收缩率降至最低，这就是所谓的增稠效应。将 SMC 的黏度由很低迅速增高，最终达到满足工艺要求的熟化黏度并能相对长期稳定。增稠是通过加入树脂中的增稠剂实现的。增稠剂可以控制从 SMC 生产到模压制品全过程中各阶段的黏度变化，主要表现为：

① 在制备 SMC 时，要求黏度很低，以保证树脂对玻璃纤维和填料的充分浸渍。

② 当纤维和填料被浸渍后，又要求黏度迅速增高，以适应储运和模压操作。

图 5-13　片状模塑料

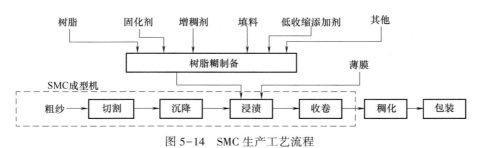

图 5-14　SMC 生产工艺流程

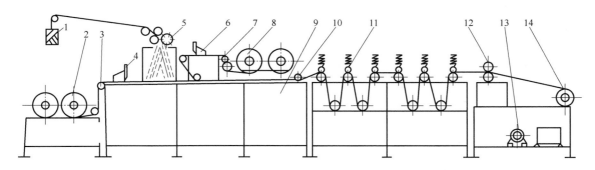

1—无捻粗纱；2—下薄膜放卷；3—展幅辊；4—下树脂刮刀；5—三辊切割器；6—上树脂刮刀；7—展幅辊；
8—上薄膜放卷；9—机架；10—导向辊；11—浸渍压实辊；12—牵引辊；13—传动装置；14—收卷装置。

图 5-15　SMC 成型机组示意图

③ 增稠后的 SMC 坯料，在模压温度下能迅速充满模腔，并使树脂与纤维不发生离析。

④ 增稠后的 SMC 黏度，在储存期内必须稳定在可模压的范围内。

⑤ 增稠作用在生产中应该有稳定的重现性。

SMC 增稠剂的增稠示意图如图 5-16 所示。SMC 的特性取决于增稠，树脂糊的增稠程

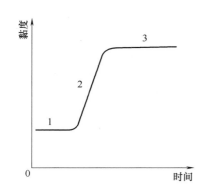

1—浸渍阶段；2—增稠阶段；3—储存阶段。

图 5-16　SMC 增稠示意图

度直接关系到制品的成型工艺和质量。此外，增稠剂对贮存稳定性也有显著影响。

SMC 的增稠剂主要是 ⅡA 族金属氧化物或氢氧化物。例如氧化镁、氢氧化镁、氧化钙、氢氧化钙。此外有氧化钡、氢氯化钡、氧化铅等。它们的增稠作用分为 2 个阶段。第一阶段，金属氧化物或氢氧化物与聚酯端基—COOH 进行酸碱反应，生成碱式盐。碱式盐或者不再反应而进行第二阶段的络合反应，或者进一步脱水而使相对分子质量成倍增大。第二阶段，由生成的碱式盐（金属原子）同聚酯分子中的酯基（氧原子）以配位键形成络合物。因此，不饱和聚酯相对分子质量由成盐反应而成倍提高，而众多络合键的形成提高了分子间力及摩擦力，故黏度上升。第一阶段的反应对于达到熟化黏度的时间有决定意义，是相对分子质量提高和络合反应的基础。第二阶段反应对于加速稠化、提高最终熟化黏度有重要作用。由于配位键在模压时可以消除，故不影响 SMC 的模压性。

影响增稠剂增稠效果的因素除了增调剂的不同类型和用量外，还有增稠剂的活性、聚酯树脂的酸值、所含微量水分及温度等。

① 聚酯树脂酸值的影响　增稠速度与树脂酸值成比例。当酸值为零时，树脂糊放置 60h 仍无黏度变化，酸值愈高档度变化愈大。

② 增稠剂活性的影响　增稠剂由于制备方法不同，其活性差异很大。以氧化镁为例，氧化镁除一般氧化镁外，还有活性氧化镁和轻质氧化镁。活性氧化镁的碘吸附值一般为 40~60mg/100g，轻质氧化镁则为 20~40mg/100g。由于氧化镁在储存过程中逐渐吸收水分和二氧化碳会使活性降低，要注意保管，使用前应测定其活性值。

③ 微量水分的影响　微量水分的存在对树脂的增稠速度，特别对初期黏度的影响显著。在相对湿度 20% 以下环境中，不加微量水增稠就非常缓慢。当加入微量水后，增稠速度就显著提高，但加入过量水则对增稠起抑制作用。实验表明，0.1%~0.8% 的微量水能使增稠速度尤其是初期增稠速度大幅度加快。若加入 1% 以上的水，则增稠速度比不加水还慢，最终熟化黏度也低。一般说，为了达到较好的增稠程度，不同体系所需水分含量并不相同。因此，必须对原材料特别是填料、增稠剂、低收缩添加剂及玻璃纤维等的储存环境及含水量严加控制，并且，使用前应测定原材料的含水量。

④ 温度的影响　随着温度升高，树脂糊的增稠速度加快。在 SMC 生产中，提高温度一方面可以降低树脂系统发生化学增稠前的黏度，以利于树脂糊的输送和对纤维的浸渍。另一方面，较高的温度能使浸渍后的树脂系统黏度迅速增快，并达到更高的增稠水平。因此，若缩短贮存的 SMC 的启用期，可将其放在 45℃ 的烘房内进行加速稠化。若延长贮存期，贮存温度应低于 25℃。

不饱和聚酯树脂固化时将发生 7%~10% 的体积收缩。低收缩添加剂正是为了降低或消除这种固化收缩而引入的。它可使 SMC 制品表面光滑、无裂纹，收缩量可低至接近于零。

低收缩添加剂均为热塑性高分子聚合物，常用低收缩添加剂为 PMMA、PS、PE、PVC 等。在 SMC 中，它们有与聚酯相溶的组分，有溶于树脂单体中而分散开来的组分，还有以原固态分散开来的组分。当 SMC 在模具中加热固化时，随体系温度升高，热塑性树脂与聚酯树脂都发生热膨胀，随即聚酯与苯乙烯开始交联聚合。因此，聚酯是在热塑性聚合物施加的内压下固化的，因而就在未能引起整体收缩时被固定下来。这相当于热塑性聚合物产生的热膨胀力阻止了聚酯固化时的收缩。溶解或溶胀入热塑性聚合物中的苯乙烯单体受热会沸腾，从而使热塑性聚合物的膨胀压力增高，进一步增强了抵制聚酯收缩的能力。

低收缩添加剂会使不饱和聚酯树脂固化时间延长，放热峰温度下降，对不饱和聚酯交联网络起增塑作用，从而降低固化成型后复合材料的强度。因此，低收缩添加剂的用量应不超过 5%（质量比），其粒径小于 $30\mu m$。

SMC 制备之后，要经过一定时间熟化，当黏度达到模压黏度范围并稳定后，才能交付使用。如果 SMC 在室温下存放，熟化需 1~2 周。为使其尽快达到模压黏度，多采用加速稠化的办法。稠化条件为：40℃下在稠化室处理 24~36h。更先进的方法是在成型机组内增设稠化区或采用一些新型高效增稠剂。

SMC 的贮存寿命与其贮存状态和条件有关。为防止苯乙烯挥发，存放时必须用非渗透性薄膜密封包装。环境温度对存放寿命影响较大。在 15℃ 以下，可贮存 3 个月。如在 2~3℃ 下保存，贮存寿命可达 6 个月。

二、聚合物基复合材料的制造技术

随着工业技术及信息技术的迅速发展，聚合物基复合材料的制造技术也不断发展与完善。目前已在聚合物基复合材料领域中应用的制造技术主要有：手糊成型、喷射成型、模压成型、树脂传递模塑、缠绕成型、拉挤成型、热压罐成型、注射成型等。当然，随着科技的进一步发展，也将出现更新、更高效的聚合物基复合材料制造技术。

复合材料的一个突出优点是可采用多种工艺方法来制造复合材料及产品。因此，如何选择制造技术是进行复合材料及产品生产时首先要明确的问题。生产复合材料制品的特点是材料生产和产品成型同时完成，因此，在选择成型方法时，必须同时满足材料性能、产品质量和经济效益等因素的基本要求，具体应考虑的因素主要有：

① 产品的外形构造和尺寸大小。

② 材料性能和产品质量要求，如材料的物化性能，产品的强度及表面粗糙度（光洁度）要求等。

③ 生产批量大小及供应时间要求。

④ 企业可能提供的设备条件及资金。

⑤ 综合经济效益，保证企业盈利。

一般来讲，生产批量大、数量多及外形复杂的小产品，多采用模压成型，如机械零件、电工器材等；对形状简单的大尺寸制品，如浴盆、汽车部件等，适宜采用 SMC 大台面压机成型，亦可用手糊工艺生产小批量产品；对于压力管道及容器，则宜用缠绕工艺；对批量小的大尺寸制品，如船体外壳、大型储槽等，常采用手糊、喷射工艺；对于板材和线型制品，可采用拉挤成型工艺。

此外，在制备复合材料的过程中，应注意操作人员的安全防护、设备安全使用，避免发生安全事故。在选择及使用原材料时，要有经济意识，尽可能节约原材料，降低材料成本。针对在制备复合材料的过程中产生的"三废"，要严格遵守国家环境保护相关法律法规进行妥善处置，注意保护环境。

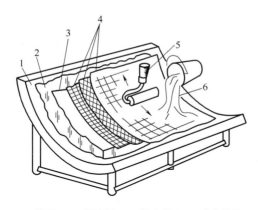

1—模具；2—脱模剂；3—胶衣层；4—玻璃纤维增强材料；5—手动压辊；6—树脂（引发剂）。

图 5-17　手糊成型示意图

（一）手糊成型

手糊成型又称接触成型，是将纤维增强材料和树脂胶液在模具上铺敷成型，室温（或加热）、无压（或低压）条件下固化，脱模成制品的复合材料成型工艺方法。手糊成型如图 5-17 所示，工艺流程如图 5-18 所示。

手糊成型工艺是复合材料最早的一种成型方法，其他成型方法都是在手糊成型工艺上逐渐发展而来的。随着现代工业企业技术的发展以及生产效率、产品质量要求越来越高，手糊成型工艺在复合材料成型工艺中所占比重呈下降趋势，但仍是一种用来生产普通复合材料的主要成型工艺。

手糊成型工艺的主要优点：①不受产品尺寸和形状限制，适宜尺寸大、批量小、形状复杂产品的生产。②设备简单、投资少、设备折旧费低。③工艺简便。④易于满足产品设计要求，可以在产品不同部位任意增补增强材料。⑤制品树脂含量较高，耐腐蚀性好。但手糊成型工艺也存在一些缺点：①生产效率低，劳动强度大，劳动卫生条件差。②产品质量不易控制，性能稳定性不高。③产品力学性能较低。

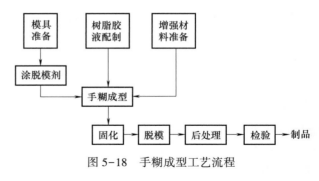

图 5-18　手糊成型工艺流程

手糊成型工艺主要用于生产复合材料游船、游乐设施、室内外雕塑、卫生洁具、浴缸、中央空调冷却塔等形状复杂、批量小的复合材料产品。

（1）原材料　手糊成型用聚合物基体应符合的主要要求有：①能在室温下凝胶、固化，并在固化过程中无低分子物产生。②能配制成黏度适当的胶液，适宜手糊成型的胶液黏度为 $0.2 \sim 0.5 Pa \cdot s$。③无毒或低毒。④价格便宜。

手糊成型工艺使用的聚合物基体主要是不饱和聚酯树脂，用量约占各类树脂的 80%。其次是环氧树脂。目前在航空结构制品上开始采用湿热性能和断裂韧性优良的双马来酰亚胺树脂，以及耐高温、耐辐射和电性能良好的聚酰亚胺等高性能树脂。

为了改善树脂工艺性能、降低产品成本、提高产品质量，树脂基体中还会加入一些辅助材料，主要有：

① 稀释剂　为调节树脂黏度，使用时需加入一定量的稀释剂，同时也可增加填料用

量。稀释剂分活性稀释剂和非活性稀释剂两类。非活性稀释剂不参与固化反应，比如苯乙烯、丙酮、甲乙酮等，仅起降低黏度作用，一般加入量为环氧树脂质量的 5% ~ 15%，在树脂固化时大部分逸出，从而增大了树脂固化收缩率，降低力学性能和热变形温度。活性稀释剂则参与树脂固化反应，对树脂固化后性能影响较小。活性稀释剂一般具有毒性，使用时必须慎重。

② 填料 为了降低成本，改善树脂基体性能（如低收缩性、自熄性、耐磨性等），在树脂中加入一些填料，主要有黏土、碳酸钙、白云石、滑石粉、石英砂、石墨、聚氯乙烯粉等。在糊制垂直或倾斜面层时，为避免"流胶"，可在树脂中加入少量活性 SiO_2（称触变剂）。由于活性 SiO_2 比表面积大，树脂受到外力触动时才流动，这样在施工时既避免树脂流失，又能保证制品质量。

③ 色料 为使制品色泽美观，须在聚酯树脂中加入无机颜料。一般不使用有机颜料，因为在树脂固化过程中，会使色泽变化。炭黑对聚酯树脂有阻聚作用，一般也不使用。色料一般与树脂混合制成颜料糊使用。

增强材料是复合材料承担外加载荷的主要成分，决定复合材料的力学强度。手糊成型工艺用量最多的增强材料是玻璃纤维，少量有碳纤维、芳纶纤维和其他纤维。为了保证树脂基体能够充分浸渍增强材料，增强材料越疏松，复合材料中的气泡越少。从复合材料成型工艺性能角度来比较，单向织物好于双向织物好于多向织物；但从复合材料力学强度来比较则反之。

（2）模具 模具是手糊成型工艺中唯一的重要设备，合理设计和制造模具是保证产品质量和降低成本的关键。模具的基体要求有：符合制品尺寸、精度、外观要求；具有足够的刚度、强度、热稳定性；模具与制品的热膨胀系数匹配；质量轻，便于搬运，维护方便。

模具的结构形式主要有单模和对模两类。单模又分阳模和阴模两种，如图 5-19 所示。无论是单模还是对模，对于大型模具或复杂模具，可由小块模具拼装而成，称为拼装模或组合模。阳模的工作面是向外凸出的，用阳模生产的制品内表面光滑，尺寸准确，操作方便，质量容易控制，是手糊成型中最常用的模具形式。阴模的工作面是向内凹陷的，用阴模生产的制品外表面光滑，尺寸准确；但凹陷深的阴模操作不便。对模是由阳模和阴模二部分组成，用对模生产的制品内外表面光滑、厚度精确。但对模在成型中要经常搬动，故不适宜大型产品的制作。

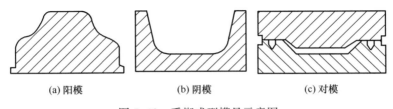

(a) 阳模　　　　　　(b) 阴模　　　　　　(c) 对模

图 5-19　手糊成型模具示意图

模具材料主要有复合材料、金属（钢材、铸铝等）、木材、石膏-砂、石蜡、可溶性盐等。其中复合材料模具的突出优点是它与复合材料产品的热膨胀系数相同或相近，成型的复合材料产品不易发生变形或翘曲；金属模具的优点是硬度高、经久耐用，可用于生产大批量复合材料产品。

为使制品与模具分离而附于模具成型面的物质称为脱模剂，其作用是使制品可以顺利地从模具上取下来，同时保证制品表现质量和模具完好无损。脱模剂应符合的要求有：①不腐蚀模具，不影响树脂固化，对树脂黏附力小；②成膜时间短，成膜均匀、光滑；③操作简便，使用安全，价格便宜；④脱模剂的使用温度高于固化温度。脱模剂的种类有：①薄膜型脱模剂，主要有聚酯薄膜、聚氯乙烯薄膜、聚丙烯薄膜、聚乙烯醇薄膜、乙酸纤维素薄膜、聚四氟乙烯薄膜等，脱膜效果好，但变形较大，不宜用于生产形状复杂的制品；②混合溶液型脱模剂，此类脱模剂中聚乙烯醇溶液应用最多。聚乙烯醇溶液是采用低聚合度聚乙烯醇与水、酒精按一定比例配制的一种黏性透明液体，具有使用方便、成膜光亮、脱模性能好，容易清洗等优点；③蜡型脱模剂，主要有硅酯、黄干油、凡士林、脱模蜡、石蜡、汽车上光蜡等，使用方便、省工、省时、省料，脱模效果好。

（3）手糊工艺过程　手糊成型复合材料的工艺过程主要有：

① 树脂胶液配制　根据产品的使用要求确定树脂种类，并按照拟定的配方（除了树脂、固化剂之外，还可根据需要选用辅助材料）配制树脂胶液。胶液的工艺性是影响手糊制品质量的重要因素，其主要指胶液黏度和凝胶时间。胶液黏度表征流动特性，对手糊作业影响大。黏度过高不易涂刷和浸透增强材料；黏度过低，在树脂凝胶前发生胶液流失，使制品出现缺陷。手糊成型树脂黏度控制在 $0.2 \sim 0.8 Pa \cdot s$ 为宜。凝胶时间指在一定温度条件下，树脂中加入固化剂后，从黏流态到失去流动性，变成软胶状态的凝胶所需的时间。手糊作业结束后树脂应能及时凝胶。如果凝胶时间过短，由于胶液黏度迅速增大，不仅增强材料不能被浸透，甚至发生局部固化，使手糊作业困难或无法进行。反之，如果凝胶时间过长，不仅增长了生产周期，还导致胶液流失，交联剂挥发，造成制品局部贫胶或不能完全固化。

② 增强材料裁剪　裁剪方法有手工裁剪和机械裁剪。对于结构简单的制品，可按模具型面展开图制成样板，按样板裁剪。对于结构形状复杂的制品，可将制品型面合理分割成几部分，分别制作样板，再按样板进行裁剪。剪裁增强材料的大小应根据制品性能要求和操作方便酌情处理，同时必须注意增强材料的经济使用。

③ 糊制　制品的表面层不仅可美化制品，还可保护制品不受周围介质侵蚀，提高其耐候、耐水、耐腐蚀性能，具有延长制品使用寿命的功能。表面层选用专用胶衣糊，采用涂刷树脂（两遍，互相垂直）或喷涂树脂，增强材料选用表面毡。制品的增强层是制品的主体部分，承受外加载荷，采用树脂与增强材料交替糊制的方法，先涂刷一层树脂，再铺一层增强材料；然后再涂刷一层树脂，再铺一层增强材料，直至达到制品设计厚度为止。

④ 固化　手糊制品通常采用常温固化。糊制操作的环境温度应保证在 $15℃$ 以上，湿度不高于 80%。低温高湿度都不利于不饱和聚酯树脂的固化。若环境温度过低或为了加快固化速度，可采用烘箱、固化炉、模具加热、红外线加热等方式进行加热固化。

⑤ 脱模　制品在凝胶后，需要固化到一定程度才可脱模。判断复合材料的固化程度，除采用丙酮萃取测定树脂不可溶分含量方法之外，常用的简单方法是测定制品巴柯硬度值。一般巴柯硬度达到 15 时便可脱模，而尺寸精度要求高的制品，巴柯硬度达到 30 时方可脱模。不饱和聚酯树脂制品一般在室温成型后 24h 可达到脱模强度，环氧树脂制品在室

温成型后 7 天才可达到脱模强度。

⑥ 后处理　为了提高制品强度满足使用要求，脱模后的制品继续在高于 15℃ 的环境温度下固化或加热处理。脱模后的制品还需进行修整，除去毛边、飞刺、修补表面及内部缺陷。最后还要进行表面涂饰，既可美化制品外观，又可提高制品表面性能。

⑦ 质量检验　手糊制品由于材料组分类型多，工艺过程的工序多，特别是手工操作，所以制品质量稳定性不高。为确保使用要求，必须对制品进行质量检验。检验内容主要为两方面：一是制品表观质量、尺寸、重量、固化度、含胶量及机械性能。二是制品功能。如冷却塔的热力性能，浴缸的耐热水性等。产品检验分制品出厂检验和产品验收检验，全部检验项目必须依据国家标准和企业标准。

（4）主要缺陷及防治方法　手糊制品的主要缺陷有：胶衣皱纹与裂纹、制品皱缩、制品翘曲与变形等，其产生原因与防治方法见表 5-4～表 5-7。

表 5-4　　　　　　　　　　　胶衣皱纹产生原因及防治方法

产生原因	防治方法
1. 喷涂的胶衣层太薄	1. 喷涂树脂量应达到 $500\sim600\mathrm{g/m^2}$
2. 固化剂、促进剂用量不足	2. 根据不同的气温和湿度，调整加入量
3. 模腔里残存有苯乙烯单体	3. 用吹风机吹出
4. 气温太低	4. 鼓热风或用红外灯加热
5. 胶衣固化不足就开始糊制	5. 正确判断固化状态，确定固化时间
6. 胶衣层厚度不均	6. 均匀涂刷或喷涂

表 5-5　　　　　　　　　　　胶衣裂纹产生原因及防治方法

产生原因	防治方法
1. 固化剂、促进剂用量过多	1. 调整加入量
2. 固化时热量过大	2. 调整加热温度，不要局部加热
3. 受到强烈日光照射	3. 固化时避免强日光照射
4. 胶衣太厚	4. 涂刷或喷涂厚度要适当

表 5-6　　　　　　　　　　　制品皱缩产生原因及防治方法

产生原因	防治方法
1. 拐角处圆弧半径 R 过小	1. 曲率半径要大一些，但不宜超过 $R10$
2. 脱模用石蜡使胶衣与模具太易分离	2. 模具使用 2～3 次后涂刷一次石蜡
3. 制品局部厚度过大	3. 增强材料铺放错开重叠位置，拐角处防止胶集聚
4. 曲率半径小的部位粗纱含量过多	4. 控制粗纱加入量，浸渍时，要除掉过剩的树脂
5. 胶衣厚薄不均，后固化加热不均	5. 拐角处胶衣不能过多。避免局部过热，固化剂用量适宜

表 5-7　　　　　　　　　　制品翘曲与变形产生原因及防治方法

产生原因	防治方法
1. 聚酯树脂固化收缩率大，加入苯乙烯过量	1. 加入适量 $CaCO_3$ 粉料，控制苯乙烯加入量
2. 固化剂和促进剂用量过大	2. 加入适量
3. 制品壁厚太薄（特别是箱形制品）	3. 在易变形部位增大惯性矩
4. 制品壁厚不均匀或不对称	4. 制品设计应避免壁厚悬殊，力求对称

续表

产生原因	防治方法
5. 树脂集聚	5. 树脂黏度小时，注意低凹处或沟槽处胶液积存
6. 加热后处理时机不适宜	6. 对厚壁制品成型后，放置一段时间后再加热后处理
7. 加热后处理温度不均	7. 应使模具均匀受热，避免放在热风口附近
8. 脱模时机不适宜(脱模过早，制品未充分固化)	8. 制品须固化到一定程度方可脱模

（二）喷射成型

喷射成型一般是将分别混有不同成分（比如固化剂）的树脂从喷枪两侧（或在喷枪内混合）喷出，同时将增强纤维无捻粗纱用切割机切断并由喷枪中心喷出，与树脂一起均匀沉积到模具上。待沉积到一定厚度，用手辊滚压，使纤维浸透树脂、压实并除去气泡，最后固化成制品。喷射成型工艺流程如图 5-20 所示。

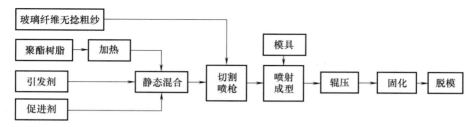

图 5-20　喷射成型工艺流程示意图

喷射成型是为改进手糊成型而创造的一种半机械化成型工艺，主要制造复合材料汽车车身、船身、浴缸、异形板、机罩、容器、管道与储罐的过渡层等。喷射成型的优点：生产效率比手糊提高 2~4 倍；可用较少设备投资实现中批量生产。采用增强纤维无捻粗纱代替织物，材料成本低；产品整体性好，无接缝；可自由调整产品壁厚、纤维与树脂比例。主要缺点是现场污染较大；树脂含量高，制品强度较低。

喷射成型的设备为喷射成型系统，如图 5-21 所示。喷射成型系统通常由树脂胶液储罐（包含树脂储罐、固化剂储罐）、高压气体储罐（或液压装置）、树脂喷枪、纤维切割喷射器、控制阀及各种管道组成。为了防止树脂胶液堵塞管道，每次喷射成型结束后，要及时用溶剂清洗管道。

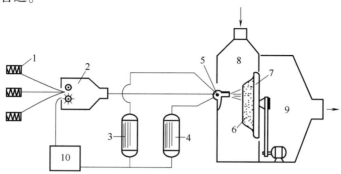

1—无捻粗纱；2—玻璃纤维切断器；3—甲组分树脂储罐；4—乙组分树脂储罐；5—喷枪；6—喷射的产品；
7—回转模台；8—隔离室；9—抽风罩；10—压缩空气。

图 5-21　喷射成型系统示意图

喷射成型中树脂喷射动力分为气动型动力和液压型动力，树脂喷射如图5-22所示。气动型动力是利用高压气体将树脂喷射到模具上制备复合材料产品。气动型喷射会使部分树脂和引发剂容易扩散到周围空气中，污染较大且浪费部分树脂，但生产效率较高。液压型动力是液压柱塞动力将树脂喷射到模具上制备复合材料产品。液压型动力喷射树脂污染小并且节省树脂，但生产效率较低。

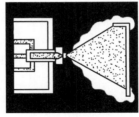 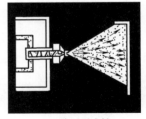

(a) 气动型喷射　　　　　　　(b) 液压型喷射

图5-22　喷射动力示意图

喷射成型的主要工艺参数为：

① 纤维　选用前处理的专用无捻粗纱。制品纤维质量含量控制在25%～45%。低于25%时，滚压容易，但强度太低。大于45%时，滚压困难，气泡较多。纤维长度一般为25～50mm。小于25mm，制品强度降低；大于50mm时，不易分散。

② 树脂含量　喷射制品通常采用不饱和聚酯树脂，含胶量一般大于55%。含胶量过低，纤维浸渍不均，黏结不牢。当然，含胶量太大的话，制品强度不高。

③ 胶液黏度　胶液黏度应控制在易于喷射雾化、易于浸渍玻璃纤维、易于排除气泡而又不易流失的黏度。黏度应在0.3～0.8Pa·s。

④ 喷射量　在喷射成型过程中，应始终保持胶液喷射量与纤维切割量的比例适宜且稳定。在满足这一条件的前提下，喷射量太小，生产效率低；喷射量过大，影响制品质量。喷射量与喷射压力和喷嘴直径有关，喷嘴直径在1.2～3.5mm，可使喷胶量为8～60g/s。气动型喷射的胶液喷射量是通过压缩气体的压力来调控的。液压型喷射的胶液喷射量是通过柱塞的行程和速度来调控的。

⑤ 喷雾压力　喷雾压力要能保证两组分树脂均匀混合。压力太小，混合不均匀；压力太大，树脂流失过多。适宜的压力同胶液黏度有关，若黏度在0.2Pa·s时，雾化压力为0.3～0.35MPa。

在喷射成型制备复合材料产品过程中，应注意：

① 成型环境温度以（25±5）℃为宜。温度过高，固化快，系统易堵塞；温度过低，胶液黏度大，浸渍不均，固化慢。

② 树脂胶液罐内温度应根据需要进行加温或保温，以维持胶液黏度适宜。

③ 喷射开始，应注意纤维和树脂的喷出量，调整一次气压，以达到规定的纤维含量或树脂含量。

④ 喷射成型时，在模具上先喷上一层树脂，再开动纤维切割器喷射纤维。喷射最初和最后层时，应尽量薄些，以获得光滑表面。

⑤ 喷枪移动速度均匀，相邻两个行程间重叠宽度应为前一行程宽度的1/3，以得到均匀连续的涂层。前后相邻涂层喷射走向应交叉或垂直，以便均匀覆盖。

⑥ 每个喷射面喷完后，立即用压辊滚压，要特别注意凹凸表面。压平表面，整修毛刺，排出气泡。然后喷第2层。

（三）模压成型

模压成型是将复合材料片材或模塑料放入金属对模中，在温度和压力作用下，材料充满模腔，固化成型，脱模制得产品的方法。模压成型的主要设备是压机和模具，如图 5-23 所示。

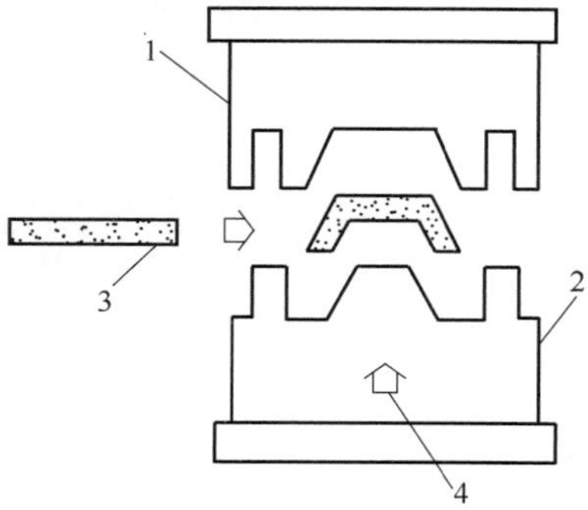

在模压成型过程中需加热和加压，使复合材料片材或模压料塑化、流动充满模腔，并使树脂发生固化反应。在模压料充满模腔的流动过程中，不仅树脂流动，增强材料也要随之流动，所以模压成型工艺的成型压力较其他工艺方法高，属于高压成型。因此，它既需要能对压力进行控制的液压机，又需要高强度、高精度、耐高温的金属模具。

模压成型工艺有较高的生产效率，制品尺寸准确，表面光洁，多数结构复杂的制品可一次成型，无需有损制品性能的二次加工，制品外观及尺寸的重复性好，容易实现机械化和自动化等优点。模压工艺的主要缺点是模具设计制造复杂，压机及模具投资高，制品尺寸受设备限制，一般只适合制造批量大的中、小型制品。模压制品主要用作结构件、连接件、防护件和电器绝缘件，广泛应用于工业、农业、交通运输、电气、化工、建筑、机械、航空航天及国防军工等领域。

1—阴模；2—阳模；3—片材或
模压料；4—测温点。

图 5-23　模压成型示意图

模压工艺流程图如图 5-24 所示。

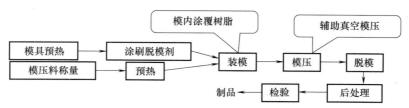

图 5-24　模压工艺流程示意图

为提高生产效率及确保制品尺寸，需准确称量模压料。在模压过程中通常模压料含有的溶剂等物质会挥发出来，因此要准确称量模压料往往很困难，一般是预先进行粗略的估算，然后经几次试压找出准确的装料量。装料量等于模压料制品的密度乘以制品的体积，再加上 3%~5% 的挥发物、毛刺等损耗。

压制前对模压料预先加热处理称为预热。其目的是改善料的工艺性能，如增加流动性，便于装模和降低制品收缩率；同时提高模压料温度，可缩短固化时间，降低成型压力。模压料预热方法有：加热板预热、红外线预热、电烘箱预热、远红外预热及高频预热等。电烘箱预热温度易于控制、恒定，使用方便，但物料内外受热不均，最好应具有热鼓风系统。红外灯预热，热效率高，物料受热均匀，但温度范围受一定的限制。电烘箱预热温度一般在 80~100℃。红外线预热温度一般不超过 60~80℃。预热时间可按实际需要控制，一般不超过 30min。

在模压整个过程的各阶段所需要的温度是不相同的，它包括装模温度、升温速度、最高模压温度和恒温、降温及后固化温度等。另外，模压过程的压力作用主要有克服模压料之间、模压料与模腔间的摩擦，使物料充满模腔；压实模压料，保证制品形状和尺寸。模压压力包括成型压力、加压时机、放气等。模压过程的温度、压力要根据模压料性能及产品质量要求来确定。

为了提高模压产品的质量，可采用模内涂覆树脂、真空辅助模压等方法。模内涂覆树脂的作用是覆盖模压件的表面缺陷，例如表面波纹、孔隙、表面挂痕等，具体操作为在模压过程内，将模具打开一道缝（0.2~0.5mm），注入一些树脂覆盖整个制件表面，再闭模、固化；当模压料最大固化收缩时，高压补注一些树脂。真空辅助模压是在模具闭模后，利用真空系统排除模压料中的空气及固化生成的小分子物质，能够减少产品表面孔隙，提高产品强度。

模压制品常见缺陷及产生原因见表5-8。

表 5-8　　　　　　　　　　　　模压制品常见缺陷及产生原因

常见缺陷	原 因 分 析
翘曲变形	a. 模压料挥发物含量过多；b. 制品结构设计不合理，厚薄变化悬殊；c. 脱模温度过高；d. 升温过快；e. 脱模不当
裂纹	a. 制品厚度不均，过渡曲率半径过小；b. 脱模不当；c. 模具设计不合理；d. 新老料混用或配比不当
表面或内部起泡	a. 模压料挥发物含量过大；b. 模具温度过高、过低；c. 成型压力小；d. 放气不足
树脂集聚	a. 模压料挥发分过大；b. 加压过早；c. 模压料"结团"或互溶性差；d. 树脂含量过大
局部缺料	a. 模压料流动性差；b. 加压过迟；c. 加料不足
局部纤维裸露	a. 模压料流动性差；b. 加压过早，树脂大量流失；c. 装料不均，局部压力过大；d. 纤维"结团"
表面凹凸不平、光洁度差	a. 模压料挥发物含量过大；b. 脱模剂过多；c. 模压料互溶性差；d. 装料量不足
脱模困难	a. 模具设计不合理：配合过紧，无斜度等；b. 顶出杆配置不好，受力不均；c. 加料过多，压力过大；d. 粘模
粘模	a. 脱模剂处理不当；b. 局部无脱模剂；c. 压制温度低，固化不完全；d. 模具型腔表面粗糙；e. 模压料挥发物含量过高

（四）树脂传递模塑成型

树脂传递模塑为 Resin Transfer Molding，简称 RTM。RTM 是一种闭模成型工艺方法，其基本工艺过程为：将液态热固性树脂（通常为不饱和聚酯）及固化剂混合均匀后注入事先铺有纤维增强材料预成型体（与产品形状相同，但比产品略小的增强材料，也叫毛坯）的密封模内，经固化、脱模、后加工而成制品。RTM 成型工艺如图 5-25 所示。RTM成型工艺流程如图 5-26 所示。

RTM 成型工艺主要特点：

① 主要设备（如模具和模压设备等）投资少，即用低吨位压机能生产较大的制品。

② 生产的制品两面光滑、尺寸稳定、容易组合。制品可带有加强筋、镶嵌件和附着物等，设计灵活，从而适应更多种类产品的生产。

③ 对树脂和填料的适用性广泛。

④ 成型周期短，劳动强度低，原材料损耗少。

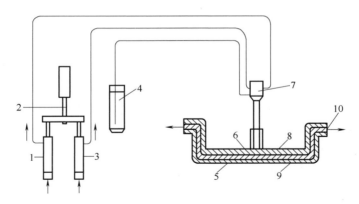

1—比例泵；2—树脂泵；3—催化剂泵；4—冲洗剂；5—增强材料毛坯；
6—树脂基体；7—混合器；8—阳模；9—阴模；10—排气孔。

图 5-25　RTM 成型工艺示意图

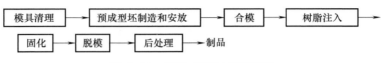

图 5-26　RTM 成型工艺流程图

⑤ 产品后加工量少。

⑥ RTM 是闭模成型工艺，因而单体（苯乙烯）挥发少、环境污染小。

RTM 成型用设备通常可分为三大部分：RTM 成型机、压机和模具。RTM 成型机主要用来混合并注射树脂基体，包括树脂泵和引发剂泵、注入枪和静态混合器、清洗装置等。

用于 RTM 工艺的树脂系统应满足如下要求：

① 黏度低，一般在 250~300Pa·s 为最佳。超过 500Pa·s，则需较大的泵压力，一方面增加了模具厚度，另一方面模内玻璃纤维有被冲走或移位的可能；低至 100Pa·s，则易夹带空气，使制品出现针孔。

② 固化放热峰低，一般为 80~140℃。可采用复合型引发剂以降低树脂的固化放热峰。

③ 固化时间短，一般凝胶时间控制在 5~30min。固化时间为凝胶时间的 2 倍。

常用树脂主要有不饱和聚酯树脂、环氧树脂、乙烯基树脂、双马来酰亚胺树脂。

用于 RTM 工艺的增强材料一般以玻璃纤维、碳纤维为主，含量为 25%~40%（质量比）。常用的有纤维毡、短切纤维毡、无捻粗纱布、预成型坯和表面毡等，选择原则如下：

① 铺覆性好，即增强材料在无皱褶、不断裂和不撕裂的情况下，能够容易地制成与工件相同的形状。

② 质量均匀性好。

③ 耐冲刷性好，即增强材料在树脂注入时，能够较好地保持其原有的位置，它主要与增强材料的结构和所用黏结剂有关。

④ 对树脂流动阻力小，机械强度高等。

增强材料预成型体制作方法主要有：连续纤维三维或多维编织、纤维布铺层缝合、短切纤维喷射成型。

RTM 成型工艺的主要工艺参数有注胶压力（由模具材料、产品形状、树脂黏度决定）、注胶速率（由树脂对纤维润湿性、树脂表面张力及黏度决定）、注胶温度（由树脂活性期和最小黏度温度决定）。

与铺层成型的产品相比，采用连续纤维及纤维布制作预成型体的 RTM 产品由于厚度方向上有增强材料，其层间剪切强度、耐冲击强度都更高。

RTM 制备的复合材料常见缺陷主要有气泡/孔隙、干斑、纤维偏移。

（五）缠绕成型

缠绕成型是将浸渍树脂的纤维丝束或带，在一定张力下，按照一定规律缠绕到芯模上，然后加热或常温下固化成制品的方法。缠绕成型工艺如图 5-27 所示。缠绕成型主要制备回转体的复合材料产品，比如，圆筒形或管道、罐形、球形产品。

缠绕成型工艺的特点主要有：①纤维能保持连续完整，制品强度高。②可连续化、机械化生产，生产周期短，劳动强度小。③产品尺寸、外形准确，不需机械加工。④设备复杂，技术难度大，工艺质量不易控制。

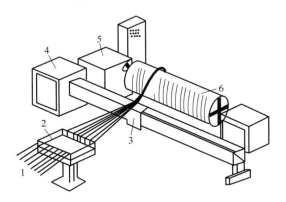

1—连续纤维；2—树脂槽；3—纤维输送架；
4—输送架驱动器；5—芯模驱动器；6—芯模。

图 5-27　缠绕成型工艺示意图

根据原材料的状态，缠绕成型分为干法缠绕（将预浸纱加热软化之后，缠绕到模具上成型产品）、湿法缠绕（将纤维浸渍树脂后，缠绕到模具上成型产品）、半干法缠绕（将纤维浸渍树脂烘干后，缠绕到模具上成型产品）。

缠绕成型工艺流程如图 5-28 所示。

缠绕规律是指纤维与芯模之间相对运动的规律。纤维缠绕在模具上时，应符合的要求有：①纤维既不重合又不离缝，均匀连续布满芯模表面。②纤维在芯模表面位置稳定，不打滑。

按照缠绕规律来分，缠绕成型可分为环向缠绕［芯模每转一周，纤维丝束沿芯模轴向移动一个纱片螺距。只能缠绕成型罐形产品的筒身，承受

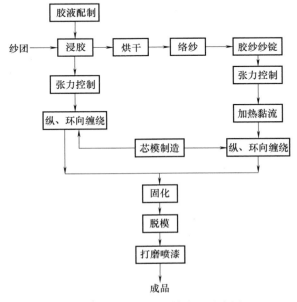

图 5-28　缠绕成型工艺流程示意图

径向载荷缠绕角（纤维丝束与芯模轴向之间夹角）为 85°~90°]、纵向缠绕（也称平面缠绕，纤维丝束绕轴转一周，芯模转动一个角度，芯模表面转动一个纱片宽度。缠绕角为 5°~15°，承受纵向载荷）、螺旋缠绕（也称测地线缠绕，芯模绕轴匀速转动，纤维丝束沿芯模轴向往返运动。缠绕角为 20°~90°，可以缠绕成型罐形产品的筒身和封头）。

用于湿法缠绕的液体树脂（黏度为 1~3Pa·s）主要有不饱和聚酯树脂、环氧树脂、酚醛树脂、乙烯基树脂、双马树脂、聚酰亚胺树脂等；用于干法缠绕的树脂，也是制备预浸纱的树脂，主要有环氧树脂。纤维增强材料主要有玻璃纤维、碳纤维、芳纶纤维等。

缠绕成型机的种类主要有小车环链式缠绕机、绕臂式（立式）缠绕机、滚转式缠绕机、电缆机式纵环向缠绕机、球形容器缠绕机、管道连续缠绕机等。

（六）拉挤成型

拉挤成型工艺是将增强材料（如纤维纱线、纤维毡和编织物等）浸渍树脂，经过具有一定截面形状的成型模具并使之在模具内固化成型，生产复合材料型材（圆形、圆环形、工字形、角形、槽形、异型截面等型材）的成型工艺。拉挤成型工艺如图 5-29 所示。拉挤成型工艺流程如图 5-30 所示。拉挤成型工艺主要制备门、窗型材以及栏杆、楼梯、平台扶手等。

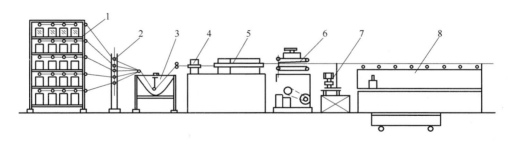

1—纱架；2—排纱器；3—胶槽；4—预成型模；5—成型固化模；6—牵引装置；7—切割装置；8—制品托架。

图 5-29　拉挤成型工艺示意图

图 5-30　拉挤成型工艺流程

拉挤成型工艺特点主要有：①连续成型，制品长度不受限制；②产品纵向力学性能突出，产品性能稳定；③材料成本低，自动化程度高，生产效率高。

拉挤成型树脂主要有不饱和聚酯树脂、环氧树脂和乙烯基酯树脂等，增强纤维主要是玻璃纤维、碳纤维和聚酯纤维。

拉挤成型工艺分为：连续式拉挤成型工艺、间歇式拉挤成型工艺、立式拉挤成型工艺。拉挤成型工艺主要包括固化温度、固化时间、牵引张力及速度、纱团数量等。

拉挤成型设备主要包括送纱架、胶槽、模具、固化炉、牵引设备和切割装置等部分。

（七）注射成型

注射成型是将粒状或粉状的纤维-树脂混合料从注射机的料斗送入机筒内，加热熔融后由柱塞或螺杆加压，通过喷嘴注入温度降低的闭合模内，经过冷却定型后，脱模得制品。注射成型工艺如图5-31所示。

注射成型的优点：①成型周期短，生产效率高；②热耗量少；③闭模成型，产品尺寸准确，可成型形状复杂的产品。注射成型的缺点：①不适用于制备长纤维增强的产品，一般纤维小于7mm；②模具质量要求高。

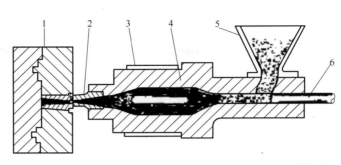

1—模具；2—喷嘴；3—料筒；4—分流梭；5—料斗；6—注射柱塞。

图5-31　注射成型工艺示意图

注射成型工艺过程主要包括：①注射料选择及预处理；②料筒清洗；③注射成型（设定成型温度、螺杆转速、注射速度及注射压力等工艺参数）；④制品后处理（加热处理、调湿处理）。

注射成型过程中易出现的缺陷、产生原因及预防措施见表5-9。

表5-9　　　　　注射成型过程中易出现的缺陷、产生原因及预防措施

缺陷	产生原因	预防措施
缺料塌坑	1. 料筒、喷嘴温度偏低或过高 2. 模具温度过低或过高 3. 产品体积超过注射成型机最大注射量 4. 注射压力不足或速度太慢 5. 流道浇口太小 6. 注射时间太短 7. 排气不畅，阻止物料充模	1. 调整料筒喷嘴温度（对热塑性塑料要提高温度，对热固性塑料则应降低温度） 2. 调整模具温度 3. 检查注射量和产品体积关系，或调换机器 4. 提高注射压力 5. 扩大浇口 6. 延长成型周期 7. 清除堵塞废物或修改模具
气泡	1. 原料中水分或挥发物含量过大 2. 模具温度过高或过低（过高引起分解，过低带进气体） 3. 注射压力太小或速度太快，物料混进气体 4. 卸压太早	1. 原料经过干燥处理 2. 调整模具温度 3. 提高注射压力，调整注射速度 4. 增加保压时间
表面流痕（接痕、波纹等）	1. 物料温度太低 2. 模具温度太低 3. 注射压力小，速度慢 4. 模具排气不良 5. 浇口太多或太小	1. 提高料筒温度 2. 提高模具温度 3. 提高压力，加大速度 4. 修改模具排气槽 5. 减少或加大浇口
变形	1. 固化时间不够，出模过早 2. 制品厚薄悬殊太大 3. 脱模推杆位置不当 4. 模具前后温度不均 5. 浇口部分过分充填	1. 延长固化时间 2. 严格控制模内冷却均匀 3. 调整推杆使均匀受力 4. 检查温度并进行调整 5. 降低或缩短二次注射时间

（八）热压罐成型

热压罐成型包括成型与固化两个过程。其中，成型主要是指采用手工或机械的方式将

预浸料铺贴在模具上制备复合材料产品坯体的过程。固化是指将复合材料零部件坯体放入热压罐中加热、加压固化成复合材料零部件的过程。

热压罐成型工艺的特点见表5-10。

表5-10 热压罐成型工艺特点

优点	罐内压力均匀	因为用压缩空气或惰性气体（N_2、CO_2）或混合气体向热压罐内充气加压，作用在真空袋表面各点法线上的压力相同，使构件在均匀压力下成型、固化
	罐内空气温度均匀	加热（或冷却）气体在罐内高速循环，罐内各点气体温度基本一样，在模具结构合理的前提下，可以保证密封在模具上的构件升降温过程中各点温差不大。一般迎风面及罐头升降温较快，背风面及罐尾升降温较慢
	适用范围较广	模具相对比较简单，效率高，适合大面积复杂型面的蒙皮、壁板和壳体的成型，可成型各种飞机构件。若热压罐尺寸大，一次可放置多层模具，同时成型各种较复杂的结构及不同尺寸的构件。热压罐的温度和压力条件几乎能满足所有聚合物基复合材料的成型工艺要求，如低温成型聚酯基复合材料，高温和高压成型PI和PEEK复合材料，还可以完成缝纫/RFI等工艺的成型
	成型工艺稳定可靠	热压罐内的压力和温度均匀，可以保证成型构件的质量稳定。一般热压罐成型工艺制造的构件孔隙率较低、树脂含量均匀，相对其他成型工艺热压罐制备构件的力学性能稳定可靠，迄今为止，航空航天领域要求高承载的绝大多数复合材料构件都采用热压罐成型工艺
缺点	投资大，成本高	与其他工艺相比，热压罐系统庞大，结构复杂，属于压力容器，投资建造一套大型的热压罐费用很高；由于每次固化都需要制备真空密封系统，将耗费大量价格昂贵的辅助材料，同时成型中要耗费大量能源

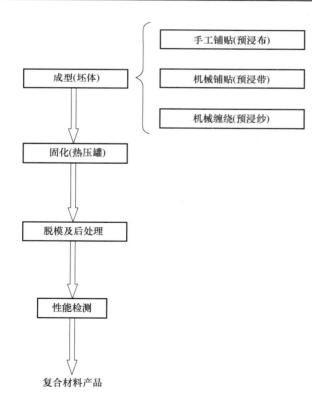

图5-32 热压罐成型工艺流程

热压罐成型技术可生产形状复杂、尺寸较大、质量较好的制品，是生产航空航天复合材料的主要成型方法。

热压罐成型工艺流程如图5-32所示。

（1）手工铺贴 手工铺贴是指用手工的方法将根据复合材料零部件外形、尺寸裁剪好的预浸料铺贴在模具上的过程。预浸料裁剪方法有手工剪刀裁剪和预浸料切割机（图5-33）裁剪。预浸料要一层一层地铺贴在模具上，直到达到复合材料零部件所需要的层数（图5-34）。每铺一层要用专用压辊（图5-35）压实，排除层与层之间的空气。

不同零件或同一零件不同部位的预浸料形状是不同的。对于一些形状比较复杂的零件，每一层的预浸料形状也是有差别的。因此，每铺一层预

图 5-33 预浸料切割机

图 5-34 预浸料手工铺贴

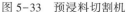

图 5-35 压辊

浸料都要严格选用该层形状的预浸料。如果选错预浸料，则所铺贴的零件不合要求，成为废品。为了避免铺层出错，一种方法是对每一块预浸料都进行编号，按照铺层顺序，选用相应编号的预浸料。另一种方法是采用激光投影仪进行定位，激光投影仪将每一层预浸料的形状投影到模具上，根据投影选择相应形状的预浸料铺层。预浸料铺贴激光定位如图 5-36 所示。

手工铺贴具有设备投资少、操作简便、灵活的优点，铺层质量不稳定、生产效率低、劳动强度大的缺点，主要适用于成型形状复杂或小型复合材料零部件坯体，比如直升机机身。

（2）机械铺贴 机械铺

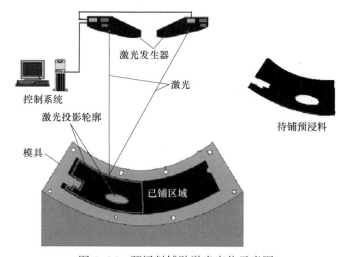

图 5-36 预浸料铺贴激光定位示意图

贴，又叫自动铺带，是自动铺带机按照控制程序将预浸带铺贴在模具上成型复合材料零部件的方法。自动铺带机具有加热功能，可将预浸带中树脂软化，提高预浸带之间的黏接性。自动铺带机还具有压实功能，在铺层的同时，机头在铺层上辊压，排除不同层预浸带之间的空气，提高复合材料零部件的质量。机械铺贴如图 5-37 所示。

图 5-37　机械铺贴

（3）机械缠绕　机械缠绕，又叫自动铺丝，是纤维缠绕机按照控制程序（缠绕规律）将预浸纱铺贴在模具上成型复合材料零部件的方法。纤维缠绕机具有加热功能，可将预浸纱中的树脂软化，提高预浸纱之间的黏接性。纤维缠绕机在缠绕的过程中预浸纱具有一定的张力，能够排除不同层预浸纱之间的空气，提高复合材料零部件的质量。机械缠绕如图 5-38 所示。

图 5-38　机械缠绕成型复合材料机身

缠绕规律是保证纱片均匀、稳定、连续、排布在芯模表面的芯模与导丝头间运动关系的规律。可通过调整芯模或导丝头的速度调整缠绕规律。机械缠绕根据缠绕规律可分为环向缠绕、纵向缠绕（平面缠绕）、螺旋缠绕（测地线缠绕）。

机械缠绕的芯模一般是可拆装的组合式模具，复合材料零部件固化后，可将芯模拆除使得产品脱模。要制备下一个复合材料零部件时，又可将芯模组装起来使用。机械缠绕主要适用于成型形状简单的大型筒体或罐体复合材料零部件坯体，比如大型客机机身，一般采用环向缠绕的方式。

机械铺贴、机械缠绕都具有自动化程度高、劳动强度小、铺层质量稳定的特点，但设备投资较大，对操作人员要求较高。

为了保证预浸料的良好工艺性，并且避免灰尘混入预浸料中，确保成型坯体的质量，复合材料零部件要在超净工作间进行。超净工作间具体要求如表5-11所示。

表5-11　　　　　　　　　　　　　　工作间的具体要求

类别	技术要求	指标
一般工作间	温度 相对湿度 换风	15~32℃ 不大于75% 有进、排风装置及时换风
超净工作间	温度 相对湿度 尘埃 气压 风量	18~26℃ 30%~65% 等于或大于10μm尘埃不多于10个/L 正增压(10~40Pa) 有进、排风装置及时换风

复合材料零部件坯体成型之后要进行封装，构成一个真空封装系统，具有隔离、透胶、吸胶、透气功能（图5-39）。

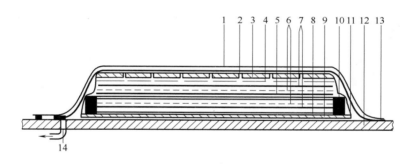

1—真空袋；2—透气材料；3—上压板；4—有孔隔离层；5—预浸料叠层；6—有孔脱模布；
7—吸胶材料；8—隔离薄膜；9—底模板；10—周边挡条；11—周边密封带；12—热压
罐金属基板；13—密封胶条；14—真空管路。

图5-39　复合材料预浸料真空封装系统示意图

真空封装系统中除了复合材料零部件坯体之外，就是真空封装材料。具体有：真空袋材料［塑料薄膜（100℃以下，聚乙烯；200℃以下，尼龙；200℃以上，聚酰亚胺）或1~2mm橡胶］、密封胶条（橡胶腻子条）、有孔或无孔隔离薄膜（聚四氟乙烯薄膜）、吸胶材料（玻璃布、滤纸或涤纶、丙纶无纺布）、透气材料［玻璃布、涤纶无纺布（200℃以下）］、脱模布（聚四氟乙烯薄膜）、周边挡条（橡胶条）。真空封装材料只能一次性使用，不能重复使用。

热压罐（图5-40）一般由罐体、加热与气体循环系统、冷却系统、气体加压系统、真空系统和控制系统组成，具备加热、加压及抽真空的功能，确保复合材料预浸料能够固化成型。

热压罐罐体材料为碳钢材料，还包含陶瓷纤维的隔热层，使罐体外表面温度低于60℃，一方面节约热能，另一方面也保证操作人员安全。对于大型热压罐（罐内操作直

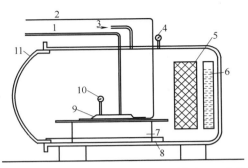

1—真空管；2—热电偶；3—加压气体；4—压力表；5—加热/冷却器；
6—鼓风机；7—小车；8—轨道；9—装袋制件；10—真空表；11—门。

(a) 典型热压罐系统的基本结构

(b) 热压罐外观　　　　　　　　　(c) 热压罐内部图

图 5-40　热压罐示意图

径大于 2m），采用热交换管路进行加热，主要有燃烧气体加热（450~540℃）、传热油加热（硅油 425℃/联苯 400℃）、水蒸气加热（150~180℃）；对于小型热压罐（罐内操作直径小于 2m），直接采用电加热。采用鼓风机或风扇使气体循环流动，风速 1~3m/s，保证罐内温度均匀。采用循环水或风冷却系统，复合材料固化后，使罐内温度快速下降。采用空气压缩机制备高压气体储入储气罐中，复合材料固化成型需要加压时，则将储气罐中的高压气体通入热压罐中。加压气体主要有空气（气压为 0.7~1.0MPa，最高使用温度为 120℃，150℃以上时会助燃）、氮气（气压为 1.4~1.55MPa，最常用气体）、二氧化碳（最高气压为 2.05MPa）。采用真空泵对真空封装系统抽真空。真空系统使产品在真空条件下固化成型，并且能及时排除预浸料中的挥发分和固化反应中生成的小分子物质。控制系统能够实现计算机自动控制温度、压力和固化时间等工艺参数。

　　热压罐因需要使用高压气体，属于特种设备。操作、使用热压罐的人员须取得特种设备操作上岗证。无上岗证的人员不能操作、使用热压罐。

　　目前，世界上最大的热压罐罐内大小为直径为 9m，长度为 23m，容积约为 2200m³，最大压力及最高温度分别为 1.02 MPa、232℃，由英国 ASC 工艺系统公司制造，用于生产波音 787 飞机复合材料部件。

　　通过热压罐的加热、加压、抽真空，复合材料零部件坯体固化成为复合材料零部件。5228 环氧树脂碳纤维复合材料固化工艺曲线如图 5-41 所示。

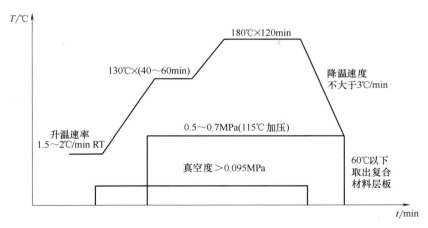

图 5-41　5228 环氧树脂碳纤维复合材料固化工艺曲线示意图

第四节　聚合物基复合材料的基本性能及应用

聚合物基复合材料是由物化性质截然不同的纤维增强材料和聚合物，通过一定工艺方法复合而成的多相固体材料。与传统的均质材料相比，聚合物基复合材料具有许多优异的性能。比如，最常见的玻璃纤维增强不饱和聚酯复合材料（俗称玻璃钢），不仅在设计制造方法有许多优点，如投资少、设计自由度大、成型工艺简单、制品尺寸不受限制等，还具有优异的基本性能，如热固性、比强度和比刚度高、电绝缘性和耐热性能良好、耐化学腐蚀性良好、耐水性优异、耐候性和耐紫外线性良好、半透明/透明等。常见纤维增强聚合物基复合材料与金属性能见表 5-12。

表 5-12　　　　　　　　　**常见纤维增强聚合物基复合材料与金属性能**

性能	GFRP	CFRP	KFRP	钢	铝	钛
密度/（g/cm³）	2.0	1.6	1.4	7.8	2.8	4.5
拉伸强度/GPa	1.20	1.80	1.50	1.40	0.48	1.00
比强度/m	600	1120	1150	180	170	210
弹性模量/GPa	42	130	80	210	77	110
热导率/[kJ/（m·h·K）]	20.90	179.70	10.00	271.70	688.80	221.54
线膨胀系数/K⁻¹	8.0	0.2	1.8	12.0	23.0	9.0
比模量/m	21	81	57	27	27	25

由表 5-12 可见，聚合物基复合材料的比强度和比模量是金属材料所无法比拟的，如碳纤维增强聚合物基复合材料（CFRP）的比强度是钢、铝合金、钛合金的 5 倍多，比模量也是它们的 3 倍。比强度和比模量对于飞行器、空间技术、新能源汽车是极为重要的制造和设计参数，因而在这些领域用聚合物基复合材料取代大部分金属构料可以达到明显的减重、增效作用。

影响聚合物基复合材料性能的因素有很多，比如，原材料、结构设计、成型工艺等。增强材料、基体材料的性能是决定复合材料性能的最主要因素，而且增强材料的含量及排布方式与方向对复合材料性能也有极大影响。并且，采用不同成型工艺制备的复合材料性能差异也很大。最后，增强材料与基体树脂的界面黏接状况在一定条件下也会影响复合材料的性能。由此可见，聚合物基复合材料的基本性能是一个多变量函数，要制备性能良好的复合材料，需要从多方面进行调整或改善。表5-13、表5-14、表5-15列出了不同原材料、不同成型工艺制备的常见聚合物基复合材料的基本性能。

表5-13   常见聚合物基复合材料的基本性能（1）

性能数据	成型工艺		
	手糊	手糊	喷射
增强材料	短切纤维毡	玻璃布	无捻粗纱
树脂	聚酯	聚酯	聚酯
纤维含量/%	30~40	45~55	30~40
密度/（g/cm³）	1.4~1.8	1.6~1.8	1.4~1.6
拉伸强度/MPa	70~140	210~350	60~130
拉伸模量/GPa	5.6~17.2	10.5~31.6	5.6~12.7
延伸率/%	1.0~1.5	1.6~2.0	1.0~1.2
压缩强度/MPa	110~180	210~390	110~180
弯曲强度/MPa	140~180	310~530	110~200
弯曲模量/GPa	8.0~13.0	14.0~28.0	7.0~8.4
冲击强度/（kJ/m²）	0.9~4.6	3.7~3.5	0.9~2.8
洛氏硬度	H40~105	—	H40~105
热导率/[W/（m·K）]	0.18~0.26	0.26~0.32	0.17~0.21
比热容/[J/（g·K）]	1.25~1.38	1.08~1.17	1.29~1.42
线胀系数/（10⁻⁶K⁻¹）	18~32	7~11	22~36
热变形温度/℃	180~200	180~200	180~200
常用温度极限/℃	65~150	65~150	65~150
绝缘强度/（10³V/cm）	79~160	79~160	79~160

表5-14   常见聚合物基复合材料的基本性能（2）

性能数据	成型工艺：模压		
增强材料	毡或预成型坯	预混料	预浸布
树脂	聚酯	聚酯、环氧、酚醛	聚酯、环氧、酚醛
纤维含量/%	30~50	10~45	50~65
密度/（g/cm³）	1.5~1.7	1.8~2.2	1.5~1.9
拉伸强度/MPa	70~170	35~70	280~390
拉伸模量/GPa	10.5~31.6	10.5~14.1	10.5~31.0
延伸率/%	1.0~1.5	0.3~0.5	1.6~2.0
压缩强度/MPa	130~210	90~190	250~420
弯曲强度/MPa	180~320	40~180	350~560
弯曲模量/GPa	8.8~13.0	11.0~18.0	18.0~28.0
冲击强度/（kJ/m²）	1.8~3.7	0.2~4.6	3.7~3.5
洛氏硬度	H40~105	H80~112	H80~112

续表

性能数据	成型工艺:模压		
热导率/[W/(m·K)]	0.18~0.25	0.18~0.24	0.28~0.32
比热容/[J/(g·K)]	1.25~1.38	1.04~1.46	1.08~1.17
线膨胀系数/($10^{-6}K^{-1}$)	18~32	23~34	7~11
热变形温度/℃	180~200	200~260	180~200
常用温度极限/℃	65~180	100~200	65~220
绝缘强度/(10^3V/cm)	79~160	59~236	59~275

表 5-15　　　　　　　常见聚合物基复合材料的基本性能 (3)

性能数据	成型工艺:模压		
增强材料	无捻粗纱	无捻粗纱	无捻粗纱
树脂	聚酯	聚酯	聚酯、环氧
纤维含量/%	29~36	50~80	60~90
密度/(g/cm³)	1.5~1.9	1.6~2.2	1.7~2.3
拉伸强度/MPa	90~140	560~1300	560~1800
拉伸模量/GPa	10.5~11.6	28.0~42.0	28.0~63.0
延伸率/%	1.5~1.7	1.6~2.5	1.6~2.8
压缩强度/MPa	150~270	210~490	350~530
弯曲强度/MPa	190~300	700~1300	700~1900
弯曲模量/GPa	9.5~12.5	28.0~42.0	35.0~49.0
冲击强度/(kJ/m²)	—	8.3~11.0	7.4~11.0
洛氏硬度	—	H80~112	H98~120
热导率/[W/(m·K)]	—	0.28~0.32	0.28~0.32
比热容/[J/(g·K)]	—	0.96~1.04	0.96~1.04
线膨胀系数/($10^{-6}K^{-1}$)	—	5~14	4~11
热变形温度/℃	—	160~190	180~200
常用温度极限/℃	—	65~240	100~240
绝缘强度/(10^3V/cm)	—	79~160	79~160

（1）力学性能　聚合物基复合材料力学性能具有比强度高、比模量高、各向异性、层间剪切强度低、性能分散性大等特点。

① 拉伸性能　单向增强树脂基复合材料沿纤维方向的拉伸强度及拉伸模量均随纤维体积含量的增大而呈正比例增加。对于采用短切纤维毡和玻璃布增强的复合材料来讲，其拉伸强度及拉伸模量虽不与纤维体积含量成正比增加，但仍随纤维体积含量的增加而提高。一般来讲，等双向复合材料的纤维方向的主弹性模量大约是单向弹性模量的 0.50~0.55 倍；混杂纤维增强树脂基复合材料近似于各向同性，其弹性模量大约是拉伸模量的 0.35~0.40 倍。

② 压缩性能　树脂基复合材料的压缩破坏取决于基体材料的破坏，而拉伸破坏取决于纤维增强材料的破坏。因此，提高树脂基复合材料压缩性能应着眼于选用抗压强度较高的树脂基体。纤维增强树脂基复合材料的压缩特性类似于拉伸特性，在应力很小、纤维未

压弯时，压缩弹性模量与拉伸弹性模量接近。另外，增强材料的选择也会影响复合材料的压缩特性，玻璃布增强的复合材料的压缩弹性模量大体是单向玻璃纤维增强复合材料的0.50~0.55倍，纤维毡增强的复合材料的压缩弹性模量大体上是单向纤维增强复合材料的0.14倍。

③ 弯曲性能　复合材料的弯曲强度和弯曲弹性模量都随纤维体积含量的上升而提高，而且根据纤维增强材料的种类、铺层方式、织物种类的不同而不同。纤维增强树脂复合材料的弯曲破坏首先表现为增强纤维与基体材料界面的破坏，其次是基体材料的破坏，最后才是增强材料的破坏。

④ 剪切性能　由于纤维增强树脂复合材料的剪切强度与纤维的拉伸强度关系不大，而与纤维-树脂界面黏结强度和基体树脂强度有关。因此，复合材料的层间的切强度与纤维含量有关，常取值在100~130MPa。随纤维含量增大，复合材料的剪切弹性模量上升，剪切特性亦呈现方向性。

（2）疲劳性能　影响聚合物基复合材料疲劳特性的因素很多，其疲劳强度随静态强度的提高而增大，若以疲劳极限比（疲劳强度/静态强度）表示，则疲劳次数为 10^7 次时的比值大约在0.22~0.41。每种纤维增强复合材料都存在一个最佳纤维体积含量，如无捻粗纱玻璃布增强的复合材料的最佳纤维体积含量约为35%，斜纹玻璃布增强的复合材料的最佳纤维体积含量约为50%。当纤维体积含量低于或高于最佳值时，复合材料的疲劳强度都会下降。

（3）冲击性能　纤维增强树脂基复合材料的冲击特性主要决定于成型方法和增强材料的形态。不同成型工艺制备的复合材料的冲击强度不同，一般地说，纤维缠绕制品的冲击强度最佳，约为 $500kJ/m^2$；模压成型的制品次之，为 $50~100kJ/m^2$；手糊成型和注射成型的制品较低，在 $10~30kJ/m^2$。玻璃布增强树脂基复合材料的冲击强度为 $200~300kJ/m^2$，玻璃毡增强的复合材料则为 $100~200kJ/m^2$。

此外，纤维的体积含量、种类、基体材料及界面黏结状况等因素都会影响复合材料的抗冲击强度。纤维含量增加，复合材料的冲击强度增加；疲劳次数增加，复合材料的冲击强度则降低。

（4）蠕变性能　复合材料在恒定应力作用下，形变随时间的延长而不断增大，这种现象称为蠕变。这是基体材料的链段或整个分子链运动不能瞬间完成，而需要一定时间的结果。蠕变严重时将导致材料或制品尺寸不稳定。提高材料抗蠕变性能的途径主要有：提高基体材料的交联度、选用碳纤维等能增加制品刚性的增强材料。

（5）物理性能

① 电性能　聚合物基复合材料的电性能一般包括介电常数、介质损耗角正切值、体积和表面电阻系数、击穿强度等。复合材料的电性能随着树脂品种、纤维表面处理剂类型、环境温度和湿度的变化而不同。此外，复合材料的电性能还受频率的影响。

纤维增强聚合物基复合材料的电性能一般介于纤维和树脂的电性能之间。因此，改善纤维或树脂的电性能能够改善复合材料的电性能。复合材料的电性能对于纤维与树脂的界面黏结状态并不敏感，但杂质尤其是水分对其影响很大。无碱玻璃纤维的电绝缘性优良，其电阻为 $10^{11}~10^{13}\Omega$；石英玻璃纤维和高硅氧玻璃纤维的介电性最佳，其体积电阻率可达到 $10^{16}~10^{17}\Omega \cdot cm$；碳纤维属于半导体材料，其导电性能随热处理温度的升高而提高。

树脂的电性能与其分子结构密切相关。一般而言，分子极性越大，电绝缘性越差。分子中极性基团的存在以及分子结构的不对称性均影响树脂分子的极性，也就影响着树脂的电性能。常用的热固性树脂的介电性能见表5-16。

表5-16　　　　　　　　　　　　　常用的热固性树脂的介电性能

性能	酚醛树脂	不饱和聚酯树脂	环氧树脂
体积电阻率/($\Omega \cdot cm$)	$10^{12} \sim 10^{13}$	$10^{13} \sim 10^{14}$	$10^{16} \sim 10^{17}$
介电常数/60Hz	$6.5 \sim 7.5$	$3.0 \sim 4.4$	$3.6 \sim 4.0$
介电强度/(kV/mm)	$14 \sim 16$	$15 \sim 20$	$16 \sim 20$
耐电弧性/s	$100 \sim 125$	$120 \sim 130$	$150 \sim 180$

②　热性能　聚合物基复合材料的热性能包括热导率、比热容、线膨胀系数和热变形温度等。在室温下，聚合物基复合材料的热导率一般为$0.17 \sim 0.48 W/(m \cdot K)$，金属材料的热导率多大于$500 W/(m \cdot K)$。因此，聚合物基复合材料可视为热的不良导体，具有良好的隔热性能，可作隔热材料使用。部分材料的热导率见表5-17。

表5-17　　　　　　　　　　　　　　部分材料的热导率

材料	热导率/[$W/(m \cdot K)$]	材料	热导率/[$W/(m \cdot K)$]
酚醛泡沫塑料	0.033	木材	0.14
玻璃棉	0.036	玻璃钢	0.39
PVC泡沫塑料	0.041	多孔砖	0.66
聚苯乙烯泡沫塑料	0.043	玻璃纤维	0.034
空气	0.047	铁	583
矿渣棉	0.058	铝	2039

聚合物基复合材料的热膨胀系数一般为$(4 \sim 36) \times 10^{-6} ℃^{-1}$，金属材料的一般在$(11 \sim 29) \times 10^{-6} ℃^{-1}$。因此，在一定温度范围内，聚合物基复合材料具有较好的热稳定性和尺寸稳定性。复合材料的热膨胀系数取决于树脂基体的热膨胀系数，还与纤维含量有关。纤维含量越高，其热膨胀系数越小，而且沿纤维方向上的热膨胀最小。聚合物基复合材料的热变形温度和耐热温度很低，热变形温度在$100 \sim 200℃$，耐热温度极限大多不超过$250℃$。因此，聚合物基复合材料的耐热性并不好。提高复合材料耐热性能的关键在于基体材料的选择，如脂环族环氧树脂、聚酰亚胺树脂等，可使复合材料的使用温度提高到$250℃$以上。

③　光性能　影响树脂基复合材料透光性的主要因素有：增强材料和基体材料的透光性，增强材料和基体材料的折射率及其他因素（如复合材料厚度、表面形状和光滑程度、纤维形态、含量，固化剂的种类和用量、着色剂、填料的种类和用量等）。

在玻璃纤维增强不饱和聚酯复合材料中，采光用的波形瓦和平板的透光性最佳，其全光透过率为$85\% \sim 90\%$，接近于普通平板玻璃的透光率。但是，由于复合材料中散射光占全透过光的比例很大，不像普通玻璃那样透明。产生散射的原因是增强材料与基体材料的折射率不同。为使增强材料和基体材料的折射率相接近，一般选用无碱玻璃纤维布为增强材料，再用丙烯酸或甲基丙烯酸单体调整树脂的折射率。一些增强材料和树脂的光折射率见表5-18。

表 5-18　　　　　　　　　　　　一些增强材料和树脂的光折射率

原材料	品种	折射率
玻璃纤维	无碱	1.548
	耐酸	1.532
单体浇铸体	聚苯乙烯	1.592
	聚甲基丙烯酸甲醇	1.485~1.500
不饱和聚酯树脂浇铸体	顺酐型	1.50~1.55
	丙烯酸型	1.50~1.57
	乙烯基酯型	1.55~1.57
	聚醋酸乙烯甲基丙烯酸型	1.53~1.54

（6）耐老化性能　复合材料在长期的使用和贮存过程中，由于氧、光、水、热、化学物质和机械摩擦等物理和化学因素的作用而发生的物化性能的下降或变差的现象叫劣化或老化。复合材料的物化性能主要包括力学性能、电性能、透光率和光泽等。复合材料的耐老化性实际上反映了它的长期工作性能，又称为耐久性。

① 耐化学腐蚀性能　复合材料的耐化学腐蚀性能是指复合材料在抵抗酸、碱、盐及有机溶剂等化学介质腐蚀破坏的条件下，能够满足使用条件的性能。复合材料优异的耐化学性对于石油、化工等工业具有重大意义。聚合物其复合材料的腐蚀机理与金属材料不同，其在电解质溶液中不会溶解出离子，因而在相当宽的 pH 范围内对一般的腐蚀性化学介质均具有良好的稳定性。

对玻璃纤维而言，酸、碱和水都是通过破坏 SiO_2 网络而腐蚀玻璃的。玻璃纤维的耐碱性较差，有碱玻璃纤维更甚，但有碱玻璃纤维的耐酸性则更好。对碳纤维而言，在大多数腐蚀性介质中都非常稳定。聚丙烯腈基高模量碳纤维在不同试剂中浸渍 257d，中模量碳纤维在酸、碱或次氯酸钠中浸渍 213d，对纤维束均未发现有任何影响，表明碳纤维的耐腐蚀性能良好。

化学介质对树脂基体的作用主要有物理作用和化学作用两种。物理作用是指化学介质使树脂发生溶胀，从而产生增塑作用，导致强度和弹性模量下降。一般地讲，树脂和有机溶剂的极性越大，溶胀增塑作用越强烈，但溶胀作用是可逆的，当化学介质除去后，复合材料的性能可部分恢复。化学作用是指在一定条件下，酸、碱、盐和有机溶剂等与树脂大分子发生化学反应，而导致复合材料的性能变坏。反应主要包括水解、降解、氧化等。一般地讲，树脂分子中活性官能团越多，化学稳定性越差。多数化学反应是不可逆的。因此，化学作用导致的树脂基复合材料的变劣也是不可逆的。化学介质不仅侵蚀纤维和树脂，同时也会破坏纤维-树脂界面，从而使腐蚀作用沿界面向纵深发展，加剧腐蚀程度。此外，化学介质浓度、温度会加速对复合材料的腐蚀作用。

② 耐候性能　复合材料的耐候性能是指复合材料在户外使用时，抵抗各种气候因素如日光、O_2、O_3、热、雨、风、霜、雪、雾、沙等的侵蚀破坏的能力。

一般而言，在户外使用中，太阳曝晒不足以破坏聚合物基复合材料，但空气中的水分可以侵入纤维-树脂界面中，从而破坏界面黏接，降低复合材料的弯曲强度。在太阳光中只有小于 5% 的紫外光（290~400nm）对聚合物基复合材料有害，并且只作用于树脂基体。纯粹的紫外光老化几乎不存在，树脂通常是在紫外光和氧的共同作用下发生老化，受二者共同作用树脂发生光氧化、光降解、交联，形成氧化产物，发生分子链断裂，从而导致复合材料的外观表现为变黄发脆或粉末化，透光率大幅度下降。风沙对复合材料产生机械磨损，导致复合材料表面光泽度下降，表面层脱落、纤维外露等。

聚合物基复合材料除了"轻质高强"这一突出性能优点外，还具有耐疲劳、耐化学腐蚀、隔热等优点，广泛应用在航空航天、交通运输、武器装备、绿色能源、电子电器、建筑、市政设施、体育运动等领域，主要用来制作飞机、高铁及汽车零部件、火箭零部件、航天器零部件、潜艇及导弹零部件、游船及游艇、风电发电机叶片、电路板、电线杆、路灯灯具、墙体材料、建筑装饰及雕塑、活动板房、桌椅、阴井盖、卫生洁具、下水管道、输气管道、输油管道、贮仓、公园游乐设施、体育运动用品等，在推动科技进步、促进社会发展、提高人们生活水平与质量方面发挥重要作用。

习题与思考题

1. 聚合物基复合材料如何分类？
2. 在选择聚合物基复合材料制备工艺时应考虑哪些因素？
3. 在制备聚合物基复合材料时，如何考虑安全、经济及环境保护？
4. 手糊成型工艺的特点有哪些？
5. RTM 工艺制备的复合材料的突出优点是什么？
6. 为什么大多数航空复合材料产品采用热压罐成型工艺？
7. 如何提高聚合物基复合材料的耐候性能？
8. 请举例说明聚合物基复合材料的应用。

参 考 文 献

[1] 尹洪峰，魏剑. 复合材料 [M]. 2 版. 北京：冶金工业出版社，2021.
[2] 冀芳，李忠涛. 复合材料概论 [M]. 成都：电子科技大学出版社，2020.
[3] 徐竹. 复合材料成型工艺及应用 [M]. 北京：国防工业出版社，2017.
[4] 黄丽. 聚合物复合材料 [M]. 2 版. 北京：中国轻工业出版社，2016.
[5] 刘雄亚，谢怀勤. 复合材料工艺及设备 [M]. 武汉：武汉理工大学出版社，2012.
[6] 宇莉，杨绍昌，冷悦，等. 先进复合材料在飞机上的应用及其制造技术发展概述 [J]. 复合材料科学与工程，2020,18(5)：123-128.
[7] 刘嘉，周蕾，罗文东，等. 复合材料成型技术研究现状 [J]. 橡塑技术与装备，2022,48(8)：27-31.
[8] 苏鹏，崔文峰. 先进复合材料热压罐成型技术 [J]. 现代制造技术与装备，2016,38(11)：165-166.
[9] 蒋诗才，包建文，张连旺，等. 液体成型树脂基复合材料及其工艺研究进展 [J]. 航空制造技术，2021,64(5)：70-81+102.
[10] 拓宏亮，吴涛，卢智先，等. 复合材料层压板疲劳寿命预测方法研究 [J]. 西北工业大学学报，2022,40(3)：651-660.
[11] 邵宇，蔡红雷，闫晓鑫，等. 填充型导电复合材料载荷作用下导电逾渗研究 [J]. 塑料工业，2018,46(12)：119-123+131.
[12] 刘雄亚，熊传溪，刘立娟. 透明玻璃钢表面防老化技术研究 [J]. 纤维复合材料，2000,17(3)：26-28.

第六章　金属基复合材料

第一节　金属基复合材料的分类

金属基复合材料是指以金属或金属合金作为基体材料，以颗粒、纤维或晶须等作为增强相，通过一定的合成工艺制备的、具有金属特性的复合材料。

金属基复合材料是复合材料领域的一个重要分枝。通常，按照不同原则，可以将金属基复合材料分为以下几类。

一、按增强相分类

按增强相分类，金属基复合材料可以分为：连续纤维增强金属基复合材料、非连续增强金属基复合材料（颗粒、短纤维、晶须增强金属基复合材料）、混杂增强金属复合材料、层状金属基复合材料等。

连续纤维增强金属基复合材料是指应用一维尺寸较大的纤维作为增强相，通过一定的工艺使之与金属基体结合在一起形成的复合材料。连续纤维的长度一般以米（m）为单位，分为单丝和束丝使用，排列及性能具有方向性、性能好，但成本较高，主要用于制备高性能复合材料。常用作增强相的纤维材料有硼纤维、氧化铝纤维、碳化硅纤维、碳纤维等。此外，一些直径非常细小的金属丝也用作连续增强相，如钨丝、钼丝、铍丝和不锈钢丝等。由于纤维在一个方向尺寸较大，另外两个方向的尺寸较小，因此，单向分布的连续纤维增强金属基复合材料具有各向异性的特点。

非连续增强金属基复合材料主要是指增强相的三维尺寸都相对较小的金属基复合材料，以颗粒增强金属基复合材料的研究和应用相对较多。对于颗粒增强金属基复合材料，按照颗粒的大小还可以分为粒子增强金属基复合材料和弥散增强金属基复合材料，二者的主要区别在于使用的颗粒尺寸。前者一般尺寸较大，在 $1\sim50\mu m$；后者的尺寸较小，在 $0.01\sim1.00\mu m$。

混杂增强金属复合材料是应用两种或两种以上的增强相增强同一种金属或合金基体的复合材料。混杂增强复合材料的基本思想是通过增强相之间产生的混杂效应来获得偏离按混合定则计算结果的性能。按偏离方向分为正混杂效应和负混杂效应。正混杂效应（相补效应）是指混杂后性能得到增加（性能改善），负混杂效应（相抵效应）是指性能得到减少（性能下降或恶化）。假设有 A 和 B 两种增强相，且两种增强相各有优缺点，其混杂效应效果可以用图 6-1 简单示意。

可见，人们所希望得到的是"优点+优点"的 1 号组合，最不希望得到的是"缺

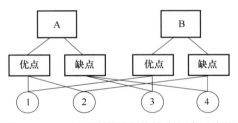

图 6-1　A、B 两种增强相优缺点组合示意图

点+缺点"的 4 号组合。

层状金属基复合材料是通过采用各种复合技术，使两种或两种以上物理、化学及力学性能不同的金属在界面上实现牢固冶金结合而制备的一种复合材料。这类复合材料的复合思想体现了"相补效应"，经过恰当的组合可以得到优异的综合性能。例如，将纯银和纯铜通过累积轧制结合的方法制备成 Ag/Cu 层状复合材料，其性能见表 6-1。

表 6-1　　　　　　　　　　　　　　Ag/Cu 层状复合材料的性能

材料	屈服强度/MPa	抗拉强度/MPa	延伸率/%	电阻率/$10^{-9}\Omega \cdot m$
Ag	—	180	—	25±1
Cu	100	280	51	31±2
Cu/Ag	550	650	16	32±2

可见，层状复合后的 Ag/Cu 复合材料的强度均较复合前的纯银或纯铜材料有显著提升。

二、按基体分类

按基体分类，金属基复合材料可以分为：黑色金属基（钢、铁）、有色金属基（铝基、锌基、镁基、铜基、钛基、镍基）、耐热金属基、金属间化合物基复合材料等。

三、按主要用途分类

按主要用途分类，金属基复合材料可分为结构金属基复合材料和功能金属基复合材料。

结构金属基复合材料主要用于结构件，主要起到承受载荷的作用。这类材料具有高比模量、高比强度的特点，用于制造各种高性能构件。

功能金属基复合材料除了具有一定的力学性能外，还应具有较为突出的其他物理性能，如电学、磁学、热学、声学等性能。这类材料具有较为突出的某种物理性能而被用作特定的功能器件。

第二节　金属基复合材料的增强机理

金属基复合材料由金属或合金基体、增强相和二者之间的界面组成。其中，金属或合金基体决定了复合材料的基本性能，增强相主要是为了体现某种突出的性能而加入的。基体与增强相之间会存在一定的过渡区域，其结构和性能与基体和增强相不同，人们称其为界面。

（一）基体和增强相的选择原则

金属基复合材料的一大特点是性能的可设计性较强，可以根据构件设计所提出的性能要求进行基体金属或合金和增强相的合理选择，来获得需要的性能。

一般来说，基体可以固结增强体，与增强体一道构成复合材料整体，保护和隔离增强相，承受载荷并把载荷传递到增强相上。在颗粒增强金属基复合材料中，基体是主要承载相；在纤维增强金属基复合材料中，基体对力学性能的贡献也远大于在聚合物基体和陶瓷基体在复合材料中的贡献。此外，基体还可以保证复合材料具有一定的可加工性。金属基复合材料的强度、刚度、耐高温、耐介质、导电、导热等性能均与基体的相应性质密切相关。

增强相的作用主要在于对基体进行强化，在金属基复合材料中用来承担载荷，或优化其某方面性能。因此，增强相一般要求具有高强度和高模量，同时，还要考虑增强相与基体之间的浸润关系。

比如，用于结构件的金属基复合材料，基体一般选用钢铁等强度较高的金属或合金作为基体，以陶瓷颗粒作为增强相。如果是航空用构件，基体的选择要考虑用轻金属或合金为基体，如钛及钛合金、铝及铝合金，而增强相的选择也主要考虑密度较低的硬质相，如碳纤维、碳化硅、碳化硼、石墨烯等。

又比如，要得到导电性能较好的金属基复合材料，则基体通常选用铜及铜合金，当然也可选用银作为基体，但银的成本比较高。而增强相的选择一般为颗粒，主要是因为应用颗粒作为增强相时，可以较大地提高材料的强度，而对电子的散射较小。另外，如果是用于存在温度或者温度反复变化的环境中，还应考虑基体与增强相之间的膨胀系数的配合。

总之，基体和增强相的选择要根据性能要求和应用环境，同时还要兼顾制备工艺、使用性和经济性等。

（二）金属基复合材料的强化机理

在金属或合金基体中添加增强相后，将对基体材料的性能产生影响。这种影响是多方面的，比如泊松比、弹性模量、膨胀性能、导电性能、导热性能以及耐腐蚀性能等。

就强化的角度上，只有在基体中掺入强度更高的第二相才能起到显著的强化效果。因此，在金属基复合材料中掺入的强化相均为切变模量和强度较高的物质，如碳纤维、碳化硅纤维、石墨烯、陶瓷颗粒等。

要理解金属的强化，首先有必要了解金属的塑性变形，因为金属强度的测定，比如拉伸实验，就是在金属的拉伸塑性变形过程中实现的。金属之所以可以在较低的应力下产生塑性变形，其实质是金属中存在一种被称为位错的线缺陷，只要外力足以克服位错产生运动（如滑移）所必须的临界分切应力（单个位错滑移所需的临界切应力均较低），位错就可以产生滑移，而微观上位错滑移的后果就是金属在宏观上产生塑性变形。因此，金属基复合材料的强化方式都是基于通过增强相的掺入来阻碍位错的运动，或者说，掺入增强相后，要使金属中位错产生运动就需要增加外力，这就是人们所说的金属强化。

1. 连续增强

一般地，连续增强主要是应用长纤维作为增强体进行增强，其性能最大的特点就是具有明显的方向性。表 6-2 所示为常用纤维增强体的性质。

表 6-2　　　　　　　　　常用于金属基复合材料的纤维增强体性质

纤维类型		直径/ μm	密度/ (g/cm³)	弹性模量/ GPa	抗拉强度/ MPa	伸长率/ %	纵向膨胀系数/ (10⁻⁶/℃)
硼	B	32～140	2.40～2.60	365～440	2300～2800	19.0	4.5
	B/W	100	2.57	410	3570	0.9	—
	B/C	100	2.58	360	3280	—	—
	B₄-B/W	145	2.57	370	4000	—	—
	Borsic	100,146	2.58	400	8000	—	—

续表

纤维类型		直径/μm	密度/（g/cm³）	弹性模量/GPa	抗拉强度/MPa	伸长率/%	纵向膨胀系数/（10⁻⁶/℃）
碳化硅	SCS-3	140	3.05	407	3450	0.8	—
	SCS-6	142	3.44	420	3400	—	—
	Tyanno	1	2.40	120	2500	2.2	—
	Dowconrning	10~15	1.70~2.60	175~310	1050~1400	—	—
	NicalonNL-201	15	2.55	206	2940	1.4	3.1
	NicalonNL-231	12	2.55	206	3234	1.6	3.1
	NicalonNL-401	15	2.30	176	2744	1.6	3.1
	NicalonNL-501	15	2.50	206	2940	1.4	3.1
碳	Amoco T-300	7.0	1.76	231	3650	1.40	-0.60
	Torayca-T1000	5.3	1.82	294	7060	—	—
	Torayca-M46J	—	—	451	4210	—	—
	Torayca-M60J	5.0	1.94	590	3800	—	—
	Thomel P120	10.0	2.18	827	2370	0.29	-1.45
	Thomel P100	10.0	2.15	724	2370	0.32	-1.45
氧化铝	Nericl312（3M）	11	2.70	154	1700	1.95	—
	FP	20	3.95	379	1380~2100	0.40	6.8
	Saffil	8	3.30	300	2000	1.50	—
	Sumika	17	3.20	210	1775	0.80	8.8
	Nextel	13	2.50	152	1720	1.95	—
	Dupont	20	4.20	385	2100~2450	—	—
BN		—	0.90	91	1400	—	—
ZrO₂		—	4.84	350	2100	—	—
B₄C		—	2.86	490	2300	—	—
TiB₂		—	4.48	530	1100	—	—
钨		13	19.40	413	4060	—	—
钢		13	7.74	203	4200	—	—

长纤维增强复合材料的设计和应用主要是以纵向承载来考虑的，因此，本章主要介绍纵向强度的性能复合准则。

（1）单向连续纤维增强复合材料的纵向拉伸强度　纤维增强复合材料主要承载体是纤维，因此复合材料的破坏主要是由纤维断裂引起的。这里假设两个条件：①纤维和基体在受力过程中处于线弹性变形。②基体的断裂延伸率大于纤维的断裂延伸率。于是，复合材料的拉伸强度 σ_{cu} 可按下式的混合律计算：

$$\sigma_{cu} = \sigma_{fu}V_f + \sigma_m^* V_m = \sigma_{fu}V_f + \sigma_m^*(1-V_f) \tag{6-1}$$

式中　V_f——复合材料中纤维体积含量；

$\quad\quad V_m$——复合材料中基体体积含量；

$\quad\quad \sigma_{cu}$——复合材料的拉伸强度；

$\quad\quad \sigma_{fu}$——纤维的拉伸强度；

$\quad\quad \sigma_m^*$——纤维断裂应变 ε_{fu} 相对应的基体的拉伸应力。如图6-2所示。

式（6-1）是一种理想模型，没有考虑诸如纤维的弯曲、排列不整齐、纤维本身强度的离散性、界面，特别是界面上生成的脆性化合物、残余应力、基体的组织结构等因素对性能的影响，因此计算得到的结果往往较大地偏离实测值。有人对其进行了修正。例如，式（6-2）考虑了界面结合强度和纤维离散性的影响，计算结果与实测值很接近。

$$\sigma_C = \left\{ \left[\frac{\overline{\sigma}_f(l_b)\, l_b^\beta 2\tau}{d_f} \right]^{\beta(1+\beta)} \left(\frac{1}{e\beta} \right) \right\}^{1/\beta}$$

$$\left[\varGamma \left(1 + \frac{1}{\beta} \right) \right]^{-1} V_f + \sigma_m^* (1 - V_f) \qquad (6-2)$$

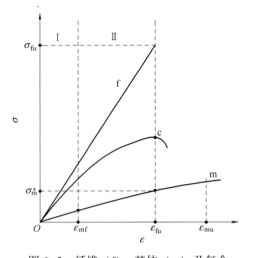

图6-2　纤维（f）、基体（m）及复合材料（c）的应力-应变曲线

式中　l_b——试样标距，通常为25.4mm；

$\overline{\sigma}_f(l_b)$——长为 l_b 的纤维的平均强度；

τ——界面剪切强度；

β——韦伯系数；

$\varGamma$——伽玛函数；

d_f——纤维直径；

e——自然对数的底；

σ_c——复合材料拉伸强度；

$\overline{\sigma}_f$——纤维的平均强度；

σ_m^*——纤维断裂 ε_{fu} 相对应的基体的拉伸应力；

V_f——复合材料中纤维体积含量。

根据图6-2，复合材料变形的第一阶段，纤维和基体都弹性变形，复合材料整体发现弹性变形，并且应变也都相等。因此，式（6-1）可以写成式（6-3）：

$$\sigma_c = E_f \varepsilon_f V_f + E_m \varepsilon_m V_m = E_f \varepsilon_f V_f + E_m \varepsilon_m (1 - V_f) \qquad (6-3)$$

式中　σ_c——复合材料拉伸强度；

E_f、E_m——纤维、基体的弹性模量；

ε_f、ε_m——纤维、基体产生的应变，在弹性变形阶段两者相等。

纤维承受载荷 P_f 与基体承受载荷 P_m 之比为：

$$\frac{P_f}{P_m} = \frac{E_f \varepsilon_f V_f}{E_m \varepsilon_m (1 - V_f)} = \frac{E_f}{E_m} \cdot \frac{V_f}{(1 - V_f)} \qquad (6-4)$$

式中　P_f——纤维承受载荷；

P_m——基体承受载荷；

V_f——纤维体积分数。

对式（6-4）可作讨论：一方面，当纤维体积分数 V_f 一定时，E_f/E_m 比值越大，纤维承受载荷越大，增强效果明显。因此，复合材料通常选用高强度、高模量的纤维增强相，而基体选用低强度、低模量且韧性较好的材料；另一方面，当 E_f/E_m 比值一定时，V_f 越大，纤维贡献就越大。理论上纤维体积分数可达100%，但实际上不能，当所有纤维表面上都覆盖一层极薄的基体分子层时，纤维的体积分数便达到了最大值。

（2）纤维的临界体积分数 V_{fcrit} 和纤维最小体积分数 V_{min}

图 6-3 即为式（6-1）的图示。图中 ABC 即为式（6-1），OC 和 DF 分别是复合材料中纤维承受载荷和基体承受载荷与 V_f 的关系。而 B 点称为等破坏点，此时 $\sigma_{cu}=\sigma_{mu}$，所对应的纤维体积分数即为纤维临界体积分数，这里用 V_{fcrit} 表示。并且，

$$V_{fcrit}=\frac{\sigma_{mu}-\sigma_m^*}{\sigma_{fu}-\sigma_m^*} \tag{6-5}$$

式中　V_{fcrit}——纤维临界体积分数；

　　　σ_{mu}——基体的拉伸强度；

　　　σ_{fu}——纤维的拉伸强度。

式（6-5）表明，如果 σ_{fu} 与 σ_{mu} 相差不大，则 V_{fcrit} 较大；如果 σ_{fu} 与 σ_{mu} 相差较大，则 V_{fcrit} 较小。表 6-3 列举了不同强度纤维增强复合材料的纤维临界体积分数值。

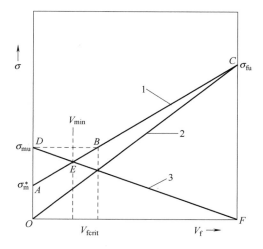

$1—\sigma_{cu}=\sigma_{fu}V_f+\sigma_m^* V_m=\sigma_{fu}V_f+\sigma_m^*(1-V_f)$；
$2—\sigma_{fu}V_f$；$3—\sigma_{mu}V_m$。

图 6-3　单向连续纤维增强复合材料
强度与纤维体积分数的关系

表 6-3　　　　　　　　　　不同强度纤维增强复合材料的纤维临界体积分数

基体材料	$\sigma_m^*/$ MPa	$\sigma_{mu}/$ MPa	纤维临界体积分数			
			$\sigma_{fu}=700\text{MPa}$	$\sigma_{fu}=1750\text{MPa}$	$\sigma_{fu}=3500\text{MPa}$	$\sigma_{fu}=7000\text{MPa}$
铝	28	84	0.083	0.033	0.016	0.008
铜	42	210	0.225	0.098	0.047	0.024
镍	63	315	0.396	0.150	0.073	0.036
不锈钢	175	455	0.584	0.178	0.084	0.041

从图 6-3 中的 DEF 线可知，当 V_f 较小时，纤维不但对基体没有起到强化效果，反而使其强度下降。线段 DF 与 AC 的交点 E 所对应的纤维体积分数即为纤维最小体积分数，这里用 V_{min} 表示。根据式（6-1）同样可以导出

$$V_{min}=\frac{\sigma_{mu}-\sigma_m^*}{\sigma_{fu}+\sigma_{mu}-\sigma_m^*} \tag{6-6}$$

式（6-6）表明，当 $V_f<V_{min}$ 时，复合材料性能主要由基体决定，纤维没有起到强化作用，甚至可将纤维看作减少基体有效承载面积的空洞；当 $V_f>V_{min}$ 时，复合材料的破坏由纤维控制；当 $V_f>V_{fcrit}$ 时，纤维才在复合材料中起主导作用。

（3）单向连续纤维增强复合材料的纵向压缩强度　单向连续纤维增强复合材料的设计和应用主要是纵向的拉伸强度，但有时也要同时考虑其纵向受压的强度。但纵向受压强度的计算要比拉伸强度的计算复杂，结果的准确性也不如后者。主要是因为纤维和基体失稳问题。存在两种情况：一是纤维失稳，二是基体剪切失稳。

复合材料沿纤维方向进行压缩时，纤维在基体中的受力形式就如同一根弹性杆。复合材料的抗压强度由纤维在基体中的微弯曲临界应力控制。为便于计算，将纵向受压的复合材料看作纤维薄片和基体片相间黏结成的纵向受压杆件。如图 6-4 所示。当外加载荷增

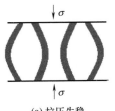

(a) 拉压失稳

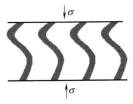

(b) 剪切失稳

图 6-4　纤维的两种失稳模型示意图

加到某一值时，纤维薄片开始失稳。

① 在拉压失稳模型中，由于纤维产生反向弯曲，迫使基体产生相应的横向拉压变形，用能量法可以求得纤维失稳的临界应力为

$$\sigma_{\text{fcr}} = 2\left[\frac{V_f E_m E_f}{3(1-V_f)}\right]^{1/2} \qquad (6-7)$$

复合材料的临界破坏应力为

$$\sigma_c = \sigma_{\text{fcr}}\left[V_f + (1-V_f)E_m/E_f\right] \qquad (6-8)$$

于是，可得复合材料的纵向抗压强度为

$$\sigma_{\text{LU}} = 2\left[\frac{V_f E_m E_f}{3(1-V_f)}\right]^{1/2}\left[V_f + (1-V_f)E_m/E_f\right] \qquad (6-9)$$

② 在剪切失稳模型中，由于纤维产生同向弯曲，迫使基体产生剪切变形，同样用能量法可以得到纤维失稳的临界应力为

$$\sigma_{\text{fcr}} = \frac{G_m}{V_f(1-V_f)} + \frac{\pi^2 E_f}{12}\left(\frac{md}{l}\right)^2 \qquad (6-10)$$

式中　l——纤维长度；

　　　d——纤维层厚度；

　　　m——长为 l 的纤维失稳弯曲波数；

　　　G_m——基体剪切模量；

　　　σ_{fcr}——纤维失稳的临界应力；

　　　V_f——纤维体积分数；

　　　E_f——纤维的弹性模量。

由于式（6-10）中的 $(md/l)^2$ 很小，因此可以忽略此式中的第二项，最终得到的复合材料的抗压强度为

$$\sigma_{\text{LU}} = \frac{G_m}{V_f(1-V_f)} \cdot \left[V_f + (1-V_f)E_m/E_f\right] = \frac{G_m}{(1-V_f)} + \frac{G_m E_m}{V_f E_f} \qquad (6-11)$$

③ 基体的失稳情况　基体的剪切弯曲不稳定是指当基体所受的临界压缩应力 σ_{mcr} 等于基体切变模量 G_m 时，基体材料因剪切变形而引起弯曲。在纵向压应力作用下切变模量 G_m 不再是常数，当压应力增大时，G_m 将减小。因此，考察这种情况下的计算难点在于难以获得基体剪切失稳时的切变模量。通常是通过实验进行测定。如图 6-5 所示，通过实验测定基体材料在不同压应力作用下的切变模量，从而获得 G_m 与 σ_m 的关系曲线，该曲线与 σ 直线的交点 K 对应的切变模量，即为临界应力时的切变模量，从而可以确定 σ_{mcr}。进而可以根据下列式子进行计算。

$$\sigma_{\text{LU}} = \overline{\sigma}_f V_f + \sigma_{\text{mcr}}(1-V_f) \qquad (6-12)$$

式（6-12）中 $\overline{\sigma}_f$ 为纤维失稳时的压应力，无法测得，但当界面结合良好时，$\overline{\sigma}_f$ 为

$$\overline{\sigma}_f = \frac{E_f}{E_m}\sigma_{\text{mcr}} \qquad (6-13)$$

于是有

$$\overline{\sigma}_{\text{LU}} = \sigma_{\text{mcr}}\left[1 + V_f\left(\frac{E_f}{E_m}\right) - 1\right] \qquad (6-14)$$

应用式（6-14）计算的单向连续纤维增强复合材料的纵向抗压强度要比式（6-9）和式（6-11）计算的结果更接近实际情况。但正如前面提到的，应用这个公式必须要有如图 6-5 所示的关系曲线，而这个曲线难以测定，作为近似计算，可取基体的压缩比例极限为临界应力 σ_{mcr}。

2. 非连续增强

非连续增强包括弥散增强、颗粒增强、晶须或短纤维增强。其中，弥散增强和颗粒增强的增强相均为粒子，其主要区别在于增强粒子的大小，如前面所述。

常用于金属基复合材料的粒子的性质见表 6-4。

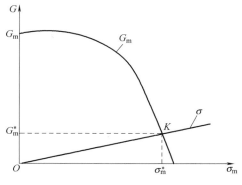

图 6-5　基体的压缩应力 σ_m 与切变模量 G_m 的关系曲线图

表 6-4　　　　　　　　　　常用于金属基复合材料的粒子增强相的性能

名称	密度/ （g/cm³）	熔点/℃	硬度 HBW	抗弯强度/ MPa	弹性模量/ GPa
碳化硅（SiC）	3.21	2700	270	400~500	—
碳化硼（B₄C）	2.52	2450	300	300~500	360~460
碳化钛（TiC）	4.92	3300	260	500	—
氧化铝（Al₂O₃）	—	2050	—	—	—
氮化硅（Si₃N₄）	3.20~3.35	2100 分解	89~93HRA	900	330
莫来石（3Al₂O₃·2SiO₂）	3.17	1850	325	~1200	—
二硼化钛（TiB₂）	4.52	2980	—	—	—

（1）弥散增强型　金属基复合材料中的粒子可以是外加的，也可以是内生的。外加粒子就是在复合材料制备过程中人为地向金属基体中添加作为增强相的粒子；而内生粒子一般由原位合成或沉淀析出。例如，在制备 TiB_2/Al 复合材料时，将 Ti 和 B 粉置于熔融的 Al 熔液中，高温下 Ti 与 B 将发生反应形成颗粒状 TiB_2。这时的 TiB_2 粒子就是原位形成的；又比如，将 Cu-0.6%（质量分数）Cr 合金加热到 1000℃ 保温 1h，使 Cr 原子全部固溶到 Cu 的晶格中，快速冷却到室温。Cr 在室温下几乎不能溶于 Cu 中，但高温下溶入 Cu 晶格中的 Cr 原子在快速冷却过程来不及析出，因此成为超饱和固溶体。然后，将超饱和的 Cu-Cr 固溶体在室温放置较长时间，或热到一定的温度保温一段时间，过饱和的 Cr 将从 Cu 晶格中析出来，成为细小、弥散的 Cr 粒子，这时的 Cr 粒子就是沉淀析出的。

弥散增强型的强化机制还与粒子的性质有关：当粒子不可变形时，位错难以切过粒子，主要以绕过机制通过粒子；当粒子可变形时，位错主要以切过机制穿过粒子。当然，这里所说的可否变形与粒子的大小也有一定的关系。比如，同一种沉淀析出相粒子，当其尺寸较小时，位错以绕过机制迁移；而粒子发生聚集长大现象时，位错以切过方式穿过粒子。

① 位错绕过机制　一般用于金属基复合材料增强相的粒子均比较细小，其强化机制

通常用奥罗万机制进行描述。

图 6-6 所示为一根位错通过两个微粒时的示意图。

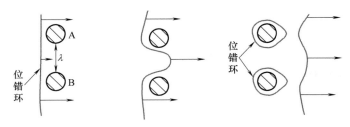

图 6-6　位错绕过粒子示意图

假设一根位错在外切应力 τ 的作用下，从间距为 λ 的增强相粒子 A、B 的左侧运动到右侧，由于粒子的强度比较高，不可变形，位错不能切过，而只能通过绕过粒子的方式进行迁移。因此，位错在外力作用下将产生弯曲。而位错产生弯曲时所需的外力随其弯曲的曲率半径的减小而提高，直至位于 A、B 粒子间位错段弯曲成半径为 $\lambda/2$ 的半圆时所需的外力达到最大。此时的外力 τ 可用下式表述

$$\tau = G_{m}b/\lambda \tag{6-15}$$

式中　G_{m}——基体的切变弹性模量；

　　　b——位错伯氏矢量；

　　　λ——两个颗粒间的距离。

由此可见，位错绕过 A、B 粒子所需要的外加切应力随粒子间距的缩小而提高。所以，应用粒子增强金属基复合材料所加入的颗粒需达到一定的体积分数，以得到足够小的颗粒间距。同时，加入的颗粒要在基体中均匀弥散分布。

假设粒子为球形，其直径为 d，体积分数为 φ，在基体中呈弥散均匀分布，则根据体视金相学可以得到粒子之间的间距 λ 的表达式

$$\lambda = \sqrt{\frac{2d^2}{3\varphi}}\,(1-\varphi) \tag{6-16}$$

代入式（6-15）可得复合材料的强度 τ 为

$$\tau = G_{m}/b\left[\sqrt{\frac{2d^2}{3\varphi}}\,(1-\varphi)\right] \tag{6-17}$$

可见，随着粒子直径的减小和体积分数的增大，复合材料的强化效果越来越显著。这就是为什么要求作为增强相的粒子要细小，并且需要一定的体积分数。但粒子越细小、体积分数越大，粒子越容易发生团聚，复合材料的制备工艺也越复杂，甚至难以制备，并且材料的韧性也会显著降低。所以一般所用的颗粒选择为 $d=0.01\sim0.10\mu m$、$\varphi=0.01\sim0.15$。

对于具体的应用，研究者们还提出了一些其他的模型进行计算。比如，当把粒子看作球形时，以粒子直径为 100nm 为界限，根据粒子尺寸的不同，存在两个计算模型公式

粒子直径小于 100nm 时：

$$\Delta\sigma = 0.13G_{m}b/\left[\lambda\ln\left(\frac{d}{2}\right)\right] \tag{6-18}$$

粒子直径大于 100nm 时：

$$\Delta\sigma = 1.25G_{m}b/\lambda \tag{6-19}$$

以上两式中　　$\Delta\sigma$——材料屈服强度增量;

　　　　　　　G_{m}——基体的切变弹性模量;

　　　　　　　b——位错伯氏矢量;

　　　　　　　λ——两个粒子间的距离,其计算式为 $\lambda = d\left[\sqrt[3]{1/(2\varphi)} - 1\right]$。

　　需要注意的是,此时的强化效果只考虑了位于基体材料晶粒内部的粒子的贡献,而在晶界处的粒子没有考虑。

　　② 位错切过机制　当增强粒子可变形时,在外力作用下,位错将切过粒子使其随着基体一起进行塑性变形,如图6-7所示。

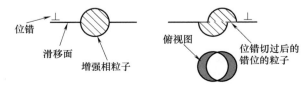

图6-7　位错切过增强相粒子示意图

　　虽然粒子随基体发生塑性变形,但仍表现出一定的强化作用,主要是因为位错在切过粒子后将产生一系列的能量变化（体系能量增加）,而这些增加的能量不是材料内部自发形成的,必须由力提供。也就是说,位错要切过粒子,将会引起系统能量升高,因此只有提高外力才能使位错切过粒子。这些能量变化主要表现为:

　　① 由于粒子的结构往往与基体不同,因此当位错切过粒子时,必然造成其滑移面上原子错排,要求错排能。

　　② 如果粒子为有序相,位错切过后,将在滑移面上产生反相畴界,需要反相畴界能。

　　③ 每个位错切过粒子时,使其生成宽度为伯氏矢量 b 大小的台阶,需要表面能,如图6-7所示。

　　④ 粒子周围弹性应力场与位错产生交互作用,阻碍位错运动。

　　⑤ 粒子的弹性模量与基体不同,引起位错能量和线张力变化。

　　（2）颗粒增强　由于颗粒的尺寸比弥散粒子大很多,其强化机制与弥散强化有所不同。这时主要考虑的是在金属基复合材料收到外加载荷时,颗粒对基体变形的约束产生的强化。

　　在有外加载荷时,基体金属中位错的滑移在基体与增强相之间形成的界面上受到阻碍,形成所谓的位错塞积,如图6-8所示。

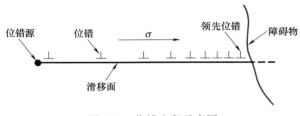

图6-8　位错塞积示意图

　　如图6-8所示,位错在外力 τ 的作用下产生滑移。同一滑移面上位错在运动过程中受到障碍物的阻碍,在障碍物前塞积起来,离障碍物越近,位错密度就越大,与障碍物相接触的位错称为领先位错。领先位错受到障碍物的反作用力为

$$\sigma_{\mathrm{i}} = n\sigma \qquad (6-20)$$

式中　σ_{i}——障碍物对领先位错的阻力,也是领先位错给障碍物的作用力;

　　　n——障碍物前塞积的位错数目（应力集中因子）。

由此可见，由于位错塞积，领先位错给障碍物的作用力远大于实际施加的外力，从而引起应力集。根据位错理论，应力集中因子可表述为：

$$n = \sigma\lambda / (G_m b) \tag{6-21}$$

将式（6-21）代入式（6-20）可得：

$$\sigma_i = \sigma^2\lambda / (G_m b) \tag{6-22}$$

当 σ_i 等于或大于颗粒的强度 σ_P 时，颗粒将产生破裂，引起复合材料变形。令 $\sigma_P = G_P / C$，则有：

$$\sigma_i = \sigma_P = G_P / C = \sigma^2\lambda / (G_m b) \tag{6-23}$$

式中　σ_P——颗粒的强度；

　　　G_P——颗粒的切变模量；

　　　C——常数。

因此，可以得到颗粒增强复合材料的屈服强度 σ_f 为：

$$\sigma_f = \sqrt{G_m G_P b / (\lambda C)} \tag{6-24}$$

将式（6-16）代入式（6-24）得：

$$\sigma_f = \sqrt{\frac{\sqrt{3} G_m G_P b \sqrt{\varphi}}{\sqrt{2} d (1-\varphi) C}} \tag{6-25}$$

由此可知，颗粒尺寸越小，体积分数越高，复合材料的强度越高，增强效果越好。一般地，颗粒增强复合材料中，颗粒的直径为 $1\sim50\mu m$，颗粒间距为 $1\sim25\mu m$，颗粒体积分数为 $0.05\sim0.50$。

（3）短纤维或晶须增强型　短纤维或晶须的增强效果不及连续纤维增强的，但由于应用短纤维或晶须作为增强相时，在制造成本以及材料的各向异性方面具有一定的优势，因而具有一定的应用。表 6-5 为几种晶须的物理性质参数。

表 6-5　　　　　　　　　　几种晶须的物理性质参数

名称	碳化硅	硼酸铝	钛酸钾	硼酸镁	氮化硅	氧化铝	莫来石
化学式	α-SiC β-SiC	$Al_{18}B_4O_{33}$	$K_2Ti_6O_{13}$	$Mg_2B_2O_5$	α-Si$_3$N$_4$ β-Si$_3$N$_4$	Al_2O_3	$3Al_2O_3 \cdot 2SiO_2$
色泽	淡绿色	白色	白色或淡绿色	白色	灰白色	白色	无色
形状	针状	针状	针状	针状	针状	纤维状	针状
密度/ $(g \cdot cm^{-3})$	3.18	2.93	3.30	2.91	3.18	3.95	2.65
直径/μm	0.1~1.0 0.05~0.20 0.2~1.1	0.5~2.0	0.5~2.0 1.0~3.0	0.2~2.0	0.1~1.6 0.1~0.5	3~80	0.5~1.0
长度/μm	50~200 10~40 30~200	10~30	10~20 10~30	10~50	5~200 10~50	50~20000	7.5~20

续表

名称	碳化硅	硼酸铝	钛酸钾	硼酸镁	氮化硅	氧化铝	莫来石
拉伸强度/GPa	12.9~13.7 20.8	7.84	6.68	3.92	13.72	13.8~27.6	18.64
弹性模量/GPa	482.3 551.2~827.9	392	274.4	264.6	382.2	550	742
莫氏硬度	9.2~9.5 9.5	7	4	5.5	9	9.1	9.3
熔点/℃	2316	1440	1370	1360	1900	2082	>2000
耐热性/℃	1600	1200	1200	1200	1700	1800	1500~1700

为了理解短纤维或晶须的增强机制，假设有一根埋在金属基体中的纤维或晶须（图6-9），当复合材料受到平行于短纤维的外力时将发生变形。因为一般所选择的增强相的弹性模量要小于基体的，因此金属基体的变形量要比纤维的大；同时，由于金属基体与纤维之间结合比较紧密，纤维将限制附近基体的变形。从而导致如图6-9（2）所示的，离纤维越远的部分的金属基体的变形来越大，而靠近纤维的部分由于受到纤维的限制而变形量小。这样，在金属基体与纤维的界面处将产生剪应力的作用，并通过剪应力将复合材料承受的载荷合理地分配在纤维和基体上。纤维将受到更大的拉应力，这就是短纤维或晶须能起到增强作用的原因。

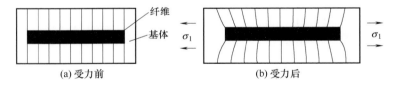

图6-9　埋入基体中纤维或晶须受力前后的变形示意图

现在来分析应力在不同长度的纤维或晶须沿纤维长度的分布特点。

从直纤维上取一个长度为 dz 的微单元，如图6-10所示。

根据力的平衡法则可得：

$$(\pi r_f^2)\sigma_f + 2\pi r_f dz\tau = \pi r_f^2(\sigma_f + d\sigma_f) \tag{6-26}$$

或：

$$\frac{d\sigma_f}{dz} = \frac{2\tau}{r_f} \tag{6-27}$$

以上两式中　σ_f——短纤维或晶须轴向应力；

τ——基体-纤维界面剪应力；

r_f——短纤维或晶须半径，$2r_f = d_f$。

假设剪应力沿界面均匀分布，并等于基体剪切

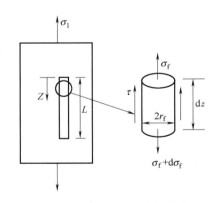

图6-10　平行于外载荷伸直短纤维微元的平衡示意图

屈服强度 τ_y，短纤维或晶须末端不传递应力，根据对称条件可知短纤维或晶须长度中点处的剪应力为零。因此，可得：

$$\sigma_f = \frac{2\tau_y z}{r_f} \tag{6-28}$$

可见，随着 z 的增加，σ_f 增加，且最大应力在短纤维或晶须长度的中心处（$z = L/2$），于是有：

$$(\sigma_f)_{max} = \frac{\tau_y L}{r_f} \tag{6-29}$$

因此，短纤维或晶须长度增加 $(\sigma_f)_{max}$ 增加，当最大应力等于短纤维或晶须的抗拉强度 σ_{fu} 时，短纤维或晶须将断裂，此时的长度称为临界长度 L_c，即：

$$\sigma_{fu} = \frac{\tau_y L_c}{r_f} \text{或者} L_c = \frac{\sigma_{fu} r_f}{\tau_y} = \frac{\sigma_{fu} d_f}{2\tau_y} \tag{6-30}$$

不同长度短纤维或晶须应力沿纤维长度分布如图 6-11 所示。

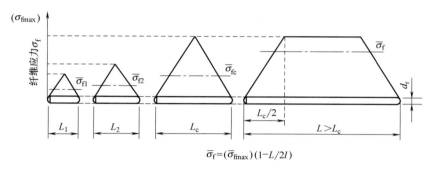

$$\overline{\sigma}_f = (\overline{\sigma}_{fmax})(1 - L/2l)$$

图 6-11 不同长度短纤维或晶须应力沿长度的分布

当 $L < L_c$ 时，无论对复合材料施加多大的应力，短纤维或晶须应力都不会超过其断裂强度，因此不会发生断裂，但不能充分发挥其增强作用。而当 $L > L_c$ 时，一般情况下基体断裂应变 ε_{mu} 大于纤维或晶须的断裂应变，因此，纤维或晶须先于基体发生断裂，这时能够发挥其增强作用。在工程应用上，往往使用临界长径比（L_c/d_f）来进行判断：

$$\frac{L_c}{d_f} = \frac{\sigma_{fu}}{2\tau_y} \tag{6-31}$$

因此，只有大于临界长径比的短纤维或晶须才能达到理想的增强效果。

需要说明的是，以上式子的导出基于一些假设，比如，实际情况下，短纤维或者晶须的端部也传递了一些载荷，剪应力沿纤维长度分布也不是很均匀，并且端部的剪应力最大，最先发生脱离等。但总的来说，按以上的分析在总体趋势上是正确的。

因此，进一步作以下处理，取短纤维或晶须应力的平均值 $\overline{\sigma}_f$，在计算复合材料所受应力 σ_{cu} 时采用如下关系式：

$$\sigma_{cu} = \overline{\sigma}_f V_f + \sigma_m V_m \tag{6-32}$$

式中 V_f——纤维体积含量；

V_m——基体体积含量；

σ_m——基体所受应力。

当 $L > L_c$ 时，复合材料强度计算中，应短纤维或晶须中部区域达到其强度 σ_{fu}，按照图 6-11，其平均应力应为：

$$\overline{\sigma}_f = \left(1 - \frac{L_c}{2L}\right)\sigma_{fu} \tag{6-33}$$

于是，复合材料的强度可表述为：

$$\sigma_{cu} = \left(1 - \frac{L_c}{2L}\right)\sigma_{fu}V_f + \sigma_m^*(1-V_f) \tag{6-34}$$

以上两式中　σ_m^*——短纤维或晶须断裂时基体的应力；

　　　　　　L_c——短纤维或晶须的临界长度；

　　　　　　L——短纤维或晶须的长度。

上式仅适用于短纤维或晶须呈单向随机分布排列，并受拉伸应力的情况，也是很不精确的，但仍可以说明一些问题。

3. 金属基复合材料的其他强化方式

（1）细晶强化　一般地，由于树脂或高分子物质多为非晶体，而金属材料一般为晶体物质，具有晶粒和晶界。因此，在制备金属基复合材料时，均比较关心复合材料中基体晶粒的大小问题。因为晶粒越细小，晶界所占面积越大，对位错运动的阻碍作用就越明显。

细晶粒对材料强度的贡献可以用 Hall-Petch 公式来描述：

$$\Delta\sigma = K \cdot d^{-1/2} \tag{6-35}$$

式中　$\Delta\sigma$——强度增量；

　　　K——常数，如对于纯铝为 $40\mathrm{MPa} \cdot \mu\mathrm{m}^{1/2}$；

　　　d——晶粒平均直径。

由式（6-35）可知，金属的强度随着晶粒平均直径的减小而增加。

在金属基复合材料中，晶粒细化的效果较为明显。因为无论采用何种增强相，都会对晶粒的长大起到抑制作用。以铸造工艺制备的颗粒增强金属基复合材料为例加以说明：一方面，由于用于增强的颗粒与金属基体均要有一定的润湿关系，在熔融金属液体的凝固过程中，颗粒可以作为金属基体异质形核的核心，从而提高金属基体凝固时的形核率，而一个晶核最终成为一个晶粒，因此，形核率越高，晶粒的数目就越多，晶粒也就越小。另一方面，金属基体凝固过程中还伴随着晶粒的长大，而晶粒长大是通过界面的迁移实现的。而增强相颗粒一般具有较高的强度，因此，晶界上存在增强相颗粒时，其界面迁移将受到阻碍，难以长大。

当然，在制备金属基复合材料时，还有其他获得细晶粒的方法。

（2）热失配强化　热失配强化是由于增强相和基体之间由于热膨胀系数的差异，而在其冷却过程中导致界面处基体和增强体的变形程度不一致，进而在颗粒周围诱发产生大量的位错，从而间接地起到阻碍位错运动的作用，以达到提升强度的效果。关于热失配强化对强度的贡献，可根据式（6-37）进行理论计算：

$$\Delta\sigma = \eta Gb\rho^{1/2} \tag{6-36}$$

$$\rho = \frac{12\Delta\alpha\Delta T\varphi}{bD(1-\varphi)} \tag{6-37}$$

以上两式中　$\Delta\sigma$——热失配强化强度；

η——常数，通常选取其为 1 或 1.25；

G——基体的剪切模量；

b——基体位错的伯氏矢量；

ρ——增加的位错密度；

$\Delta\alpha$——基体和增强体的热膨胀系数差值；

ΔT——热加工温度和室温的差值；

φ——增强相体积分数；

D——增强体平均直径。

根据以上两个式子可以看出，热失配强化机制对强度的贡献直接取决于增加位错密度的大小，增加的位错密度越大，对强度的贡献也越明显。

第三节　金属基复合材料的制造技术

金属基复合材料的制造是这类复合材料的关键问题，它直接影响到复合材料的性能、成本和应用范围等。不同制造技术制备的同一种金属基复合材料，其性能可能存在较大的差别。另外，金属基复合材料制造的另一个难点在于：金属熔点较高，需要在高温下合成，同时不少金属对整体表面的润湿性很差，甚至不润湿，加上金属在高温下很活泼，易与多种增强体发生反应。因此，在制造金属基复合材料的工艺选择上需要综合考虑。

一、金属基复合材料制造技术的要求

通常，金属基复合材料的制造技术应满足的要求：

① 能使实现增强相在金属基体中的均匀分布。增强相在金属基体中的均匀分布对复合材料的性能很重要。一方面，根据前面的增强原理可知，增强相能够起到增强效果都要达到一定的体积分数，这是从增强相分布均匀的基础上得出的结论；另一方面，增强相出现团聚等分布不均现象时，将导致团聚处形成既有缺陷，从而又降低材料的性能。

② 能充分发挥复合材料的界面效应、混杂效应或复合效应。复合材料具有特殊的复合效应，包括线性效应、非线性效应、界面效应、尺寸效应等。在特定的复合材料中，不是所有效应都会同时出现，但至少会出现一种，而且正是复合效应的存在，使得复合材料增添了原有基体和增强相所不具有的性能。在复合材料的制造过程中，要用合适的工艺或方法使得复合效应能够充分发挥出来。

③ 能够避免增强相与金属基体之间各种不利化学反应的发生，得到合适的界面结构和性能。界面是复合材料中的一个重要组成部分。基体与增强相的界面结合包括机械结合、反应结合、氧化结合、溶解和浸润结合等。正是由于存在界面结合，界面才能起到传递载荷的作用。一般地，对界面的结合力大小有一定要求，结合力过高则损害复合材料的韧性，容易在界面处产生开裂；结合力过低，界面难以起到传递载荷的作用。因此，复合中的困难也通常是界面难以形成一定强度的结合。另外，由于制备金属基复合材料的温度都比较高，有时基体与增强相之间会发生化学反应，比如在界面形成脆性相，此时要注意控制，防止不利的化学反应发生。

④ 能制造出接近最终产品的形状、尺寸和结构，尽量减少或避免后续加工。

⑤ 能使复合材料的制备向低成本化、工艺简单化、生产实现批量化或规模化。

二、金属基复合材料制造技术分类

金属基复合材料的制造技术选用原则：首选是要使复合材料性能得到最大优化，其次是要适合所选用的复合体系，最后是制造成本尽可能地降低。

针对金属基复合材料制造的复杂性和困难，发展出了不少制造技术，常用的复合工艺主要包括固态法和液态法。

① 液态法　液态法是指金属基体处于熔融状态下与增强相混合组成复合材料的方法。这类方法主要是铸造方法，包括挤压铸造、搅拌铸造，另外还包括浸渗法和共喷沉积法等。

② 固态法　固态法是指金属基体处于固态情况下与增强相混合组成复合材料的方法。粉末冶金法是常用的一种固态法。此外，还有热等静压法、热压法、轧制法、挤压法等。

此外，还有一些其他的制造技术，如气相沉积法、热喷涂法、化学镀法、电镀法等。

三、液态制造技术

液态制造技术较早应用，也是最主要的用于金属基复合材料的制备技术。由于熔融金属流动性好，容易填充到增强相周围，增强相也容易分散到液体金属中，还可以采用传统的冶金工艺，实现批量性生产。

（一）铸造技术

铸造是工业生产上应用较为广泛而成熟的技术。一般是将金属进行熔化，再浇铸成特定形状的铸件或铸锭。

铸造方法制备金属基复合材料的突出优点在于可以获得任意体积分数、任意尺寸增强相的复合材料。而需要克服的困难在于3个方面：一是增强体与金属的润湿性，如果两者的润湿性较差，则在熔体中不容易混合均匀，增强相颗粒易于"漂浮"在金属熔体表面或"沉入"熔体底部，而难以获得复合材料。二是增强体在金属熔体中的团聚问题，特别是对于尺寸较小的增强体，团聚问题就更值得关注。三是金属熔体在高温下的氧化问题。

应用于金属基复合材料制备的铸造技术主要包括搅拌铸造和挤压铸造等。

（1）搅拌铸造技术　这是一种适合于工业规模化生产颗粒增强金属基复合材料的主要方法。其基本原理是将颗粒直接加入到基体金属熔体中，通过一定方式的搅拌使颗粒均匀地分散在金属熔体中，然后浇铸成铸件或铸锭，如图 6-12 所示。

搅拌铸造工艺主要包括旋涡法、Duralcon 法和复合铸造法三种。

旋涡法的基本原理是利用高速旋转的搅拌器桨叶搅动金属熔体，使其产生强烈流动并形

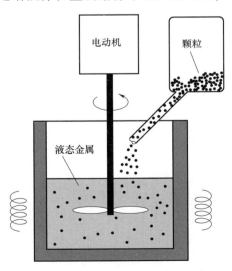

图 6-12　液态金属搅拌工艺装置示意图

成旋涡，将颗粒加到旋涡中，依靠旋涡的负压抽吸作用将增强体吸入金属熔体中。经过一定时间的强烈搅拌，增强体逐渐均匀地分布于金属熔体中而进行复合。

Duralcon 法也称为无旋涡搅拌法，其过程：将熔炼好的基体金属熔体注入可抽真空或通氩气保护、能对熔体保温的搅拌炉中，然后向金属熔体中加入增强体，并采用搅拌器在真空或充氩气条件下进行高速搅拌，使增强体均匀分布在金属熔体中。该方法可以有效防止金属熔体的氧化和气体吸入问题。

复合铸造法也采用机械搅拌将增强体混入金属熔体中，但它是在半固态金属状态下进行搅拌。增强体加入半固态金属中，在搅拌作用下通过其中的固相金属将增强相带入熔体。通过强烈的搅拌作用，增强相与固相金属相互碰撞、摩擦而逐步均匀地分散在半固态熔体中。这种方法可以用来制造增强相尺寸较小、含量较高的金属基复合材料。主要问题是基体合金体系的选择受到较大的限制，要求必须选择特定的体系和温度。

（2）挤压铸造技术　挤压铸造技术也称为液态模锻技术，是将加热好的增强相预制块放入模具中，然后注入基体金属液体，在压力作用下将液态金属强行压入增强材料的预制件中，以获得金属基复合材料，其流程如图 6-13 所示。

挤压铸造时，预制块质量、模具设计、预制块预热温度、熔体温度、压力等参数的控制是获得高性能金属基复合材料的关键。

挤压铸造的压力比真空压力浸渗的要高得多，因此要求预制块具

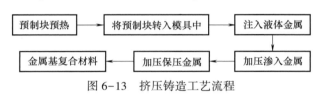

图 6-13　挤压铸造工艺流程

有高的机械强度，能承受高的压力而不变形。

（二）金属熔液浸渗技术

金属熔液浸渗总体上是先制备增强体的多孔预制块，然后在毛细管压力作用下，使金属液体渗入到增强体预制块中而形成金属基复合材料。这种技术在金属基复合材料的制备中具有一定的优势，但所制备的复合材料所含增强相体积分数比较高，对制备要求低体积分数含量增强相的金属基复合材料不适用。

（1）真空压力浸渗技术　压力浸渗是一种独特的液体渗透形式，利用加压惰性气体迫使液态金属进入增强相制作的预制件中。按照液体金属的流动方向有包括 3 种方式：顶部填充浸渗——液态金属被加压气体强迫向下进入预制体；底部充型浸渗——通过作用于熔体表面的加压气体，将液态金属通过充型管压入预坯；顶浇浸渗——一种用于高温合金渗透的方法，必须防止强化和熔体发生反应。图 6-14 所示为三种浸渗方式。

金属基复合材料的制备过程是在真空压力浸渗炉中进行。不同方式的浸渗用的炉体结构有所差别，总体上由耐高压的壳体、熔化金属的加热炉体、预制件（块）的预热炉体、坩埚或顶塞升降装置、真空系统、温度控制系统和气体加压系统所组成。金属熔化过程可抽真空或充保护性气体，防止金属氧化和增强相损伤。

底部充型浸渗方式制备碳化硅颗粒增强铝基复合材料（SiC_p/Al）的工艺过程主要有：

① 碳化硅预制件的制备。按照预先设计的碳化硅含量称取碳化硅粉末颗粒，加入一定量的造孔剂和黏结剂，通过模压成多孔预制块素坯。将碳化硅预制件素坯加热到一定温度进行烧结后得到多孔预制块。

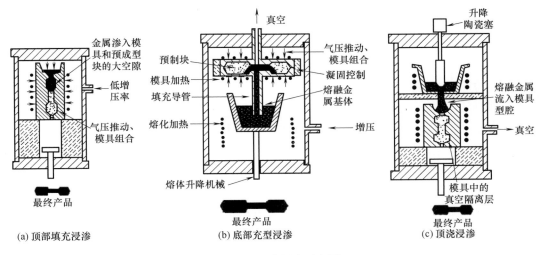

图 6-14　压力浸渗示意图

② 将碳化硅预制块和铝锭分别放入浸渗炉的预热炉和熔化炉中，抽真空至预定真空度。开始熔化铝锭并对碳化硅预制块进行预热。控制加热过程，使预制块和熔融铝达到预定温度。

③ 启动熔体升降机械，将熔体坩埚向上推举，使铝熔液通过填充导管在压力的作用下充填到放置预制块的模腔内。

④ 利用惰性气体提供的压力，将熔融铝液体充填到预制块的孔隙中，直到碳化硅预制块中孔隙完全渗入，然后进行凝固，形成 SiC_p/Al 复合材料。

⑤ 拆卸组件，取出 SiC_p/Al 复合材料。

真空压力浸渗技术的原理决定了其制备金属基复合材料的特点：

① 适用性广。只要所用增强相可能制作成预制块、金属基体不与容器等发生反应，都可以应用该技术进行制备。

② 可直接得到近成型产品而无需后续二次加工。

③ 组织致密，几乎不存在气孔、疏松等铸造缺陷，性能好。

④ 可制备增强相含量较高的金属基复合材料，比如可制备 SiC 体积分数高达 75% 的 SiC_p/Al 复合材料。

应用该技术制备金属基复合材料时，要注意增强相体积分数不能太低，否则不容易制备预制件（块）；基体金属与增强相之间要有一定的润湿关系。

（2）无压浸渗工艺　无压浸渗与压力浸渗的区别在于浸渗过程中不施加外部压力，而只依靠毛细管压力的作用将金属液体渗入到增强体预制块中而形成复合材料。因此，该工艺主要由两部分组成，一是增强体预制块的制备；二是金属熔体的浸渗。为了便于浸渗，金属熔体与增强体之间需要满足一定的条件。

首先，金属熔体与增强体之间具有一定的润湿关系，也就是具有一定的浸润性。满足这一条件才能使熔体在毛细管压力作用下顺利填充至增强体预制块的孔隙中。同时，浸润性也可以保证增强体与基体金属间的结合能力，发挥复合材料的作用。

其次，增强体预制块不能过于致密，也不能过于松散，并且要求预制块中的孔隙

（毛细管）能够相互连通。预制块过于致密则没有足够的孔隙用于填充金属基体熔液，从而所制备的复合材料中金属基体的体积分数含量太低；预制块过于松散，则在浸渗过程中预制块可能塌陷而影响增强体在复合材料中的分布均匀性。要获得符合这一条件的增强体预制块，需要充分考虑增强体形状、尺寸及其分布等参数。

此外，还要考虑金属基体与增强体的熔点、热膨胀系数匹配、两者之间的化学反应对浸渗过程及最终复合材料的性能是否有利等因素。

常用的无压浸渗方法有 3 种，即蘸液法、浸液法和上置法，如图 6-15 所示。

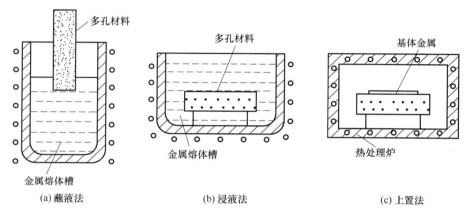

图 6-15　无压浸渗方法示意图

蘸液法的主要特点是金属熔体在毛细管压力作用下，自下而上地渗入到预制块间隙。在预制块不断向下移动的同时，内部气体从上面排出，有利于实现致密化。但该方法也有一定的缺陷，比如金属熔体渗入程度不均匀等。

浸液法是将预制块浸泡在金属熔体中，金属熔液从周围向里面进行渗入。这种工艺操作起来比较简单，容易实现规模化生产。但预制块内的气体排出受到阻碍，要完全排除需要经过复杂的过程。

上置法是将基体金属固体放置于预制块上部，然后一同放在加热炉中加热，金属块熔化后自上而下地渗入到预制块孔隙中。该方法的优点在于金属液体在重力和毛细管压力作用下进行渗入而获得较好的均匀性，但金属液体的凝固补缩及渗流的可控性较差。

总体上，无压浸渗具有工艺简单、成本低、可实现近终成型产品等优点。

四、固态制造技术

固态制造就是以固态的原始材料来制备金属基复合材料。这里介绍一下粉末冶金和热等静压两种工艺。

图 6-16　粉末冶金技术总体工艺路线示意图

（一）粉末冶金技术

粉末冶金技术是最早用于制造金属基复合材料的方法。其总体工艺路线如图 6-16 所示，其工艺流程如图 6-17 所示。

下面以粉末冶金法制备二硼化钛颗粒增强铜基复合材料（TiB$_2$/Cu）为例加以说明。

（1）确定增强相比例及增强相与基体粉末的配比 从前面的增强原理中已经知道，金属基复合材料的性能与所含增强相的体积分数（或质量分数）有一定的联系。因此，首先应确定增强相的比例，比如 5%（质量分数或体积分数）；然后确定所需要配置的 TiB$_2$/Cu 复合粉末总量，再计算出所需要的铜粉和二硼化钛粉末各为多少。

（2）混粉 将称量好的铜粉和二硼化钛粉末混合在一起进行混粉。目前混粉方法用得

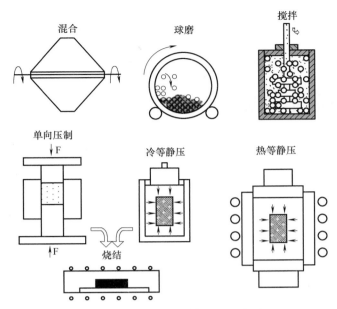

图 6-17 粉末冶金技术流程示意图

比较多的是球磨混粉。混粉的目的是使二硼化钛和铜粉均匀混合，为获得增强相分布均匀的复合材料作准备。

（3）压制 粉末混合好后，应用模压方法，将粉末压制成生坯。此时，生坯块体中的粉末颗粒之间依靠机械咬合作用黏合在一起。由于金属粉末一般具有一定的塑性变形能力，在模压过程中将发生变形，从而使颗粒之间具有一定的咬合作用。对于不容易变形的粉体，则需加入一定的黏结剂进行压制，否则难以形成生坯。生坯的初始致密度（实测密度与理论密度的比值）对后续烧结致密度有一定的影响，一般希望生坯的致密度比较高。因此，有时生坯应用等静压机压制等。

（4）烧结 将生坯放入烧结炉中进行烧结成型。烧结时温度一般比较高，但比基体金属的熔点低一两百度，目的是在烧结温度下，使生坯中的颗粒之间发生原子迁移而使颗粒黏合在一起，从而形成块体金属基复合材料。烧结方式也比较多，比如真空烧结、微波烧结等。

（5）二次加工 烧结后的块体复合材料的性能与烧结致密度、晶粒大小、增强相的大小和数量及分布均匀性等有关，因此，通常还进行后续的二次加工，比如热挤压、热轧等，目的是使块体材料致密度进一步提高，并可能获得更为细小的晶粒，并形成最后的产品（如板材、棒材等）。

有的设备可以将压制和烧结结合在一起，不需要进行单独的压制步骤。比如，采用真空热压烧结、放电等离子体烧结、热等静压等，是将混合好的粉末装填在专用烧结模具中，烧结过程是在一定的压力下进行的，因此不需要事先的压制过程。

粉末冶金法是一种工艺适用性较强的金属基复合材料制造技术，可用于制造短纤维、晶须、颗粒增强金属基复合材料零件。适用于铝基、钛基、耐热合金、难熔金属、金属间化合物基复合材料。适合批量生产，可直接制备出最终形状和尺寸的产品而不需要后续精

加工。对增强相含量没有限制，可以较好地控制，通过混粉可以实现其在基体中的均匀分布。但该工艺的工序较多，需要将金属基体制备成粉末且均匀混合，并采用专用模具压制成型和烧结等，因此成本较高。

（二）热等静压技术

热等静压技术属于热压的一种，用惰性气体加压，工件在各个方向上受到均匀压力的作用。其工作原理及设备如图 6-18 所示。

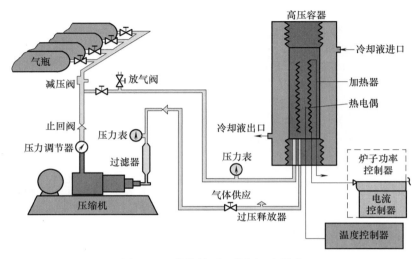

图 6-18　热等静压工作原理和设备

热等静压的工艺过程为：将金属基体与增强体按一定比例均匀混合后，装入金属包套中，待抽气密封后装入密闭的高压容器中，通过高压容器中的加热器对其进行加热，同时通过气压系统施加压力作用，使混合粉末在压力和温度的共同作用下完成烧结，制备成块体复合材料。

热等静压加压的特点是通过气压作用，粉体包套周围受到均匀的压力，同时在一定温度下完成烧结。烧结材料的致密度较高，各处性能比较均匀。

采用热等静压制备金属基复合材料的过程中，温度、压力和保温保压时间是主要的工艺参数。其中，温度是保证工件质量的关键因素，一般选择的温度低于热压温度，以防止发生严重的晶界反应。压力则根据基体金属在高温下变形的难易程度而定。保温保压时间主要决定于工件的大小，一般为 30min 至数小时。

典型的热等静压工艺有 3 种：一是先升压后升温，其特点是无须将工作压力升到最终所要求的最高压力。随着温度升高，气体膨胀，压力不断升高，直至达到所需要的压力，这种工艺适用于金属包套工件的制备。二是先升温后升压，该工艺对玻璃包套制造金属基复合材料比较合适，因为玻璃在一定温度下软化，加压时不会发生破裂，又可以有效传递压力。三是同时升温升压，这种工艺适用于低压成型、装入量大、保温时间长的工件制备。

热等静压法技术适用于多种复合材料的管、筒、柱及形状复杂零件的制造，特别适用于铝、钛、超合金基复合材料。产品的组织均匀致密、无缩孔、气孔等缺陷，形状和尺寸精确，性能均匀。但设备投资大、工艺流程长、成本高。

表 6-6 列举了一些金属基复合材料的制备技术及应用方向。

表 6-6　　金属基复合材料主要制造方法及应用范围

类别	制备方法	适用金属基复合材料体系		典型复合材料及产品
		增强相	金属基体	
固态法	粉末冶金	SiC_p、Al_2O_3、SiC_w、B_4C_p 等颗粒、晶须及短纤维	Al、Cu、Ti 等金属	SiC_p/Al、SiC_w/Al、Al_2O_3/Al、TiB_2/Ti 等金属基复合材料零件、板、锭、坯等
	热压固结法	B、SiC、C(Gr)、W	Al、Cu、Ti、耐热合金	B/Al、SiC/Al、SiC/TiC/Al、C/Mg 等零件、管、板等
	热等静压法	B、SiC、W	Al、Ti、超合金	B/Al、SiC/Ti 管
	挤压、拉拔轧制法		Al	C/Al、Al_2O_3/Al 棒、管
液态法	挤压铸造法	各种类增强相、纤维、晶须、短纤维 C、Al_2O_3、SiC_p、$Al_2O_3 \cdot SiO_2$	Al、Zn、Mg、Cu 等	SiC_p/Al、C/Al、C/Mg、Al_2O_3/Al 等零件、板、锭、坯等
	真空压力浸渗法	各种纤维、晶须、颗粒增强相	Al、Mg、Cu、Ni 等	C/Al、C/Cu、C/Mg、SiC_p/Mg、SiC_p/Al 等零件板、锭、坯等铸件、铸坯
	搅拌铸造法	颗粒、短纤维及 Al_2O_3、SiC_p	Al、Zn、Mg	SiC_p/Al、Al_2O_3/Al 等铸板坯、管坯、锭坯等
	反应喷射沉积法	Al_2O_3、SiC_p、B_4C、TiC 等颗粒	Al、Ni、Fe 等金属	零件、铸件
	真空铸造法	C、Al_2O_3 连续纤维	Mg、Al	
	原位自生成法	陶瓷等反应产物	Al、Ti、Cu	
	电镀及化学镀法	Al_2O_3、SiC_p、B_4C、颗粒、C 纤维	Ni、Cu 等	表面复合层
	热喷镀法	SiC_p、TiC 等	Ni、Fe 等	管、棒等

第四节　金属基复合材料的性能及应用

一、金属基复合材料的性能特点

金属基复合材料的性能取决于所选用金属或合金基体和增强物的特性、含量、分布等。通过优化组合可以获得既具有金属特性，又具有高比强度、高比模量、耐热、耐磨等综合性能的复合材料。综合归纳金属基复合材料，有以下性能特点：

（1）高比强度、比模量　由于在金属基体中加入了适量的高强度、高模量、低密度的纤维、晶须、颗粒等增强物，明显提高了复合材料的比强度和比模量，特别是高性能连续纤维–硼纤维、碳（石墨）纤维、碳化硅纤维等增强物，具有很高的强度和模量。密度只有 $1.85g/cm^3$ 的碳纤维的最高强度可达到 7000MPa，比铝合金强度高出 10 倍以上，石墨纤维的最高模量可达 91GPa，硼纤维、碳化硅纤维密度为 $2.5 \sim 3.4g/cm^3$，强度为 $3000 \sim 4500MPa$，模量为 $350 \sim 450GPa$。加入 30%～50%的高性能纤维作为复合材料的主要承载体，复合材料的比强度、比模量成倍地高于基体合金的比强度和比模量。

用高比强度、比模量复合材料制成的构件质量轻、刚性好、强度高，是航天、航空技术领域中理想的结构材料。

（2）导热、导电性能　金属基复合材料中金属基体占有很高的体积分数，一般在60%以上，因此仍保持金属所持有的良好导热和导电性。良好的导热性可以有效地传热，减少构件受热后产生的温度梯度和迅速散热，这对尺寸稳定性要求高的构件和高集成度的电子器件尤为重要。良好的导电性可以防止飞行器构件产生静电聚集的问题。

在金属基复合材料中采用高导热性的增强物，还可以进一步提高金属基复合材料的导热系数，使复合材料的热导率比纯金属基体还高。为了解决高集成度电子器件的散热问题，现已研究成功的超高模量石墨纤维、金刚石纤维、金刚石颗粒增强铝基、铜基复合材料的导热率比纯铝、铜还高，用它们制成的集成电路底板和封装件可有效迅速地把热量散去，提高了集成电路的可靠性。

（3）热膨胀系数小、尺寸稳定性好　金属基复合材料中所用的增强物碳纤维、碳化硅纤维、晶须、颗粒、硼纤维等均具有很小的热膨胀系数，又具有很高的模量，特别是高模、超高模量的石墨纤维具有负的热膨胀系数。加入相当含量的增强物不仅能大幅度提高材料的强度和模量，也使其热膨胀系数明显下降，并可通过调整增强物的含量获得不同的热膨胀系数，以满足各种工况要求。例如石墨纤维增强镁基复合材料，当石墨纤维含量达到48%时，复合材料的热膨胀系数为零，即在温度变化时使用这种复合材料做成的零件不发生热变形，这对人造卫星构件特别重要。

通过选择不同的基体金属和增强物，以一定的比例复合在一起，可得到导热性好、热膨胀系数小、尺寸稳定性好的金属基复合材料。

（4）良好的高温性能　由于金属基体的高温性能比聚合物高很多，增强纤维、晶须、颗粒在高温下又都具有很高的高温强度和模量，金属基复合材料具有比基体金属更高的高温性能，特别是连续纤维增强金属基复合材料，在复合材料中纤维起着主要承载作用，纤维强度在高温下基本上不下降，纤维增强金属基复合材料的高温性能可保持到接近金属熔点，并比金属基体的高温性能高许多。如钨丝增强耐热合金，其1100℃、100h高温持久强度为207MPa，而基体合金的高温持久强度只有48MPa；又如石墨纤维增强铝基复合材料在500℃高温下仍具有600MPa的高温强度，而铝基体在300℃强度已下降到100MPa以下。因此，金属基复合材料被选用在发动机等高温零部件上，可大幅度提高发动机的性能和效率。总之，金属基复合材料做成的零构件与金属材料、聚合物基复合材料零件相比，能在更高的温度条件下使用。

（5）耐磨性好　金属基复合材料，尤其是陶瓷纤维、晶须、颗粒增强金属基复合材料具有很好的耐磨性。这是因为在基体金属中加入了大量的陶瓷增强物，特别是细小的陶瓷颗粒。陶瓷材料硬度高、耐磨、化学性质稳定，用它们来增强金属不仅提高了材料的强度和刚度，也提高了复合材料的硬度和耐磨性。

$SiCp/Al$ 复合材料的高耐磨性在汽车、机械工业中有重要的应用前景，可用于汽车发动机、刹车盘、活塞等重要零件，能明显提高零件的性能和寿命。

（6）良好的疲劳性能和断裂韧性　金属基复合材料的疲劳性能和断裂韧性取决于纤维等增强物与金属基体的界面结合状态，增强物在金属基体中的分布以及金属、增强物本身的特性，特别是界面状态，最佳的界面结合状态既可有效地传递载荷，又能阻止裂纹的扩展，提高材料的断裂韧性。C/Al 复合材料的疲劳强度与拉伸强度比为 0.7 左右。

（7）不吸潮、不老化、气密性好　与聚合物相比，金属性质稳定、组织致密，不存在老化、分解、吸潮等问题，也不会发生性能的自然退化，这比聚合物基复合材料优越，在太空环境中不会分解出低分子物质污染仪器和环境，有明显的优越性。

总之，金属基复合材料所具有的高比强度、比模量，良好的导热、导电性，耐磨性、耐高温性能，低的热膨胀系数、高的尺寸稳定性等优异的综合性能，使金属基复合材料在航天、航空、电子、汽车、先进武器系统中均具有广泛的应用前景，对装备性能的提高将发挥巨大作用。

二、金属基复合材料的应用

（一）铝基复合材料的性能及应用

铝基复合材料是以铝或铝合金为基体，增强相以纤维、晶须、颗粒等形式存在，通过特殊手段使其结合为一体所形成的材料。铝基复合材料的研究开始于 20 世纪 50 年代。由于铝合金密度低，整体刚度大、耐锈蚀性能好、焊接性能好、塑性好等有益力学性能，以及其熔点低、易成型、与多种增强相润湿性好、凝固过程中没有多余相变等复合材料制备的有利因素，使得铝基复合材料被称为发展最为迅速的金属基复合材料。

颗粒增强铝基复合材料是目前应用最为广泛的铝基复合材料，其特点是制备方法多样、制备难度低、成本低廉、尺寸稳定性高，且性能上各向同性。20 世纪 80 年代末，美国首次披露光学级碳化硅颗粒增强铝基复合材料，用以替代铍、钛制作轻型反射镜基材及惯性导航仪构件。到了 20 世纪 90 年代，美国又推出了电子级碳化硅颗粒增强铝基复合材料，用 SiCp/Al 复合材料代替 W/Cu 合金和 Kovar 合金用作电子封装件。表 6-7 列举了一些 SiC 颗粒增强铝合金复合材料的性能。

表 6-7　　　　　　　　　　SiC 颗粒增强铝合金复合材料的典型力学性能

基体及 SiC_p 含量/%		弹性模量/GPa	拉伸强度/MPa	屈服强度/MPa	断后伸长率/%
6061	锻压	68.9	310.3	275.8	12.0
	15	96.5	455.1	400.0	7.5
	20	103.4	496.4	413.7	5.5
	25	113.8	517.1	427.5	4.5
	30	120.7	551.6	434.3	3.0
	35	134.5	551.6	455.1	2.7
	40	144.8	586.1	448.2	2.0
2124	锻压	71.0	455.1	420.6	9.0
	20	103.4	551.6	400.0	7.0
	25	113.8	565.4	413.7	5.6
	30	120.7	593.0	441.3	4.5
	40	151.7	689.5	517.1	1.1
7090	锻压	72.4	634.3	586.1	8.0
	20	103.4	724.0	655.0	2.5
	25	115.1	792.9	675.7	2.0
	30	127.6	772.2	703.3	1.2
	35	131.0	724.0	710.2	0.9
	40	144.8	710.2	689.5	0.9

续表

基体及 SiC$_p$ 含量/%		弹性模量/GPa	拉伸强度/MPa	屈服强度/MPa	断后伸长率/%
7091	锻压	72.4	586.1	537.8	10.0
	15	96.5	689.5	579.2	5.0
	20	103.4	724.0	620.6	4.5
	25	113.8	724.0	620.6	3.0
	30	127.6	765.3	675.7	2.0
	40	139.3	655.0	620.6	1.2

SiC$_p$/Al 基复合材料的密度仅为钢的 1/3，但比强度比纯铝和中碳钢的都高，具有很强的耐磨性，可在 300~350℃ 的高温下稳定工作。因而，被美国、日本和德国等发达国家广泛应用于汽车发动机活塞、齿轮箱、飞机起落架、高速列车及精密仪器的制造。

高体积分数（≥50%）SiC$_p$/Al 基复合材料具有优异的结构承载能力、卓越的热控功能及独特的防共振功能，其比模量可以达到铝合金和钛合金的 3 倍，热膨胀系数比钛合金还低，热导率则远高于铝合金，平均谐振频率比铝、钛、钢三大金属结构材料高出 60% 以上。这种结构/功能一体化的综合性能优势使得其在航空航天精密仪器结构件、微电子器件封装元件等领域有着广阔的应用前景。美国主力战机 F-22 "猛禽" 上的自动驾驶仪、发电元件、抬头显示器、电子技术测量阵列上广泛采用 SiC$_p$/Al 基复合材料代替传统封装材料。

纤维增强铝基复合材料也是一种较早开发和应用的材料。其中，碳纤维增强铝基复合材料是金属基复合材料中研究较多、应用较广的一种复合材料。表 6-8 为碳纤维增强铝基复合材料的力学性能。

表 6-8　　　　碳纤维增强铝基复合材料力学性能

纤维	基体	纤维含量（V_f）/%	密度（ρ）/(g/cm³)	抗拉强度（σ_b）/MPa	弹性模量（E）/GPa
碳纤维 T50	201 铝合金	30	2.38	633	169
碳纤维 T300	201 铝合金	40	2.32	1050	148
沥青碳纤维	6061 铝合金	41	2.44	633	320
碳纤维 HT	5056 铝合金	35	2.34	800	120
碳纤维 HM	5056 铝合金	35	2.38	600	170

从表 6-8 可以看出，碳纤维增强铝基复合材料具有密度小、比强度高、比模量高、导电导热性好，高温强度及高温下尺寸稳定性好等优点。在许多领域特别是航空航天领域得到广泛应用，被用于制作电缆、活塞、螺旋桨叶片，以及火箭、卫星、飞机上的各种部件等。

图 6-19 为碳纤维增强铝基复合材料与铝合金高温性能的比较。在复合材料中纤维是主要承载体，纤维在高温下仍保持很高的强度和模量，因此纤维增强金属基复合材料的强度和模量能保持到较高温度，这一点对航空航天构件、发动机零件等十分有利。

纤维增强铝基复合材料比较突出的缺点是价格昂贵，因此，目前主要用于航天领域，作为航天飞机、人造卫星、空间站等的结构材料。

（二）钛基复合材料的性能及应用

钛基复合材料是指在钛或钛合金基体中加入高模量、高强度、高硬度及良好高温性能增强相的一种复合材料，它把基体的韧性、延展性与增强相的高强度、高模量结合起来，从而使钛基复合材料具有比钛合金更高的比强度和比模量，极佳的抗疲劳和蠕变性能，以及优异的高温性能和耐腐蚀性能。因此，在汽车、航空、航天等工业领域具有广泛的应用潜力。美国、日本和欧洲一些国家已经展开关于钛基复合材料的研制及应用研究，并在飞机发动机、高铁等领域的关键零部件的研制上，取得了重要进展，如图6-20、图6-21所示。

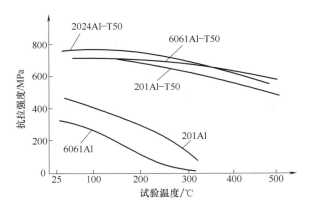

图6-19　铝合金与铝基复合材料的高温性能示意图

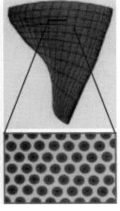

图6-20　纤维增强钛基复合材料在叶片加强翼型新设计理念中的应用

图6-21　纤维增强钛基复合材料飞机发动机轴

目前钛基复合材料的研究主要集中在颗粒增强，其中TiC和TiB$_2$颗粒被认为是制备钛基复合材料最为合适的增强相。这是因为TiC和TiB$_2$的密度、泊松比、热膨胀系数都与钛的接近，并与钛基体互溶。表6-9列举了一些颗粒增强钛基复合材料的室温力学性能。

表6-9　　　　　　　　　　　　颗粒增强钛基复合材料的室温力学性能

材料	增强相体积分数(V_f)/%	制备工艺	弹性模量(E)/MPa	屈服强度$(\sigma_{0.2})$/MPa	抗拉强度(σ_b)/MPa	伸长率(δ)/%
Ti	0	熔铸	108	367	474	8.3
TiC/Ti	37	熔铸	140	444	573	1.9

续表

材料	增强相体积分数 (V_f)/%	制备工艺	弹性模量 (E)/MPa	屈服强度 $(\sigma_{0.2})$/MPa	抗拉强度 (σ_b)/MPa	伸长率 (δ)/%
TiB₂/Ti-62222	4.2	熔铸(原位)	129	1200	1282	3.2
TiC-TiB₂/Ti	15	SHS+熔铸	137	690	757	2.0
Ti-6Al-4V	0	热压	—	868	950	9.4
Ti-6Al-4V	0	真空热压	120	—	890	—
TiC/Ti-6Al-4V	10	热压	—	944	999	2.0
TiC/Ti-6Al-4V	20	冷压+热压	139	943	959	0.3
TiB₂/TiAl	7.5	XD 法	—	793	862	0.5
Ti-6Al-4V	0	快速凝固	110	930	986	1.1
TiB₂/Ti-6Al-4V	3.1	快速凝固	121	1000	1107	7.0
TiB₂/Ti-6Al-4V	10	粉末冶金(原位)	133.5	1004	1124	1.97

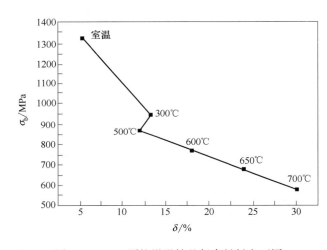

图 6-22 TiC 颗粒增强钛基复合材料在不同
试验温度下的强度与伸长率关系

图 6-22 为 TiC 颗粒增强钛基复合材料（TP-650）在不同实验温度下的强度与伸长率关系曲线。在该复合材料中，TiC 增强颗粒的体积分数为 3%，颗粒的平均尺寸约为 5μm。复合材料铸锭经过开坯锻造，在经两相区锻造加工成 φ13mm 的棒材。从图中看出，从室温至 500℃，随着伸长率的增大，强度急剧下降。而在 500℃ 以上，随着伸长率的增大，强度下降缓慢。由此表明，该复合材料在高温下具有较好的热稳定性。在 500℃ 以上温度进行拉伸性能测试，TP-650 复合材料的强度与伸长率关系为直线关系，该直线的斜率明显小于 300℃ 以下温度试验的值。从而得出，在 500℃ 以上温度试验，材料抗拉强度随温度升高的衰减速率明显低于 300℃ 以下试验的值。从而进一步表明，TiC 颗粒增强钛基复合材料具有潜在的耐高温性能。

欧洲的一些科技工作者研究了连续 SiC 纤维钛合金基体涂层，研制了用于制备 SiC 纤维基体合金涂层的等离子喷涂装置。他们在试验中选择的是 Ti-6Al-4V 合金。目前，正在发展一种磁喷射系统用于制备 SiC 纤维的 IMI834 基体合金（英国牌号）涂层。他们发现，在 700℃ 时界面反应有非常小的生长，而 SiC 纤维原始的 C 涂层厚度测量不到什么变化。该复合材料在 700℃ 下经过大于 900h 处理，其强度保持不变。

近年来，为了进一步提高钛基复合材料的力学性能，人们尝试选用碳纳米材料如碳纳米管及石墨烯作为增强相，采用粉末冶金的方法来制备钛基复合材料，实现钛基复合材料在纳米尺度上的增强。其中，石墨烯由于具有高的弹性模量（1TPa）、高的断裂强度（约

125GPa）和比表面积（约 $2630m^2/g$），在钛基复合材料中的应用研究较为活跃。

石墨烯增强钛基复合材料的研究要注意石墨烯与钛基体的反应，以及石墨烯在钛基体中的分布均匀性。通常采用球磨混合石墨烯和钛或钛合金粉末，再采用诸如热压烧结（HP）、放电等离子烧结（SPS）等烧结方法，制备块体石墨烯增强钛基复合材料。成型后的复合材料经过诸如热挤压、热轧和热锻等的后续加工后，一方面可以消除烧结过程中出现的缺陷，有利于石墨烯更好地承载应力，另一方面可以使石墨烯更好地分散于集体中，从而进一步提高其力学性能。石墨烯增强钛基复合材料的热变形工艺参数及拉伸力学性能如表 6-10 所示。

表 6-10　　　　石墨烯增强钛基复合材料的热变形工艺参数及拉伸力学性能

增强相/基体	质量分数/%	烧结工艺	热加工工艺	抗拉强度 (σ_{UTS})/MPa	延伸率 (ε_f)/%
少层石墨烯/纯钛	0.025	SPS	热轧：温度 1223K，压下量 60%，三道次	716	25
	0.05			784	20
	0.1			887	10
少层石墨烯/TC4	0.5	热等静压	热锻：温度 1243K，锻造比 3	1058±3	9.3±0.3

（三）镁基复合材料的性能及应用

镁及镁合金具有较低的密度，比铝还要轻，是目前最轻的结构材料。为进一步提高镁合金的力学和物理、化学性能，镁基复合材料得到了较大的发展。镁基复合材料的增强相通常有颗粒、晶须、短纤维。

颗粒增强镁基复合材料中，SiC 颗粒作为增强相的研究较为突出。表 6-11 列举了一些 SiC 增强镁合金的力学性能。由表可见，随着增强颗粒的加入及其体积分数的增加，复合材料的屈服强度、抗拉强度、弹性模量都有所提高，伸长率则有所下降。但对于同一增强相含量而言，随着温度的升高，复合材料的屈服强度、抗拉强度、弹性模量都有所降低，伸长率有所提高，说明温度对这种材料的性能有较大的影响。另外，对铸态复合材料进行压延，可使其力学性能大大提高。这是由于经过压延后，陶瓷颗粒增强相在基体内分布更加均匀，消除了气孔、缩松等缺陷。$SiC_p/AZ91$ 复合材料的断裂主要表现为脆性断裂，颗粒聚集和团聚是断裂的主要原因。SiC 颗粒增强镁或镁合金还具有优良的耐磨性和耐蚀性。研究表明，随着 SiC 颗粒体积分数的增加，耐磨性提高；而 SiC 颗粒含量在某一临界值以下腐蚀速率基本不变。

表 6-11　　　　SiC_p 增强镁合金材料不同温度的力学性能

材料	温度 (T)/℃	屈服强度 $(\sigma_{0.2})$/MPa	抗拉强度 (σ_b)/MPa	伸长率 (δ)/%	弹性模量 (E)/GPa
15.1%（体积分数）$SiC_p/AZ91$	21	207.9	235.9	1.1	53.9
19.6%（体积分数）$SiC_p/AZ91$	21	212.1	231.0	0.7	57.4
25.4%（体积分数）$SiC_p/AZ91$	21	231.7	245.0	0.7	65.1
25.4%（体积分数）$SiC_p/AZ91$	177	159.6	176.4	1.5	56.0
25.4%（体积分数）$SiC_p/AZ91$	260	53.2	68.6	3.6	—
20.0%（体积分数）$SiC_p/AZ91$	25+压延	251.0	336.0	5.7	79.0

表 6-12 为采用不同黏结剂的压铸态 SiC 晶须增强 AZ91 镁合金的力学性能。与基体合金相比，$SiC_w/AZ91$ 的屈服强度、抗拉强度和弹性模量均大大提高，而伸长率下降。同时，从表中还可以看出，黏结剂对镁基复合材料的性能有显著影响。

表 6-12　　　　　　　　　不同黏结剂的 $SiC_w/AZ91$ 镁基复合材料的力学性能

材料	体积分数 $(V_f)/\%$	屈服强度 $(\sigma_{0.2})/MPa$	抗拉强度 $(\sigma_b)/MPa$	伸长率 $(\delta)/\%$	弹性模量 $(E)/GPa$
AZ91	0	102	205	6.00	46
$SiC_w/AZ91$（酸性磷酸铝黏结剂）	21	240	370	1.12	86
$SiC_w/AZ91$（硅胶黏结剂）	21	236	332	0.82	80
$SiC_w/AZ91$	22	223	325	1.08	81

另外，对复合材料铸锭不同部位沿压铸方向的抗拉强度的研究表明，在采用硅胶黏结剂的 $SiC_w/AZ91$ 复合材料中，不但抗拉强度较低，而且强度分散性较大，复合材料靠近表面部分的强度要高于心部。而采用酸性磷酸铝黏结剂的复合材料的强度分布比较均匀，只是边界部的强度稍高。同时，采用酸性磷酸铝黏结剂的 $SiC_w/AZ91$ 复合材料的密度为 $2.08g/cm^3$，只有 $SiC_w/6061Al$ 复合材料的 74%，虽然其强度、弹性模量比 $SiC_w/6061Al$ 低，但比弹性模量要高，比强度也与之相当。对 $SiC_w/AZ91$ 复合材料进行人工时效强化后，其性能可以进一步提高。

镁基复合材料并没有被大规模地应用于常规结构件中，但在航空航天和汽车电子工业中的众多构件方面有着广阔的应用前景。

镁的活性比较高，甚至容易发生起火、爆炸等现象，因此镁基复合材料的制备工艺比较苛刻，制备难度较大。同时，由于镁的高活性会影响镁基复合材料基体与增强体之间的界面稳定性，镁基复合材料的制备成本较高，在常规结构件中的应用受到较大的限制。美国 TEXTRNO、DOW 化学公司用 SiC_p/Mg 复合材料制造螺旋桨、导弹尾翼、内部加强的气缸等。DOW 化学公司用 Al_2O_{3p}、SiC_p/Mg 复合材料制成皮带轮、油泵壳等耐磨件，并制备出完全由 Al_2O_{3p}/Mg 复合材料构成的油泵。美国斯坦福大学等单位用 $B_4C_p/Mg-Li$ 制作天线结构。

习题与思考题

1. 什么是金属基复合材料？金属基复合材料可分为哪些类别？
2. 试分析金属基复合材料增强相的特点，选择增强相的依据是什么？
3. 金属基复合材料的制备技术有哪些？各有什么优缺点？
4. 比较颗粒增强和纤维增强铝基复合材料的性能特点。
5. 查阅相关文献资料，分析铜基复合材料的性能特点及应用趋势。

参 考 文 献

[1]　张婷，许浩，李仲杰，等. 层状金属复合材料的发展历程及现状 [J]. 工程科学学报，2021，43

（1）：67-75.

［2］ Gubicza J, Dirras G, Szommer P, et al. Microstructure and yield strengthof ultrafine grained aluminum processed by hot isostatic pressing ［J］. Materials Science and Engineering：A. 2007, 458（1-2）：385-390.

［3］ Hansen Niels. Hall-Petch relation and boundary strengthening ［J］. Scripta Materialia. 2004, 51（8）：801-806.

［4］ Chen F, Chen Z N, Mao F. TiB$_2$ reinforced aluminum based in situ composites fabricated by stir casting ［J］. Materials Science & Engineering A, 2015, 625：357-368.

［5］ Srivastava Neeraj, Chaudhari G P. Microstructural evolution and mechanical behavior of ultrasonically synthesized Al6061 - nano alumina composites ［J］. Materials Science & Engineering A, 2018, 724：199-207.

［6］ 薛云飞. 先进金属基复合材料 ［M］. 北京：北京理工大学出版社，2019.

［7］ 赵玉涛，戴起勋，陈刚. 金属基复合材料 ［M］. 北京：机械工业出版社，2007.

［8］ Leyens C, Hausmann J, Kumpfert J. Continuous fiber reinforced titanium matrix composites：fabrication, properties and applications ［J］. Advanced Engineering Materials, 2003, 5（6）：399-410.

［9］ Kim H G, Chang I k. Analysis of the strengthening mechanism based on stress-strain hysteresis loop in short fiber reinforced metal matrix composites ［J］. KSME International Journal, 1995, 9（2）：56-63.

第七章　陶瓷基复合材料

陶瓷材料具有耐高温、耐磨损、耐腐蚀、耐老化以及质量较轻等优良性能，但陶瓷材料的缺点主要是脆性大、耐热震性能差，而且陶瓷材料对裂纹、气孔和夹杂等细微的缺陷很敏感。因此，许多陶瓷材料在实际应用中，特别是在航空航天领域应用时，需要对陶瓷材料进行增韧处理，即制备成陶瓷基复合材料，如图 7-1 所示。

图 7-1　SiC 陶瓷基发动机构件示意图

第一节　陶瓷基复合材料的分类

一、定　　义

陶瓷基复合材料（Ceramic Matrix Composites，CMCs）：以陶瓷材料为基体，以高强度纤维、晶须、晶片和颗粒为增强体，通过适当的复合工艺所制成的复合材料。

陶瓷基复合材料的基体主要有：玻璃陶瓷基体、氧化物陶瓷基体和非氧化物陶瓷基体。不同的基体性能存在较大的区别：①玻璃陶瓷基体在制备过程中增强纤维的损伤比较小，增韧效果好，但是容易产生高温蠕变，耐热性较差。②氧化物陶瓷基体在高温氧化环境中，纤维稳定性较差，容易与基体发生反应，甚至纤维会出现热退化情况。总的来说，氧化物陶瓷基体的耐热性能也比较差。③非氧化物陶瓷主要指的是 SiC 陶瓷和 Si_3N_4 陶瓷，这类陶瓷具有耐腐蚀、耐氧化、耐高温、高强度的特性，应用前景非常广阔。

目前在航空航天中主要用到的陶瓷基体材料为 SiC、Si_3N_4、BN，基本性能见表 7-1。可以看到，BN 的力学性能比较差，Si_3N_4 的烧结温度比较低，只有 SiC 综合性能良好。除表 7-1 中所列，还有一些基体材料如 Al_2O_3、ZrO_2、钙铝硅酸盐玻璃、石英玻璃等，由于性能差异，这些基体材料应用范围也存在区别。以 CMC 在航空发动机热端部件的应用为例，玻璃陶瓷基体一般不适用于此方向，氧化物陶瓷基体应用受到限制，而非氧化物陶瓷基体得到广泛应用。

表 7-1		常见陶瓷基体材料的性能			
陶瓷基体材料	密度/ （g/cm³）	弯曲强度/ GPa	相变温度/ ℃	弹性模量/ GPa	热膨胀系数/ （10^{-6}K^{-1}）
SiC	3.17	700	2600	100	4.5
Si$_3$N$_4$	2.40	171	1899	98	3.1
BN	1.25	96	3000	11	—

陶瓷基复合材料的增强体主要有：颗粒（SiC、Si$_3$N$_4$ 等）、晶须（SiC、Al$_2$O$_3$、Si$_3$N$_4$ 等）、纤维（石英纤维、碳纤维、碳化硅纤维、氮化硅纤维、氮化硼纤维等）、织物（二维或三维，如碳纤维布）。

目前在航空航天中主要用到的陶瓷基复合材料的增强体为石英纤维、碳纤维、SiC 纤维、Si$_3$N$_4$ 纤维、BN 纤维，基本性能见表 7-2。

表 7-2		常见纤维增强体的性能			
纤维类别	纤维直径/ μm	密度/ （g/cm³）	耐温性能/ ℃	拉伸强度/ GPa	弹性模量/ GPa
石英纤维	10~12	2.20	900	1.70	72
碳纤维	5~7	1.76	1400	3.53	230
SiC 纤维	11~14	2.55	2600	3.20	270
Si$_3$N$_4$ 纤维	11~14	2.30~2.40	1500	3.10	300
BN 纤维	11~14	2.26	2000	0.25~1.30	5.5~250.0

以纤维增强体为例：碳纤维是目前开发最成熟、性能最好的纤维之一，其高温性能好、抗氧化性能差；氧化铝纤维虽然抗氧化性能较好，但在高温条件下会出现晶粒相变、晶粒粗化、玻璃相蠕变等现象，影响高温性能；氮化硅纤维具有优异的力学性能、高温性能、抗氧化腐蚀性能，但性能不稳定、杂质含量较高；硼纤维制造困难、生产率很低、价格昂贵；石英纤维具有热退化倾向，工作温度超过 600℃ 强度会急剧下降；而碳化硅纤维作为一种新型纤维，具有高的比强度和比模量、卓越的耐热性能、优良的抗疲劳和抗蠕变性及使用可靠性。

二、陶瓷基复合材料的分类

① 按使用性能特性分类 结构陶瓷基复合材料、功能陶瓷基复合材料。

② 按基体材料分类 氧化物陶瓷基复合材料、非氧化物陶瓷基复合材料、微晶玻璃基复合材料、碳/碳复合材料。

③ 按增强材料形态分类 零维（颗粒）、一维（纤维状）、二维（片状和平面织物）、三维（三向编织体）等陶瓷基复合材料。

第二节 陶瓷基复合材料的增韧机理

一般来说，陶瓷基复合材料中陶瓷基体的强度很大、韧性很差，因此陶瓷基复合材料中增强体的主要作用是增加韧性，而不是增加强度（这与树脂基复合材料不同）。

格里菲斯强度理论认为，具有张开型裂纹的脆性物体强度受裂纹尖端附近集中后的应力大小控制的张性破裂强度准则。即：

$$\sigma = K_C / (Y\sqrt{c})\qquad\qquad(7\text{-}1)$$

式中　Y——量纲为一常数（裂纹系统的几何形状因子），取决于陶瓷内部缺陷的形状、应力场和试样的几何形状；

　　　c——裂纹尺寸；

　　　K_C——应力场强度因子（I 型裂纹称断裂韧性 KIC），断裂韧性描述材料抵抗裂纹失稳扩展或断裂的能力。

通过式（7-1）可知，想要提高陶瓷基复合材料的强度，首先要抑制基体中裂纹的扩展，减小裂纹的尺寸。

围绕增加陶瓷材料的韧性和强度，已探索出若干韧化陶瓷的途径，包括纤维增韧、晶须增韧、相变增韧、颗粒增韧、纳米复合陶瓷增韧、自增韧陶瓷等，这些增韧方法的实施，使陶瓷材料的韧性得到了较大的改善。

一、纤维增韧机理

纤维增强陶瓷基复合材料被认为是能够解决陶瓷材料脆性断裂问题的理想材料。纤维增韧陶瓷基复合材料中裂纹扩展原理如图 7-2 所示。陶瓷基复合材料的纤维增韧机理包括：基体预压缩应力增韧、裂纹扩展受阻、纤维拔出、裂纹偏转、纤维桥联、相变增韧和微裂纹增韧。

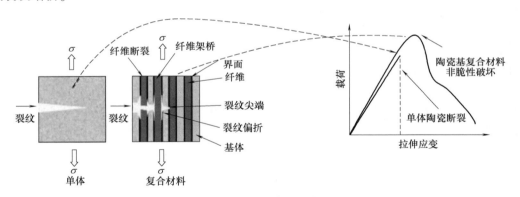

图 7-2　纤维增韧陶瓷基复合材料中裂纹扩展原理

（1）基体预压缩应力　当纤维热膨胀系数高于基体时，复合材料由高温冷至室温后，基体会产生与纤维轴向的压缩内应力（图 7-3）。当复合材料受纵向拉伸时，基体中的残余压缩应力可以压合基体中出现的微裂纹，从而抵消一部分外加应力而延迟基体开裂，从而强度和韧性均得到增加。

（2）裂纹扩展受阻　当纤维的断裂韧性比基体断裂韧性大时，基体中产生的裂纹垂直于界面扩展至纤维时，裂纹可以被纤维阻止甚至闭合，如图 7-4 所示。

（3）纤维拔出（包含纤维断裂和纤维断头拔出）　具有较高韧性的纤维，当基体裂纹扩展至纤维时，应力集中导致结合较弱的纤维/基体界面解离，在应变进一步增加时，将导致纤维在弱点处断裂，随后纤维的断头从基体中拔出，如图 7-5 所示。

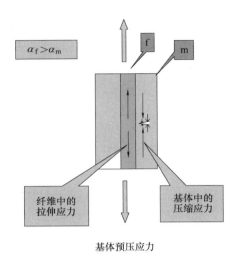

基体预压应力

图7-3　基体预压缩应力增韧机理

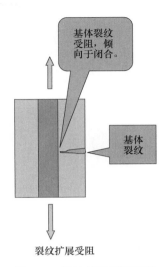

裂纹扩展受阻

图7-4　裂纹扩展受阻机理

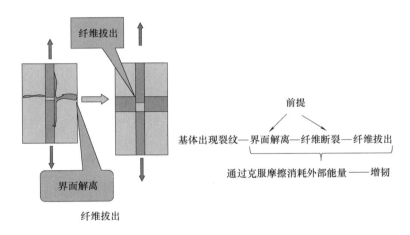

纤维拔出

图7-5　纤维拔出机理

在纤维断裂或纤维拔出机理中（图7-6），以纤维断头克服摩擦力从基体中的拔出机理消耗能量的效果最为显著。

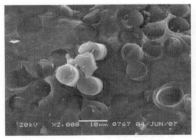

C/SiC 复合材料断口（纤维少量拔出）

SiC/SiC 复合材料断口（纤维显著拔出）

图7-6　纤维拔出增韧实例

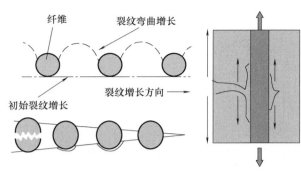

图 7-7　裂纹偏转机理

（4）裂纹偏转　裂纹沿着结合较弱的纤维基体界面弯折，偏离原来的扩展方向，即偏离与界面相垂直的方向，因而使断裂路径增加（图 7-7）。裂纹可以沿着界面偏转，或者虽然仍按原来的方向扩展，但在越过纤维时产生了沿界面的分叉。

（5）桥联增韧　在基体开裂后，纤维承受外加载荷，并在基体的裂纹面之间架桥（图 7-8）。桥联的纤维对基体产生使裂纹闭合的力，消耗外加载荷做功，从而增加韧性。

（6）相变增韧　基体中裂纹尖端的应力场引起裂纹尖端附近的基体发生相变，即应力诱导相变。当相变造成局部基体体积膨胀时，会挤压裂纹使之闭合，从而产生增韧效果（图 7-9）。

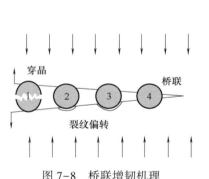

图 7-8　桥联增韧机理

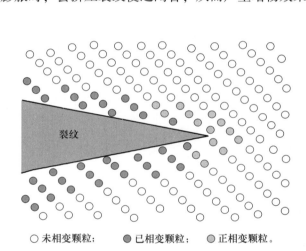

○ 未相变颗粒；　● 已相变颗粒；　◐ 正相变颗粒。

图 7-9　相变增韧机理

应力诱导相变的增韧机理随温度升高而降低，因此不适宜高温工作的材料，而其余增韧机理皆在高温下产生效果。

（7）微裂纹增韧　利用相变过程中的体积膨胀，在基体中引起微裂纹或微裂纹区，使主裂纹遇到微裂纹或进入微裂纹区后，分化为一系列小裂纹，形成许多新的断裂表面，从而吸收能量（图 7-10）。这种增韧机理适合于弹性模量较低的基体。

微裂纹增韧机理必须预先制造出众多的微裂纹，因而降低了材料的强度，即韧性的增加以强度的降低为代价，所以要控制裂纹的尺寸小于允许的临界裂纹尺寸，以避免使材料的强度过分降

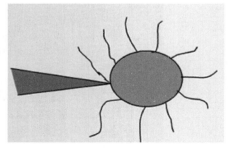

图 7-10　微裂纹增韧机理

低。损耗裂纹扩展能量使裂纹不能继续扩展，即用多条裂纹的扩展分散化解一条裂纹的能量。

制备方法也会影响陶瓷基复合材料基体中微裂纹的产生。图 7-11 显示，微波烧结制备的 SiC_f/SiC 复合材料基体中的微裂纹数量远高于常规烧结。

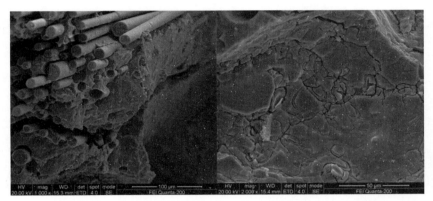

图 7-11　常规烧结（左）和微波烧结（右）的 SiC_f/SiC 复合材料基体的微裂纹图

（8）纤维/基体界面解离　界面解离导致裂纹偏转和纤维拔出，这些过程都将吸收能量，使得材料的韧性及断裂功增加，而裂纹扩展受阻和基体预压缩应力可以阻碍裂纹萌生或阻碍裂纹生长，即需要更高的外加载荷才能裂纹扩展。

如果纤维/基体界面的结合力很强（图 7-12），当复合材料受到轴向拉力时，基体先断裂，纤维随即断裂，即纤维和基体几乎同时断裂，纤维的高强度未发挥增韧效果。如果纤维/基体界面的结合力很弱（图 7-13），基体先断裂，界面解离，纤维拔出，纤维断裂很少，纤维的高强度未发挥增韧效果。如果纤维/基体界面的结合力合适（图 7-14），基体先断裂，界面解离，纤维断裂，纤维拔出，纤维的高强度发挥增韧效果。

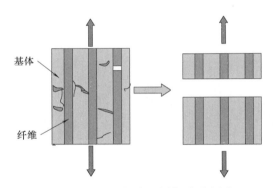

图 7-12　强界面复合材料断裂示意图

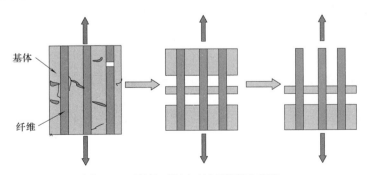

图 7-13　弱界面复合材料断裂示意图

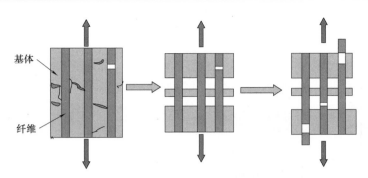

图 7-14　合适界面复合材料断裂示意图

因此，对于陶瓷基复合材料而言，界面结合强度要适中，不能太强，也不能太弱。

表 7-3 所示为纤维增韧陶瓷基复合材料性能。从表 7-3 可以看出，碳纤维增韧石英玻璃基体后，弯曲强度和断裂功都大大增加；而碳纤维增韧改性氮化硅基体后，断裂功大大增加，但是弯曲强度却略有减小，这是由于碳纤维和氮化硅基体的热膨胀系数不匹配，而且氮化硅基体的弹性模量高于碳纤维的弹性模量。

表 7-3　　　　　陶瓷基复合材料与相应未补强基体材料性能对比

材料	碳纤维/石英玻璃 ($V_f = 30\%$)	石英玻璃	碳纤维/SMZ * $-Si_3N_4$ ($V_f = 30\%$)	$SMZ-Si_3N_4$
密度/(g/cm^3)	2.00	2.16	2.70	3.44
弯曲强度/MPa	600	51.5	412~496	443~503
断裂功/(J/m^2)	$7.9×10^3$	5.9~11.3	$4.0×10^3 ~ 5.5×10^3$	19.1~19.5
热胀系数($×10^{-6}℃^{-1}$)	—	—	2.51	4.62

注：* SMZ：Li_2O、MgO、SiO_2、ZrO_2。

综上所述，高强度、高韧性陶瓷基复合材料应满足的主要要求有：①纤维或晶须的强度和模量高，且高于基体。②在复合材料制备的温度和气氛下，增强体性能不发生机械损伤和化学反应造成的降级。③纤维热膨胀系数高于或等于基体。④界面应既保证纤维与基体间的应力传递，又能在裂纹扩展过程中适当解离，并使从基体中拔出的纤维断头有足够的长度。纤维增韧陶瓷基复合材料的增韧示意图如图 7-15 所示。

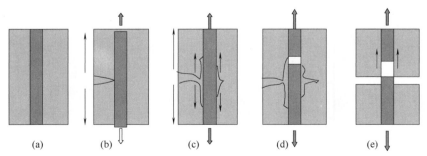

　　(a)　　　　(b)　　　　(c)　　　　(d)　　　　(e)

材料状态：裂纹未产生—裂纹产生—更多裂纹产生—基体断裂最后整体断裂。
增韧机理：基体预压应力—裂纹扩展受阻、桥联、相变—裂纹偏转、微裂纹—纤维拔出。
效果：防止裂纹产生—阻碍裂纹扩展—增加路径耗能—克服摩擦力耗能。
图 7-15　纤维增韧陶瓷基复合材料的增韧示意图

二、晶须的增韧机理

晶须增韧陶瓷复合材料的主要增韧机理包括：晶须拔出、微裂纹区、晶须桥联和裂纹偏转增韧。晶须增韧效果不随温度而变化，因此，晶须增韧被认为是高温结构陶瓷复合材料的主要增韧方式之一。

三、颗粒的增韧机理

当复合材料的第二相为弥散颗粒时，增韧机理包括：裂纹受阻、裂纹偏转、相变增韧和微裂纹增韧。颗粒增韧与温度无关，因此也是高温结构陶瓷复合材料的主要增韧方式之一。

第三节　陶瓷基复合材料的制造技术

陶瓷基复合材料构件制备流程如图 7-16 所示，其制备过程可分为 4 个阶段：具体结构纤维预制体的制备→陶瓷先驱体在纤维预制体表面沉积或浸渍裂解形成界面相→致密化纤维预制体，形成陶瓷基体→进一步加工制造形成制品。

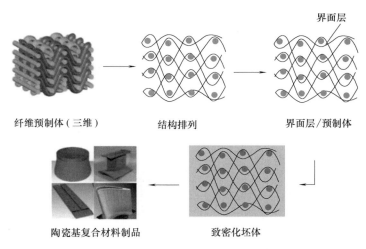

图 7-16　陶瓷基复合材料构件制备流程图

一、纤维增强陶瓷基复合材料的制备工艺

目前采用的纤维增强陶瓷基复合材料的成型方法主要有以下几种：泥浆浇铸法、料浆浸渍［泥浆（或稀浆）浸渍］及热压烧结法（SIHP）、直接氧化沉积法、溶胶–凝胶（Sol-gel）法、化学气相渗透法（Chemical Vapor Infiltration，CVI）、有机先驱体热解法。

（1）泥浆浇铸法　这种方法是在陶瓷泥浆中分散纤维，然后浇铸在石膏模型中。这种方法比较古老，不受制品形状的限制。对产品性能的提高效果显著，成本低，工艺简单，适合于短纤维增强陶瓷基复合材料的制作。

（2）料浆浸渍及热压烧结法　该法最早用于制备连续纤维增强陶瓷基复合材料。

原理：将具有可烧结性的基体原料粉末与连续纤维用浸渍工艺制成坯件，然后在高温下加压烧结，使基体材料与纤维结合制成复合材料。

料浆浸渍热压烧结法适用于长纤维。首先把纤维编织成所需形状，然后用陶瓷泥浆浸渍，干燥后进行焙烧。浆料浸渍热压法工艺简单、孔隙率低、成本低、接近净尺寸成型。根据要求，浆料浸渍热压法可以同时引入多种成分的陶瓷基体。但这种方法也存在一些不足，浆料中粉末颗粒容易发生团聚而堵塞纤维预制体外层的孔隙，高温高压烧结条件下纤维易受损伤，不适合制备复杂结构件。为了改进浆料浸渍热压法的不足，在工艺中增加振动辅助和低温热压，可以有效减轻预制体孔隙的堵塞和纤维的损伤。

料浆浸渍工艺的过程如下所示：①让纤维通过盛有料浆的容器，浸挂料浆后缠绕在卷筒上。②烘干，使溶剂挥发，沿卷筒母线切断，取下后得到无纬布。③将无纬布剪裁成一定规格的条带或片，在模具中叠排，即成为预成型坯件。④合模后加压加温，经高温去胶和烧结得到复合材料制件。工艺流程如图 7-17 所示。

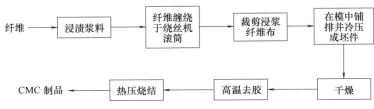

图 7-17 料浆浸渍和热压烧结制备纤维增强陶瓷基复合材料的工艺流程

浸渍料浆的纤维缠绕可垂直于卷轴（环向线型）、与卷轴成某一角度（螺旋线型）或者缠绕与铺层交替等方式。纤维与基体的比例可通过调节绕丝机的转速（即调节纤维在料浆中停留的时间）来控制。

（3）直接氧化沉积法 该法是利用熔融金属氧化来制备陶瓷基复合材料的一种方法，这种工艺最早是由美国 Lanxide 公司发明的，故又称 LANXIDE 法，其制品已经用作坦克防护装甲材料。

将连续纤维预成型坯件置于熔融金属上面，因毛细管作用，熔融金属向预成型坯件中渗透。由于熔融金属处于空气或其他氧化气氛中，浸渍到纤维预成型坯件中的熔融金属或其蒸汽与气相氧化剂发生反应（如 Al，在 900~1000℃氧化），形成氧化物基体，该反应始终在熔融金属与气相氧化剂的界面处进行（图 7-18）。

直接氧化沉积法的缺点：反应产生的金属氧化物沉积在纤维的周围，形成含有少量残余金属的、致密的纤维增强陶瓷基复合材料。

（4）溶胶-凝胶法 溶胶-凝胶（Sol-gel）工艺广泛用于制备玻璃和玻璃陶瓷。图 7-19 是溶胶-凝胶法制备陶瓷基复合材料的工艺原理图。溶胶-凝胶法制备陶瓷基复合材料的主要过程是：①增强体可用颗粒或由增强纤维排列或编织成预制件。②将含有多种组分的溶液浸渗纤维编织预成型件。③通过物理或化学方法使分子或离子成核，形成溶胶。在一定条件下经过凝胶化处理，获得多组分的凝胶体。④再经干燥、压制、烧结后，即可形成陶瓷基复合材料。

（5）化学气相渗透法 化学气相渗透法（Chemical Vapor Infiltration, CVI）定义：在

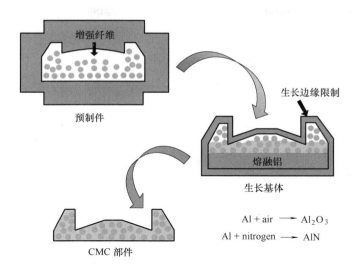

图 7-18 直接氧化沉积法的工艺原理

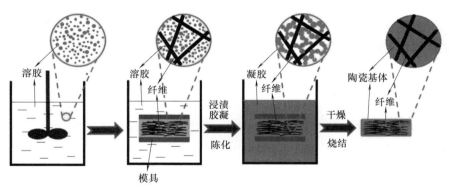

图 7-19 溶胶凝聚法的工艺原理

CVI 过程中，反应物是以气体的形式存在，能渗入到纤维预制体的内部发生化学反应，并原位进行气相沉积在纤维表面形成 SiC 基体。化学气相渗透是制备陶瓷基复合材料（CMC）的一种重要工艺方法。

CVI 的基本原理是：使按一定比例配制的反应气体进入反应沉积炉，随主气流流经由纤维编织的多缝隙体（预制坯件）的缝隙，借助扩散或对流等传质往坯件内部渗透，并在坯件的表面缝隙内壁附着。在一定条件下，吸附在壁面上的反应气体发生表面化学反应，生成陶瓷固体产物并放出气态副产物，气态副产物从壁面上解附，借助传质过程进入主气流由沉积炉内排出。CVI 工艺流程如图 7-20 所示，原理如图 7-21 所示。

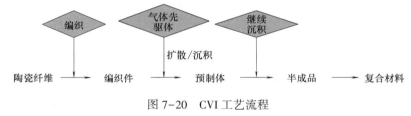

图 7-20 CVI 工艺流程

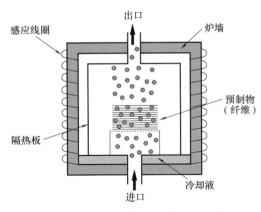

图 7-21　化学气相渗透法的原理

用 CVI 法可制备硅化物、碳化物、氮化物、硼化物和氧化物等陶瓷基复合材料。由于制备温度比较低，不需外加压力。因此材料内部残余应力小，纤维几乎不受损伤。CVI 法可在 800~1200℃ 制备 SiC 陶瓷。其缺点是生长周期长、效率低、成本高、材料的致密度低等。

在实际生产应用中，最简单和最常用的 CVI 工艺是等温化学气相渗透（Isothermal Chemical Vapor Infiltration，I-CVI）。气态前驱体在等温和等压条件下扩散到预制体中，并在缓慢的扩散过程中填充预制体。然而在 I-CVI 的制备过程中，由于预制体外表面的气体浓度和温度较高，SiC 固体优先沉积在预制体的表面并阻碍了气态前驱体向预制体内部的扩散通道。当预制体表面的孔隙都被封堵时，产生"结壳"现象，使致密化过程无法继续，而在预制体内部留有大量的残余孔隙。为了避免结壳的发生，需要对反应过程中的温度分布、压力、热源、化学、动力学和预制体几何形状等变量进行精确的控制。为此，开发出多种不同类型的 CVI 工艺，包括热梯度化学气相渗透（Thermal Gradient Chemical Vapor Infiltration，TG-CVI）、等温强制流动化学气相渗透（Isothermal-forced Flow Chemical Vapor Infiltration，IF-CVI）、强制流动热梯度化学气相渗透（Forced Flow-thermal Gradient Chemical Vapor Infiltration，FF-CVI）以及激光化学气相渗透（Pulsed Flow Chemical Vapor Infiltration，LA-CVI）等。新型 CVI 工艺与传统 CVI 工艺的优缺点见表 7-4。这些新型 CVI 工艺的出现，减少了制备过程中结壳的程度，大大缩短了致密化时间，但同时也增加了工艺过程的复杂性，提高了成本。尽管 CVI 工艺在不断改进，发展出多种新型 CVI 工艺，但该方法仍然是制备时间最长、生产成本最高的工艺，目前仅限于用于航空航天工业的高价值产品。

表 7-4　　　　　　　　　　　各种类型 CVI 工艺的优缺点

化学气相渗透类型	优点	缺点
等温化学气相渗透	对纤维的损伤较小；基体的组成和结构可设计性强；工艺灵活；应用广泛	预制件表面容易"结壳"；高孔隙率；较长的渗透时间
热梯度化学气相渗透	促进气体扩散；孔隙率低；更短的渗透时间	每次操作只能对一个预成型件进行致密化；需要非常复杂和昂贵的温度控制系统
等温强制流动化学气相渗透	压力增加了沉积速率；适用于制备薄壁结构	在预制件内部存在密度梯度；设备复杂；成本高
强制流动热梯度化学气相渗透	致密化效果好；可以一次成形；气体前驱体的利用率高	温度和气流的控制较复杂；只适用于简单形状的预制件（主要是圆盘状）
激光化学气相渗透	传质通道扩展了功能性；适用于制备厚壁和复杂结构	工艺参数的控制比较复杂；加工效率低

① I-CVI 法（等温化学气相渗透法）　I-CVI 法又称静态法。降低气体的压力和沉积温度有利于提高浸渍深度。纤维预制体放在均热炉体中，反应气体从纤维骨架表面流过并

扩散到内表面，同时反应气体的副产物从预制体内部扩散出来通过真空泵抽到外部。这种方法容易在预制体外表面形成涂层，其原因是预制体外表面气体浓度高，从而使外表面沉积速率大于内表面，导致入口处封闭。这种方法需要中间停顿几次，加工去掉外表面的硬壳。制备的复合材料具有密度梯度，由于扩散慢，这种工艺周期很长。尽管如此，该方法还是最常用的，因为在同一炉中可制备形状、大小各异，厚薄不等的各种部件，对设备要求也相对低。在 I-CVI 过程中，传质过程主要是通过气体扩散来进行，因此过程十分缓慢，并仅限于一些薄壁部件。

② TG-CVI（热梯度化学气相渗透法）　纤维预制体由一个加热的芯子支撑，预制体最热的部分是同芯子直接接触的内表面，外表面相对温度低，所以沿着样品厚度方向将产生温度梯度。反应气体在样品的冷表面流过并朝着热表面方向向里扩散。因为沉积速率通常会随着温度升高而增大，所以沉积是从热的内表面逐渐向外表面进行的。这种方法相对于 I-CVI 来说效率提高了很多，但是只能沉积薄壁状的构件，对设备要求高。

③ IF-CVI 法（等温强制流动化学气相渗透法）　预制体被均匀加热，反应气体强制流过样品，这样的沉积可发生在整个预制体内，这种类型的沉积一直到预制体内某些区域达到足够高的密度使其不能渗透时才会停止。相比较而言，这种方法能提高沉积效率，但是部件结构单一，不能沉积异型件。

④ FF-CVI 法（强制流动热梯度化学气相渗透法）　FF-CVI 法综合了上述 TG-CVI 和 IF-CVI 法两种工艺的优点。图 7-22 为 FF-CVI 结构示意图。在纤维预制件内施加一个温度梯度，同时还施加一个反向的气体压力梯度，迫使反应气体强行通过预制件。在低温区，由于温度低而不发生反应，当反应气体到达温度较高的区域后发生分解并沉积，在纤维上和纤维之间形成基体材料。在此过程中，沉积界面不断由预制件的顶部高温区向低温区推移。由于温度梯度和压力梯度的存在，避免了沉积物将空隙过早地封闭，提高了沉积速率。FF-CVI 的传质过程通过对流来实现，可用来制备厚壁部件，但不适于制作形状复杂的部件。此外，在 FF-CVI 过程中，基体沉积是在一个温度范围内，必然会导致基体中不同晶体结构的物质共存，从而产生内应力并影响材料的热稳定性。

⑤ LA-CVI 法（激光化学气相渗透法）激光化学气相渗透法是 I-CVI 技术的变种，主要特点是沉积室在前驱体气体压力与真空之间循环工作。在致密化过程中，预制件在反应气体中暴露几秒钟后抽真空，然后再通气、抽真空，如此循环。抽真空过程利于反应副产物气体的排除，能减小制件的密度梯度。其缺点是对设备的要求很高，如果对反应废气不回收处理，浪费较大。

（6）前驱体浸渍热解法　通过对高聚先驱体进行热解制备无机陶瓷的方法，称为前驱体浸渍热解法（PIP），又称为驱体转化法或

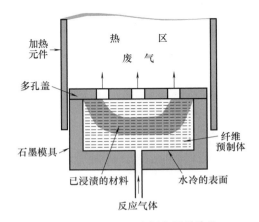

图 7-22　FF-CVI 法制备纤维陶瓷基复合材料示意图

聚合物浸渍裂解法。可用于形成陶瓷基体而制备颗粒和纤维（含纤维编织物）增强陶瓷基复合材料。

制备工艺过程如图7-23所示。主要工艺过程：①用纤维编织物（预制件）作为骨架，抽真空以排除预制坯件中的空气。②在溶液或熔融的先驱有机聚合物中浸渍并固化交联。③置于惰性气体保护下高温裂解。④重复进行浸渍、裂解过程，使材料致密化，最后在较高温度下烧成。

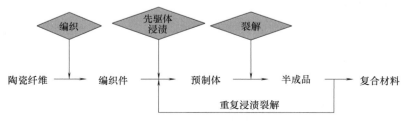

图7-23　PIP工艺流程

聚合物前驱体是PIP法制备SiC基体的关键原料，前驱体溶液一般黏度低、与纤维预制体的润湿性良好、陶瓷产率高，通常采用聚碳硅烷溶液作为前驱体。此外，前驱体还可以是含金属的聚合物，通过热解能够转化为金属碳化物、硼化物或氮化物，用来制备超高温陶瓷基复合材料。不同的前驱体溶液体系对复合材料的性能存在较大的影响。

PIP工艺是制备陶瓷基复合材料常用的技术手段之一。该方法的优点主要有：工艺简单，渗透深度大，制备出的SiC基体均匀，加工温度相对较低，对碳纤维的损伤小，能够控制基体的组成，可实现复杂部件的制备，相比CVI法更经济。然而，PIP法制备的复合材料工艺周期长、孔隙率高、体积变形大、生产效率低，不利于生产应用。因此，PIP法还需不断改进，来提高复合材料的致密性，缩短制备周期，降低生产成本。

（7）反应熔体渗透法　反应熔体渗透法（RMI），又名熔融渗硅法，制备过程主要包括熔渗和反应两个步骤。反应熔体渗透法的工艺流程示意图如图7-24所示，首先在高温及真空的作用下将熔融硅渗入到碳-碳预制体中，然后使熔融硅与热解碳反应生成SiC基体。反应熔体渗透法具有制备时间短、致密度高、成本低、可制备复杂形状组件等优点，而且该方法根据需要还可将多种金属或化合物同时引入到纤维预制体中，制备多组元基体。反应熔体渗透法在陶瓷基复合材料的工业化生产中，具有较大的市场竞争力。但反应熔体渗透法生产的复合材料在基体中容易留下残余硅，残余硅与碳纤维反应会对纤维造成损伤，影响复合材料最终的力学性能。此外，残余硅会降低材料的抗氧化性，并且其熔点也低于SiC基体，降低复合材料高温下的力学性能。

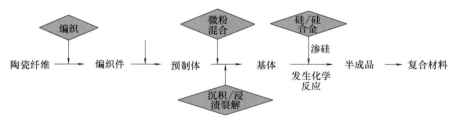

图7-24　RMI工艺流程

（8）化学液气相沉积法　化学液气相沉积法（CLVD），又名薄膜沸腾化学气相渗透法，是一种快速的致密化工艺。化学液气相沉积法通过化学液气相沉积炉来制备复合材料，实验装置示意图如图7-25所示。化学液气相沉积法的制备过程是将预制体浸入到液态前驱体中，通过感应加热使预制体内部和液态前驱体迅速升温，温度达到液态前驱体的沸点后开始沸腾，沸腾气化引发的热损失使预制体外侧温度保持为液态前驱体的沸点，而内侧温度不断升高，使预制体的内外温度梯度扩大，当预制体内侧温度升到前驱体的裂解温度后，裂解出的气态前驱体在预制体上不断沉积陶瓷基体，预制体由内向外逐渐致密化，直至最外侧致密完成。

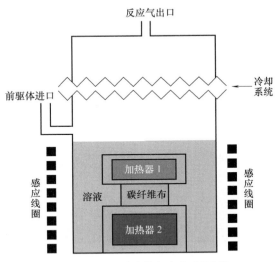

图7-25　化学液体气相沉积原理

化学液气相沉积法可以避免传统化学气相渗透法中经常出现的"表面结壳"现象，致密化效果好，基体的组成结构可设计，沉积速率相比化学气相渗透法约高出2个数量级。该工艺存在的不足之处是形状与尺寸相差较大的预制体需要不同大小的感应线圈和发热体，并且预制体的半径应足够大以便产生一定的热梯度，另外设备要保证能提供较大的功率。化学液气相沉积法是目前碳/陶复合材料制备的最前沿技术，若能进一步改进现存的技术问题，该工艺将拥有巨大的应用前景。

表7-5是CVI、PIP、RMI和CLVD四种制备方法在制备陶瓷基复合材料时的优缺点。

表7-5　　　　　　　　　　不同制备方法制备陶瓷基复合材料的优缺点

制备方法	优点	缺点
化学气相渗透法（CVI）	渗透的材料纯度高； 制备温度低，可以避免纤维损伤； 　这是一个多用途的制备方法，可以沉积许多二元化合物，多层涂层以及功能梯度材料； 　在不破坏用于增强的连续纤维的情况下，可以制备出复杂的形状； 　通过改变涂层的温度、压力和前驱体加入量，可以调整涂层的形貌和微观结构； 　可重复性高，高沉积速率； 　所制备的复合材料具有优良的力学性能和抗烧蚀性能； 　镀层导热系数高，抗蠕变性能好	目前工业级CVI加工时间很长，大约2~3个月，这是由于等温加热速率以及表面孔隙过早闭合，因此需要多次停止加工； 　由于工艺时间延长，需要大量的能源投入； 　腐蚀性的副产物需要特定的安全措施，昂贵的设备和维护费用增高，进一步增加了制备成本； 　获得完全致密的复合材料是非常困难的，典型的理论密度是90%； 　一些前驱体的成本很高，尤其是氯化铼和氯化铪； 　对Hf、Zr、Ta等大自由基的渗透深度较低
前驱体浸渍热解法（PIP）	由于前驱体的化学性质，陶瓷沉积物的成分是非常多样化的； 　通过调整前驱体的化学成分，可以在很大程度上控制前驱体的物理性能，从而显著改善给定过程的润湿性、黏度或热性能（即热固化）； 　前驱体可以通过真空引入法浸入纤维增强体中液体前驱体由于毛细压力的作用，很容易渗透到纤维束中，但通过浆液工艺很难浸渍	从前驱体中得到的陶瓷产量较低，需要多次的渗透和热解循环来致密化，这增加了给定组分的时间和成本； 　由于气态副产物的逸出和从前驱体到陶瓷的体积收缩，基体将始终是多孔的，并可能包含微裂纹； 　活性化学物质和反复热处理会导致纤维降解，导致机械性能的损失

续表

制备方法	优点	缺点
反应熔体渗透法（RMI）	制备的基体近似全致密； 加工时间比大多数陶瓷基复合材料制造工艺短，因此相对便宜； 表面孔隙的封闭有时可以减少最后的抗氧化涂层的工艺； 有效地形成了超高温陶瓷基体的反应结合	对于纤维来说，活性金属渗透所需的高温使碳纤维暴露在腐蚀性很强的熔融金属中，通常在1400℃以上； 组分间反应的放热也会使局部温度进一步升高，造成更大的破坏； 这种形式的金属具有很高的活性，如果不严格控制渗透条件，碳纤维预制体将发生严重的破坏，从而导致性能的下降； 相比陶瓷相，残余金属相具有较低的抗氧化性和较低的熔点，当材料在高温下工作时，残余相会导致加速蠕变和裂纹扩展
化学液气相沉积法（CLVD）	可以避免传统化学气相渗透法中经常出现的结壳现象； 致密化效果好； 可以设计基体的组成和结构； 沉积速率比化学气相渗透法高两个数量级	形状和尺寸差异较大的预制件需要不同尺寸的感应线圈和加热元件； 预制件的半径应足够大，以产生一定的热梯度； 该设备必须能提供高功率

二、晶须增强陶瓷基复合材料制备工艺

晶须增强陶瓷基复合材料的制备方法较多，主要包括：热压烧结法（HP）、热等静压烧结法（HIP）、无压烧结法、放电等离子烧结法（SPS）、化学气相渗透法（CVI）。晶须直径很小，具有较大的比表面积和表面能，导致晶须容易出现团聚、缠结现象。因此，晶须在使用时要均匀分散。

晶须增强陶瓷基复合材料的制备工艺（图7-26）比长纤维复合材料简便得多，以烧结法为主，只需将晶须分散后并与基体粉末混合均匀，再用烧结的方法即可制得高性能的复合材料。

制造流程大致分以下几个步骤：晶须净化与晶须分散→基体原料混合→成型坯件→烧结。

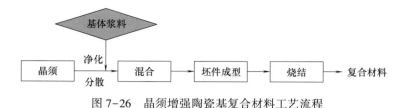

图7-26　晶须增强陶瓷基复合材料工艺流程

三、纳米颗粒增强陶瓷基复合材料制备工艺

纳米颗粒增强陶瓷基复合材料由于其耐磨、耐热、抗氧化等优良的性能，被着重应用于宇航领域。例如航天飞行器隔热材料、光学元件、发动机等。纳米颗粒增强陶瓷基复合材料其制备方法与晶须增强陶瓷基复合材料的制备方法类似，主要包括：热压烧结法、热等静压烧结法、无压烧结法、放电等离子烧结法、化学气相渗透法。纳米颗粒在使用时也需要分散。

纳米颗粒增强陶瓷基复合材料的制备工艺（图7-27）也以烧结法为主，比较简单，只需将颗粒分散后并与基体粉末混合均匀，再用烧结的方法即可制得高性能的复合材料。

制造流程大致分以下几个步骤：配料→成型→烧结→精加工。

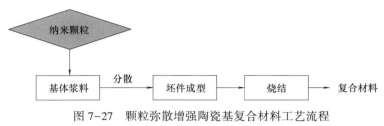

图7-27　颗粒弥散增强陶瓷基复合材料工艺流程

第四节　陶瓷基复合材料的性能及应用

一、C_f/SiC复合材料的性能及应用

SiC基体具有很多优异的性能：①强度高（优于刚玉）、弹性模量大；碳化硅的最大特点是高温强度高，其他陶瓷材料到1200~1400℃时强度显著降低，而碳化硅在1400℃时抗弯强度仍保持500~600MPa的较高水平，工作温度可达1600~1700℃。②硬度相当高（莫氏硬度为9.2），摩擦因数小，具有很好的耐磨性。③纯SiC不会被HCl、HNO_3、H_2SO_4和HF等酸溶液以及NaOH等碱溶液侵蚀，耐化学腐蚀性好。④虽然SiC在空气中加热时易发生氧化，但氧化时表面形成的SiO_2会抑制氧的进一步扩散，故氧化速率并不高，耐氧化腐蚀能力也很强。⑤SiC具有很高的热传导能力，在陶瓷中仅次于氧化铍陶瓷。

碳化硅由于高温强度高的特性，经常被用作耐高温陶瓷基复合材料的基体。

碳纤维增强碳化硅基复合材料以其低密度、高强度、高温度、高稳定性及优异的抗氧化、抗烧蚀性能，被广泛用于航空航天等领域。C_f/SiC复合材料的优异性能决定了它在以下领域具有广阔的应用前景：国防领域、空间技术、热保护系统、燃烧炉壁、光学和光机械结构基材、能源技术、化工、交通技术等领域。

（1）C_f/SiC在航空涡轮发动机领域的应用　作为飞行器的"心脏"，航空发动机是融高技术和高附加值于一体的高科技产品，集中体现了一个国家的工业发展水平，被誉为现代工业皇冠上的明珠。由于具有密度小、比强度高和耐高温等固有特性，纤维增韧陶瓷基复合材料在航空涡轮发动机上的应用范围越来越广，使航空涡轮发动机向"非金属发动机"或"全复合材料发动机"方向发展。用C_f/SiC复合材料制备涡轮发动机的某些构件可以提高发动机的燃烧温度，从而提高发动机的效率，同时，由于C_f/SiC复合材料的密度低于高温合金，可以大大减轻发动机的质量，如图7-28、图7-29所示。

提高工作温度	结构减重	提高推力
300~500℃	50%~70%	30%~100%

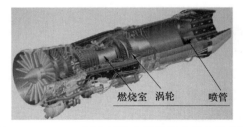

图7-28　C_f/SiC复合材料在涡轮发动机上的应用

图 7-29 C_f/SiC 复合材料制备的涡轮叶片

（2）高冲比液体火箭发动机 主要用于燃烧室和喷嘴，提高燃烧室压力和寿命，减少再生冷却剂量，实现轨道动能拦截系统的小型化和轻量化，如图 7-30 所示。

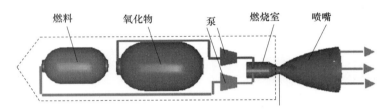

图 7-30 C_f/SiC 复合材料在高冲比液体火箭发动机上的应用

（3）助推固体火箭发动机 主要用于推力室和喷管，可显著减重，提高推力室压力和寿命，减少再生冷却剂量，实现轨道动能拦截系统的小型化和轻量化，如图 7-31 所示。

图 7-31 C_f/SiC 复合材料在助推固体火箭发动机上的应用

（4）冲压发动机 与固体火箭发动机相比，冲压发动机燃烧室内是一次富燃燃气与空气掺混燃烧，极易出现燃烧室内温度分布不均状况；同时一次燃气含有大量凝相粒子，更易加剧燃烧室内局部烧蚀。主要用于燃烧室和喷管喉衬，解决有限寿命服役的抗氧化烧蚀难题，保证飞行器长航程运行，如图 7-32、图 7-33 所示。

（5）高超声速飞行 空天飞行器的热防护系统，由于在长时间飞行、大气层再入飞行和跨大气飞行时，面对严重的烧蚀、高速气流的冲击以及大梯度热冲击的影响，急需一

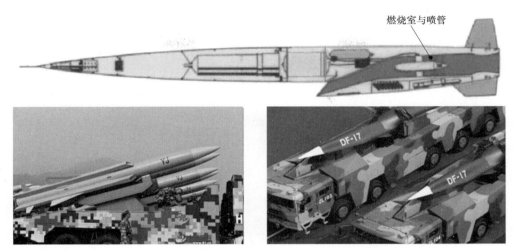

图 7-32　C_f/SiC 复合材料在冲压发动机上的应用

种耐高温、耐烧蚀、抗冲击的材料解决这些问题，而碳纤维增韧陶基复合材料正是候选材料之一。C_f/SiC 复合材料用于大面积热防护系统（TPS），比金属的减重 50%，提高安全性和使用寿命，减少发射准备程序，减少维护，降低成本，如图 7-34 所示。

（6）高速刹车系统　C_f/SiC 复合材料是近年来逐渐发展起来的一种新型高性能刹车材料，有望成为传统粉末冶金和 C/C 复合材料的良好替代品。C_f/SiC 复合材料具有比金属基复合材料更低的密度、更高的强度、更好的摩擦性以及更长的使用时限等优势。C_f/SiC 复合材

图 7-33　C_f/SiC 燃烧室及配套金属支架

料可以看作是将 C/C 复合材料中的 C 基体替换成硬质的 SiC 基体，SiC 的加入有效改善了复合材料的摩擦性和抗氧化性。因此，C_f/SiC 复合材料被视为新一代高性能刹车材料的首选，C_f/SiC 应用于新一代战斗机的刹车片（图 7-35），也可用于民用客机、军用飞机、

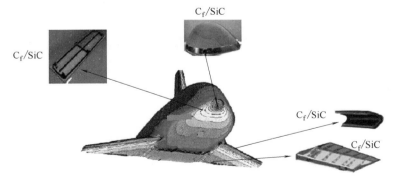

图 7-34　C_f/SiC 复合材料在高超声速飞机上应用示意图

高速列车、赛车和跑车，比 C/C 刹车材料制备周期短、成本低、强度高、动静摩擦系数高且匹配好，湿态恢复快。

图 7-35 C$_f$/SiC 复合材料在军用飞机刹车系统上的应用

（7）工业燃气涡轮发电机组 CMC 应用于燃气轮机，可以显著提高燃气轮机的性能，例如提高透平入口温度，减少冷却气的使用，从而降低 NO$_x$ 和的 CO 排放，提升整机效率。C$_f$/SiC 复合材料主要用于燃烧室内衬和第一级覆环，可提高工作温度、减少或无需冷却空气，从而提高燃烧效率和输出功率、减少尾气排放，如图 7-36 所示。

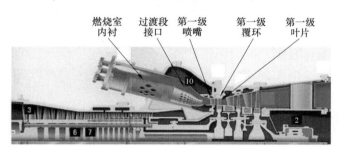

图 7-36 C$_f$/SiC 复合材料在工业燃气涡轮发电机组上的应用

（8）C$_f$/SiC 在空间相机结构材料中的应用 随着空间相机分辨率的逐渐提高，空间相机正朝着大口径、长焦距、轻量化方向发展。其中空间相机反射镜和支撑结构是高分辨率空间相机的关键部件，必须具有优异的力学性能和热稳定性。C$_f$/SiC 复合材料具有质量轻、刚度高、热膨胀系数低等特点，此外碳纤维的热膨胀系数表现为各向异性，通过调节纤维在复合材料内部的分布，甚至能够获得热膨胀系数接近于零的 C$_f$/SiC 材料，可以极大地提高空间相机部件的尺寸稳定性。因此，C$_f$/SiC 复合材料是一种理想的空间相机结构材料（图 7-37）。C$_f$/SiC 复合材料可以用于制造超轻镜面和反射镜、微波屏蔽镜面等光学结构。

（9）C$_f$/SiC 复合材料的其他应用 C$_f$/SiC 复合材料的潜在应用还包括核聚变反应堆抗辐射材料，如图 7-38 所示。

二、SiC$_f$/SiC 复合材料的性能及应用

通过连续 SiC 纤维增强的 SiC 陶瓷基复合材料即 SiC$_f$/SiC 复合材料。相对碳纤维而言，SiC 纤维具有优异的高温耐氧化性和耐腐蚀性，不仅保持了 SiC 陶瓷基体的耐高温、

图 7-37　C_f/SiC 复合材料在空间相机结构材料中的应用

图 7-38　核聚变反应堆

低密度、抗氧化、高比强度等优异特性，还有效克服了纯粹陶瓷材料脆性大等缺陷，表现出优异的损伤容限、高度可预测失效性及复杂结构近净成型等性能。因此，使用 C_f/SiC 复合材料的绝大部分领域，均可由高温性能更好的 SiC_f/SiC 复合材料来替代。然而，当前 SiC_f/SiC 复合材料的制备成本远高于 C_f/SiC 复合材料。SiC_f/SiC 复合材料已经在航空、航天、能源、交通等领域得到广泛的应用。

（1）在高性能发动机中的应用　SiC_f/SiC 复合材料由碳化硅纤维（一般直径为 $12\mu m$）、纤维表面界面层（厚度为 $0.2\sim0.5\mu m$）、碳化硅基体 3 部分组成。该类材料抗氧化能力高、质轻（密度 $2.1\sim2.8g/cm^3$），高温（$1200\sim1400℃$）燃气寿命达几千小时，远高于高温合金使用温度，是军用/商用航空发动机核心机热端结构最理想的材料。目前 SiC_f/SiC 陶瓷基复合材料的发展目标主要是为用于高性能发动机的热结构部件、核反应堆壁等部位（图 7-39）。SiC_f/SiC 因具备良好的高温力学性能、抗化学损伤性能、高的氧吸收能力和代活性，被研究用于核反应堆装置。如由美国 Solar Turbines 公司牵头的小组成功地制造了使用 SiC_f/SiC 材料作为燃烧室衬里的发动机，在 3.5×10^4h 试验运转中，其排出的尾气 NO_x、CO 比普通发动机低。

（2）在航天领域的应用　航天飞机的平面翼板及前沿曲面翼板等热保护系统（TPS）采用了 SiC_f/SiC 材料，其力学性能和热保护性能都得到了好的结果（图 7-40）。先进材料

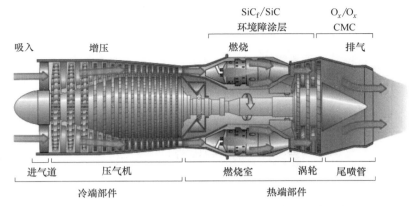

图 7-39 SiC$_f$/SiC 在航空发动机上的潜在使用部位示意图

图 7-40 航天飞机

航空发动机（AMG）燃烧室的衬里、喷嘴挡板、叶盘等采用 CVI-PIP 联用工艺生产的 SiC$_f$/SiC 材料。

（3）隐身吸波材料 雷达隐身技术对于武器装备的战场生存、突防及作战能力的提升有着重要意义。采用吸波材料是实现武器装备雷达隐身功能的重要途径之一，然而，传统的磁性粒子填充高分子吸波材料在高温下会发生性能下降和化学分解，无法满足巡航导弹冒头端、发动机尾喷口、超高音速飞行器表面等武器装备高温部位的隐身需求，严重限制了全方

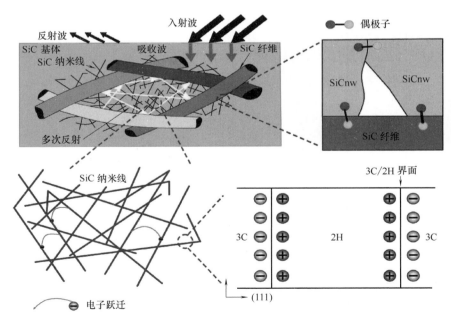

图 7-41 SiC$_f$/SiC 复合材料的微波吸收机理示意图

位隐身技术的发展。对于发动机尾喷口等高温部位而言，其服役温度可高达 900℃甚至 1000℃以上，同时面临着高速气流冲刷、氧化及燃气腐蚀等恶劣的环境威胁，对耐高温吸波材料的研发提出了严峻的要求与挑战。SiC_f/SiC 陶瓷基耐高温结构隐身复合材料具备结构承载和雷达吸波双重功能，而且保留了陶瓷材料耐高温、耐腐蚀等优点，适用于发动机尾喷口等超过 1000℃的使用环境，是解决武器装备热端隐身问题的关键材料。如图 7-41 所示。

习题与思考题

1. 什么是陶瓷基复合材料？在航空航天中常见的陶瓷基体和增强纤维有哪些？

2. 纤维陶瓷基复合材料的增韧机制有哪些？高强度、高韧性陶瓷基复合材料应满足哪些要求？

3. 如何在纤维增韧陶瓷基复合材料中形成预压缩应力？

4. 高韧性陶瓷基复合材料对纤维/基体界面有何要求？

5. 飞机发动机的高温陶瓷基复合材料叶片在制备时首选化学气相渗透法，其制备基本原理是什么？可以制备哪些陶瓷基复合材料？不同 CVI 工艺的优缺点有哪些？

6. CVI、PIP、RMI 三种制备方法在制备 SiC 基复合材料时各有什么优缺点？

7. C_f/SiC 复合材料在航空航天领域有哪些应用以及常应用于哪些部位？

参 考 文 献

［1］ 张长瑞，郝元恺. 陶瓷基复合材料——原理、工艺、性能与设计［M］. 长沙：国防科技大学出版社，2001.

［2］ 贾成厂. 陶瓷基复合材料导论［M］. 北京：冶金工业出版社，2002.

［3］ 江舟，倪建洋，张小锋，等. 陶瓷基复合材料及其环境障涂层发展现状研究［J］. 航空制造技术，2020，63（14）：48-64.

［4］ 范本勇，陈宁，张宝东，等. CVI 法制备先进陶瓷基复合材料［J］. 现代技术陶瓷，2004，25（3）：33-35，41.

［5］ 焦健，齐哲，吕晓旭，等. 航空发动机用陶瓷基复合材料及制造技术［J］. 航空动力，2019，32（5）：17-21.

［6］ 王欢. 快速成型 SiC 陶瓷基复合材料及其性能研究［D］. 西安：西安理工大学，2019.

［7］ 胡悦，黄大庆，史有强，等. 耐高温陶瓷基结构吸波复合材料研究进展［J］. 航空材料学报，2019，39（5）：1-12.

［8］ 瑚佩，姜勇刚，张忠明，等. 耐高温、高强度隔热复合材料研究进展［J］. 材料导报，2020，34（4）：7082-7090.

［9］ 陈小武，董绍明，倪德伟，等. 碳纤维增强超高温陶瓷基复合材料研究进展［J］. 中国材料进展，2019，38（9）：843-854.

［10］ Diaz O G, Luna G G, Liao Z, et al. The new challengesof machining ceramic matrix composites（CMCs）：review of surface integrity［J］. International Journal of Machine Tools and Manufacture，2019，139：24-36.

［11］ Steibel J. Ceramic matrix composites taking flight at GE aviation［J］. American Ceramic Society Bulletin，2019，98：30−33.

［12］ ORTONA A，DONATO A，FILACCHIONI G，et al. SiC−SiC$_f$CMC manufacturing by hybrid CVI−PIP techniques：process optimisation ［J］. Fusion Engineering and Design，2000，51：159−163.

［13］ 刘巧沐，黄顺洲，何爱杰. 碳化硅陶瓷基复合材料在航空发动机上的应用需求及挑战 ［J］. 材料工程，2019，47（2）：1−10.

第八章 碳/碳复合材料

碳/碳（C/C）复合材料是碳纤维增强碳基体复合材料的简称，增强材料与基体材料都是碳，也称为同质复合材料。碳/碳复合材料具有相对密度小、耐高温、断裂韧性良好、耐磨性能优异、耐烧蚀等特点，在航空、航天、核能及其他领域得到广泛应用，并且近年来得到快速发展。

碳/碳复合材料首次出现于 1958 年的美国 Chance Vought 航空公司实验室，在最初的 10 年间发展缓慢，到 20 世纪 60 年代末期才开始发展成为工程材料。20 世纪 70 年代，碳/碳复合材料在美国和欧洲获得很大发展，出现了碳纤维多向编织技术、高压液相浸渍碳化工艺和化学气相沉积法，能够制造高密度的碳/碳复合材料，为其批量生产和应用开辟了广阔的前景。我国自 20 世纪 70 年代初开展碳/碳复合材料研究，在众多科技人员的努力下，已在多方面得到应用，首先是 20 世纪 80 年代初制造了固体火箭发动机的碳/碳喉衬。20 世纪 80 年代以来，碳/碳复合材料研究极为活跃，新工艺、新技术、新方法不断涌现，在提高性能、快速致密化工艺、氧化防护研究及扩大应用等方面取得很大进展。近年来，作为摩擦材料和防热材料成功地在新型号军机、民机的刹车盘和火箭发动机的头部实现应用。碳/碳复合材料已成为 21 世纪关键新材料之一。

第一节 碳/碳复合材料的制造方法

目前碳/碳复合材料的制造方法有很多，各种工艺过程如图 8-1 所示，主要工序是原材料的选择、预成型坯体的制备、浸渍、碳化、致密化、石墨化和氧化防护涂层等。

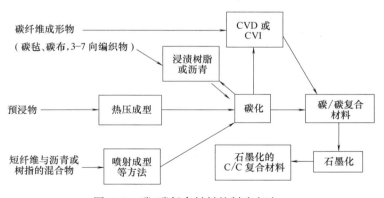

图 8-1 碳/碳复合材料的制造方法

（一）碳纤维与基体的选择

在制造碳/碳复合材料时，对碳纤维的基本要求是碱金属等杂质含量尽量低，具有高强度、高模量和较大的断裂伸长率。

由于钠、镁等碱金属是碳的氧化催化剂，而且当碳/碳复合材料被用来制造宇航飞行器的耐烧蚀部件时，飞机在飞行过程中由于热烧蚀而在尾部形成含钠离子流，易被敌方探测和跟踪。因此，对于用于耐烧蚀材料使用的碳/碳复合材料，碱金属含量越低越好。在20世纪70年代，制造碳/碳复合材料大多数采用钠含量在 100×10^{-6} 以下的黏胶基碳纤维。到了20世纪80年代中后期，PAN 基碳纤维的碱金属含量已降低到 100×10^{-6} 以下，被广泛用来制造碳/碳复合材料。

可以选用的碳纤维种类有黏胶基碳纤维、聚丙烯腈（PAN）基碳纤维和沥青基碳纤维。目前最常用的 PAN 基高强度碳纤维（如 T300）具有所需的强度、模量和适中的价格。碳纤维的力学性能见表 8-1。采用高模中强或高强中模碳纤维制造碳/碳复合材料时，不仅强度和模量的利用率高，还具有优异的热性能。由于这些碳纤维的石墨层平面和良好的择优取向，氧化防护性能不但优于通用的乱层石墨结构碳纤维，而且热膨胀系数小，可减小浸渍与碳化过程中产生的收缩以及减少因收缩面产生的裂纹，使整体的综合性能得到提高。

表 8-1　　　　　　　　　　　　碳纤维的力学性能

质量级别	低	中	高	超高
拉伸强度/GPa	≤2.0	2.0~3.0	≥3.0	>4.5
拉伸弹性模量/GPa	≤100	<320	≥350	≥450

碳纤维表面处理对碳/碳复合材料的性能有着显著的影响，如图 8-2 所示。图中 A、B、C 是经过表面处理的石墨纤维 M40 与基体呋喃树脂的界面黏结强度。在碳化过程中由于碳基体、碳纤维两相断裂应变不同而在收缩过程中纤维受到剪切应力或被剪切断裂；同时基体收缩产生的裂纹在通过粘结界面时，纤维产生应力集中，严重时导致纤维断裂。这些不利因素使碳纤维的增强作用得不到充分发挥，导致碳/碳复合材料的强度增加不明显。未经表面处理的碳纤维如图 8-2D、E 所示，两相界面黏结薄弱，基体的收缩使两相界面脱粘，纤维不会损伤；当基体中裂纹扩展到两相界面时，薄弱界面层可缓冲裂纹扩展速度或改变裂纹扩展方向，或界面剥离可吸收集中的应力，从而使碳纤维免受损伤而充分发挥其增强作用，使复合材料的强度得到明显提高。石墨化处理正相反，这可能是因基体碳经石墨化处理后转化为具有一定塑性的石墨化碳，使碳化过程中产生的裂纹枝化，从而缓和或消除了集中的应力，使纤维免受损伤，复合材料强度得到提高。

若选择液相树脂浸渍碳化法制备碳/碳复合材料，则选择的基体树脂应具有残碳率高、有黏性、流变性好以及与碳纤维具有良好物理相容性等特点。常用的树脂基体有呋喃树脂、酚醛树脂、糠酮树脂等热固性树脂和石油沥青、煤焦油沥青等。酚醛树脂经碳化后转化为难石墨化的玻璃碳，耐烧蚀性能优异；石油沥青 A-240 等的石墨化程度高，与碳纤维具有良好的物理相容性。物理相容

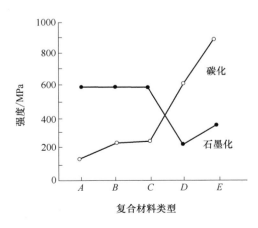

图 8-2　碳纤维表面处理对碳/碳
复合材料强度的影响

性主要体现在碳纤维与基体碳的热膨胀系数相匹配，二者在固化或碳化过程中的收缩行为基本一致。图 8-3 所示为液相浸渍碳化致密化的示意图。沥青与气孔壁有良好的润湿和粘接性，碳化后残留的碳向孔壁收缩，有利于第二次再浸渍和再碳化；树脂与孔壁粘接不良而自身粘接强，碳化后树脂碳与孔壁脱粘，自身成为一团而堵塞气孔，不利于再浸渍和密度的再提高。

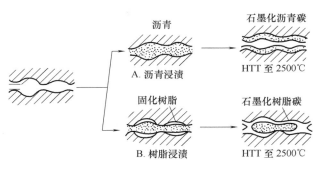

图 8-3 液相浸渍碳化致密化

沥青是含有多种稠环芳烃的混合物，其残碳量高，在热处理过程中形成易石墨化的中间相，具有更优异的力学性能。在浸渍过程中随着温度的升高，呈现出流变特性，黏度下降，润湿性得到改善，接触角 θ 减小，易与孔壁粘接。目前，针对浸渍沥青，使之既具有高残碳率又具有良好的高温流动性的改性研究逐渐引起人们的重视，认为高度性能/价格比的浸渍沥青的制备可能是目前低成本制造高性能碳/碳复合材料的重要途径之一。

（二）预成型体（坯体）的制备

在沉积基体碳之前，增强碳纤维或其织物应预先成型为一种与所制零件形状相同的坯体。坯体可通过长纤维（或带）缠绕、碳毡、短纤维模压或喷射成型、石墨布叠层的 Z 向石墨纤维针刺增强以及多向织物等方法制得。

采用碳纤维长丝或带缠绕方法制备预成型体，可根据不同的要求和用途选择适宜的缠绕方法。碳毡可由人造丝毡碳化或聚丙烯腈毡预氧化、碳化后制得。碳毡叠层后可用碳纤维在 x、y、z 的方向三向增强，制得三向增强毡。喷射成型是把短切碳纤维配制成碳纤维-树脂-稀释剂的混合物，然后用喷枪将此混合物喷涂到芯模上使其成型的方法。用碳布或石墨纤维布叠层后进行针刺，可用空心细径针管针刺引纱，也可用细径金属棒穿孔引纱。

预成型体按照碳纤维增强方式，可分为单向（1D）纤维增强、双向（2D）织物和多向织物增强，均采用近年得到迅速发展的多向编织技术。在预成型体的制造中，以多维编织为主，而编织物的组织结构和性能对碳/碳复合材料有显著影响。1D 增强可在一个方向上得到最高拉伸强度的碳/碳复合材料。2D 织物常常采用正交平纹碳布和缎纹碳布。平纹结构性能再现性好，缎纹结构拉伸强度高，斜纹结构比平纹容易成型。由于 2D 织物生产成本较低，2D 碳/碳复合材料在平行于布层的方向的拉伸强度比多晶石墨高，并且提高了抗热应力性能和断裂韧性，容易制造大尺寸形状复杂的部件，使得 2D 碳/碳复合材料得到较好的发展。2D 碳/碳复合材料的主要缺点是垂直布层方向的拉伸强度较低，层间剪切强度较低，因而易产生分层。为了提高碳/碳复合材料结构的整体性，在 3 个正交的方向改进强度和刚度，发展了正交三向编织。3D 碳/碳复合材料与 2D 相比，不仅提高了剪切强度，还可以获得可控烧蚀和侵蚀剖面，这对于飞行器鼻锥和火箭喷管喉衬来讲是十分重要的。为了形成更高各向同性的结构，已经发展了很多种多向编织。4D 织物是将单向碳纤维纱束先用热固性树脂进行浸胶，用拉挤成型的方法制成硬化的刚性纱束（杆），再将碳纤维刚性杆按理论几何构形编成 4D 织物。6D 织物具有更为优良的各向同性结构。

在各种坯体中，由于纤维排列方式不同，纤维含量也不同。几种纤维的排列方式如图 8-4 所示。单向 1D（μD）虽然纤维含量高（碳纤维体积密度最大为 0.907），但具有显著的各向异性和层间易剥离性；3D 排列中纤维含量比较少（碳纤维体积密度最大为 0.589），但各向异性和层间剥离得到改善，如果采用 4D、5D、6D、7D、9D、11D、13D 和 nD，则随着 n 的增加，各向异性得到改进。表 8-2 列出了各向编织的特性，多向编织是常用的坯料编织方法，细编和超细编则可制得优质碳/碳复合材料。

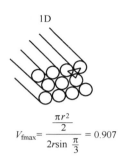

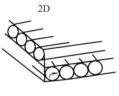

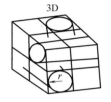

$$V_{fmax} = \frac{\frac{\pi r^2}{2}}{2r \sin \frac{\pi}{3}} = 0.907$$

$$V_{fmax} = \frac{\pi r^2}{(2r)^2} = 0.785$$

$$V_{fmax} = \frac{3 \times (\pi r)^2 \times 4r}{(4r)^3} = 0.589$$

图 8-4 增强纤维的排列方式与相应的纤维最大体积含量

表 8-2 碳纤维的编织法及其特性

特性	3D	4D	6D
网目结构	直交网目	倾斜交网目	倾斜交网目
纤维束交错角	2×90	3×70.5	1×90 3×60
纤维最大含量/%	59	68	49.5
气孔形态	闭孔	开孔	开孔
各向同性程度	弱	良	优
刚性程度	弱	良	优
层间剥离	容易	无	无
最小面内纤维含量/%	19.7	34	24.7

三向或多向编织工艺较复杂，在满足碳/碳复合材料性能的前提下，为了简化编织工艺，可以用碳纤维布铺层（或叠层）缝合的方法制备预成型体（图 8-5）。碳布或石墨纤维布叠层，用工向穿刺可制得坯体，Mod-3 坯体就是用此法制的；用整体预氧化纤维毡也可作为坯体，所制碳/碳复合材料的强度和模量较低，但因短纤维可阻止裂纹的扩展，使其断裂应变增加，改善了抗热振性能。

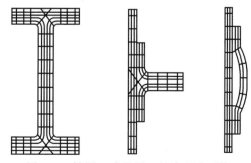

图 8-5 铺层（或叠层）缝合预成型体

（三）碳/碳复合材料的致密化工艺

碳/碳复合材料致密化工艺过程就是基体碳形成的过程，实质是用高质量的碳填满预成型体碳纤维周围的空隙，以获得结构、性能优良的碳/碳复合材料。

最常用的两种致密化工艺是化学气相沉积法和液相浸渍碳化法。这 2 种致密化工艺中形成碳基体的先驱物分别为碳氢化合物（如甲烷、丙烯、天然气等）、热固性树脂

（如酚醛树脂、糠醛树脂等，热塑性沥青如煤沥青、石油沥青）。在选择液相浸渍碳化树脂时，要考虑它的黏度、产碳率、焦炭的微观结构和晶体结构。

（1）化学气相沉积工艺（Chemical Vapor Deposition，CVD）　CVD工艺始于20世纪60年代，是最早采用的一种碳/碳复合材料致密化工艺。它的过程是把碳纤维织物预成型体放入专用CVD炉中，加热至所要求的温度，通过载气（惰性气体）将碳氢气体（如甲烷、丙烷、天然气等）通入预成型体中，这些气体分解并在织物的碳纤维周围和空隙中沉积上碳，如图8-6所示。根据制品的厚度、所要求的致密化程度与热解碳的结构来选择CVD工艺参数。主要参数有：源气种类、流量，沉积温度、压力和时间。碳气最常用的是甲烷，沉积温度通常在800~1200℃，沉积压力为几百帕至0.1MPa。以甲烷为例，反应如下：

$$CH_4(g) \xrightarrow{800 \sim 1200℃, 133.3Pa} C(s) + 2H_2(g)$$

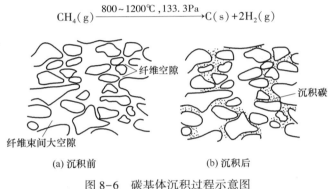

图8-6　碳基体沉积过程示意图

沉积碳直接沉积在碳纤维的表面及丝束之间的孔隙里，有利于提高产品性能，且沉积碳易石墨化，与碳纤维的物理相容性好，所得碳/碳复合材料结构致密，强度高。

CVD法包括等温法、温度梯度法、压力梯度法、脉冲法、等离子体辅助CVD法。等温CVD是目前碳/碳复合材料制备中应用最广泛的一种简单易行的工艺方法。该工艺是将预成型体放入一个均温CVD炉中，导入碳氢化合物气体，控制炉温和导入气体的流量和分压，主要是控制好反应气体和反应后生成的气体在空隙中的扩散，以便在预成型体内的各处都得到均匀的沉积。为了防止预成型体的表面结壳和内部空隙入口处的封闭，应使反应表面速率（沉积速率）低于扩散速率。这意味着沉积碳的增长速度非常缓慢，整个工艺周期需要很长的时间。等温CVD示意图如图8-7所示。

一般来讲，在等温CVD过程中由反应气体进入到扩散，并进行反应的主要过程有：

① 反应气体通过层流向沉积衬底的边界层扩散。

② 沉积衬底表面吸附反应气体，反应气体分解并形成固态产物和气体产物。

③ 所产生的气体产物解吸附，并沿边界层区域扩散。

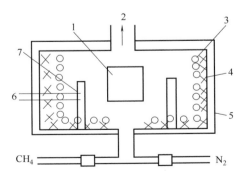

1—预成型体；2—废气；3—感应线圈；4—冷却水；
5—中空钢壳；6—热电偶；7—发热体
图8-7　等温CVD示意图

④ 产生的气体产物排出。

等温 CVD 过程受反应温度及压力影响较大，一般低温、低压下等温 CVD 受表面反应动力学控制，而在高温、高压下则是扩散为主。在由烃类形成沉积碳的过程中，在预成型体的表面发生一系列脱氢/聚合反应，最后得到热解碳。热解碳的结构与反应温度、压力、反应气体流量以及载气流量、分压等有关系。在等温 CVD 过程中，为防止预成型体中孔隙入口处因沉积速度太快而造成孔的封闭，在工艺参数控制时，应使反应气体和反应生成气体的扩散速度大于沉积速度，如图 8-8 所示。

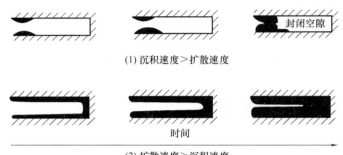

(1) 沉积速度＞扩散速度

时间

(2) 扩散速度＞沉积速度

图 8-8　反应气体扩散与基体碳沉积速度对孔隙封闭影响

在等温 CVD 时导入反应气体的同时往往需要导入惰性气体，如氦、氩、氮气等，它们起稀释反应气体的作用，目的是改善反应气体的扩散条件。即使这样，等温 CVD 法是在预成型体表面沉积基体碳，容易在织物外表面堵塞，使得碳/碳复合材料中的空隙率过高，因此，CVD 过程需反复沉积，工艺过程长、成本高，并且零件尺寸受炉子尺寸限制。为了克服等温 CVD 的缺点，人们又开发了温度梯度 CVD 法、压力梯度 CVD 法，不但能降低沉积时间，而且能降低碳/碳复合材料中的空隙率，提高复合材料的性能。

温度梯度 CVD 工艺（图 8-9）是一种扩散控制工艺，其原理是在 CVD 炉中沿预成型体厚度或径向形成较大的温度梯度。原料气体从预成型体的较低温度一侧（冷区城）流过，靠扩散作用到达较高温度一侧（热区城）发生反应，沉积物围绕纤维生长。由于反应速度通常随温度升高呈指数增加，气体在到达热区域之前，几乎不发生沉积或只发生轻微沉积。随着沉积的进行，热区域附近孔隙逐渐被填满或封闭，气孔率降低，形成比较致密的沉积带，致密部分由于热导率的提高使得沉积带外围温度逐渐升高，当它们达到沉积温度时，沉积过程就得以持续进行。致密化过程就是以这种方式从热区域逐渐向冷区域表面推进。在实际工艺过程中，随着沉积带增厚，热损失增加，导致沉积带前沿温度降低，为了维持反应在指定温度下进行，在 CVD 过程中，需要随时提高热表面的温度以补偿热损耗。

温度梯度 CVD 工艺特点：

① 从预成型体内侧到外侧的沉积温度是连续变化的（沿预成型体径向形成温度梯度时），即不可能实现恒温沉积，但存在一个主沉积带，此沉积带的平均温度是可以控制的。

② 从理论上讲，温度梯度越大，则主沉积带越窄，越有利于气体的渗透和热解碳的沉积，并最终获得较高密度的产品。但主沉积带越窄，沉积时间相应延长，且 CVD 炉负

荷增加，能耗增大。因此，在实际生产过程中，需要选取一个适当的温度梯度。

③ 由于主沉积区很窄，利于气体扩散渗透到坯体内部，不易形成表面涂层。因此，沉积工艺条件如温度、压力等可在较宽范围内进行选择，在沉积中后期，试样表面会形成涂层，涂层的厚度取决于沉积的工艺条件，越接近高温区，涂层越明显，此涂层可机加工去除，对预成型体增密影响不大。

温度梯度 CVD 工艺一般适合于对称的筒体或锥体。该工艺特点是沉积速度明显高于等温 CVD 工艺，大约提高一个数量级。温度梯度 CVD 工艺甚至可以在大气压下进行操作，因此简化了工艺设备要求，不需要维持压力的容器和泵等设备。

Allied. Signal. Inc. 开发出了感应加热温度梯度 CVD 工艺。该技术的预成型体通过感应加热产生由内到外的温度梯度，液态环戊烷通过加热以气体的形式进入反应室中，反应室抽真空，外壁通水冷却，经过 26h，尺寸为外径×内径×厚度 = 108mm×44mm×30mm 的盘状预成型体，密度从 $0.41g/cm^3$ 增长到 $1.541g/cm^3$，平均致密化速率达到 $0.0448cm^3/h$，碳基体为粗糙层热解碳，密度为 $1.79g/cm^3$ 的制件压缩强度可达 268MPa。该技术致密化速率快，一次可处理多件，密度均匀性好，前驱体转换率高（20%～30%），仅产生微量焦油，无炭黑生成，但预成型体形状、尺寸不同，则需用不同的感应器，并且预成型体本身要有足够的导电性以感应电磁场。

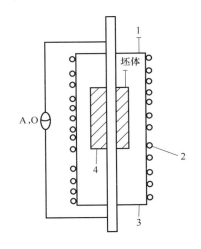

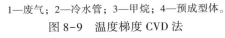

1—废气；2—冷水管；3—甲烷；4—预成型体。

图 8-9　温度梯度 CVD 法

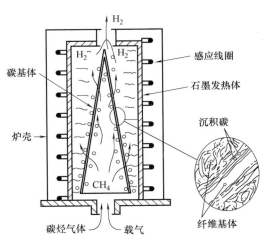

图 8-10　压力梯度 CVD 法

压力梯度 CVD 工艺（图 8-10）是在等温工艺中沉积速度受到扩散速度限制的情况下提出的一种改进工艺。该工艺的原理是利用反应气体通过碳/碳复合材料预成型体时强制流动，在通过预成型体时对流动气体产生阻力而形成压力梯度。随着工艺过程的进行，沉积速度不像等温工艺中会因空隙的闭合而逐渐变慢，而是随着孔隙的不断填充，压力梯度反而会增加。并且压力梯度 CVD 工艺中碳的沉积速度与通过预成型体的压力成正比。因此，该工艺的最大特点是沉积速度增大。因为该工艺是利用预成型体的阻力形成压力梯度，所以，这一工艺只局限于单件碳/碳复合材料构件的生产，且要求 CVD 炉耐高压和压力密封，对设备提出了更高的要求。

目前，人们还开发了一种弱温差弱压差快速渗积新技术，这种技术综合了温度梯度 CVD 法、压力梯度 CVD 法的优点，在沉积基体碳的过程中，预成型体的温度梯度约 50℃，压力梯度约 0~10kPa，可实现一次性、快速和均匀渗积基体碳，可极大地提高沉积速率，并且提高碳/碳复合材料的综合性能。

（2）液相浸渍碳化工艺　液相浸渍碳化工艺就是把预成型体浸渍在液相树脂中，通过浸渍-碳化的多次循环来达到预成型体致密化的目的。常用的浸渍树脂有两类：热固性树脂，如呋喃树脂、糠醛树脂和酚醛树脂；热塑性树脂，如各向同性的石油沥青和煤焦油沥青以及各向异性的中间相沥青。

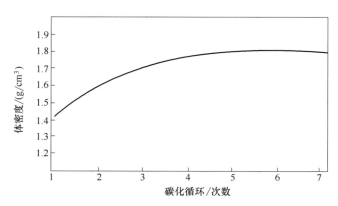

图 8-11　树脂浸渍-碳化循环次数对碳/碳
复合材料密度的影响曲线

图 8-11 所示为树脂浸渍-碳化循环次数对碳/碳复合材料密度的影响。预成型体中存在大量空隙（如 3D 编织预成型体中，空隙含量为 41.1%），树脂浸渍预成型体之后，预成型体被树脂完全填充；树脂在高温下碳化，树脂中非碳元素被分解、扩散，基体碳沉积在预成型体的碳纤维表面，但仍然会有小的空隙存在于预成型体中。因此，为了尽可能使基体碳填充预成型体中的空隙，树脂浸渍-碳化需要进行多次。每进行一次树脂浸渍-碳化，预成型体中的空隙含量就下降一些，碳/碳复合材料的密度就增加一些。当然，当碳/碳复合材料的密度趋近于不变时，树脂浸渍-碳化可以停止。

树脂浸渍工艺典型流程是：将预成型体置于浸渍罐中，在真空状态下用树脂浸渍预成型体，再充气加压使树脂浸透预成型体。浸渍温度为 50℃ 左右，以使树脂黏度降低，具有较好的流动性。浸渍压力逐次增加至 3~5MPa，以保证织物孔隙被浸透。首次浸渍压力不宜过高，以免预成型体变形。浸渍了树脂的预成型体放入固化罐中进行加压固化，使树脂完全固化以避免树脂从预成型体中流出。树脂固化后，将预成型体放入碳化炉中，在氮气或氩气保护下进行碳化，升温速度控制在 10~30℃/h，最终碳化温度 1000℃ 保温 1h。在碳化过程中树脂热解，形成基体碳沉积在预成型体中，同时发生质量损失和尺寸变化，并在预成型体中留下空隙。这样，需要再进行重复的树脂浸渍和炭化，以减少这些空隙，达到致密化的要求。

采用酚醛树脂时固化压力为 1MPa 左右，升温速度为 5~10℃/h，固化温度 140~170℃ 保温 2h。酚醛树脂在碳化过程时产生高达 20% 的线收缩率，会使得依靠基体进行层间黏结的 2D 碳/碳复合材料产生质量损失、脱粘甚至开裂，使性能下降。因此，应严格控制树脂的碳化制度。

以沥青为基体的碳/碳复合材料表现出优异的抗热震性能和机械性能，主要是由于沥青和碳纤维具有良好的界面结合性，在碳化时形成的中间相沥青沿纤维方向定向排列，因此碳化后的沥青基体的热力学性能与纤维匹配较好，沥青的热解基体碳率高，各向同性沥青热解基体碳率可达 50%~60%，中间相则更高。碳化时由于与纤维有良好的润湿和黏结性易产生开孔，利于再浸渍和密度的提高。为了进一步提高基体碳率、增加密度、改善碳/碳的各种性能，人们发展了高压液相浸渍碳化工艺（PIC），利用内外压差使低黏度基体渗透到纤维织物的孔隙里去。热解基体碳率受压力影响非常显著，各向同性沥青的热解基体碳率可由常压下的 50%~60% 提高到 70%~80%，有效地提高了致密化程度。不同浸渍压力下产碳率及碳/碳复合材料的密度见表 8-3。但高压液相浸渍碳化法工艺流程长，操作危险性大，对设备要求高。在实际 PIC 工艺中往往采用等静压浸渍-碳化工艺（HI-PIC）。为获得高质量的碳/碳复合材料，需要严格按照工艺规范的规定进行工艺参数如温度、压力的控制。HIPIC 工艺多用于大尺寸的块状或厚壁轴对称形状的多维碳/碳复合材料，因为在等静压下既可以提高沥青的热解基体碳率，又可降低碳/碳复合材料的开裂危险。

表 8-3　　　　　　　　　　　不同浸渍压力下产碳率及碳/碳复合材料的密度

压力/MPa	产碳率/%	体积密度/(g/cm³)		密度增加率/%
		开始	最终	
常压	51	1.62	1.65	1.9
6.9	81	1.51	1.58	4.6
51.7	88	1.59	1.71	7.5
51.7	89	1.71	1.80	5.2
103.4	90	1.66	1.78	7.2

（3）化学液相气化沉积工艺　化学气相沉积法、液相浸渍碳化法是常见的制备碳/碳复合材料方法。化学气相沉积法由于受气体扩散控制，沉积速率很低；液相浸渍碳化法由于受收缩作用和前驱体残碳率所限，需要多次浸渍与碳化循环。因此，一般需要几百甚至上千小时才能得到高密度碳/碳复合材料，使成本居高不下，限制了其进一步推广应用。为此，快速、高效、低成本制备碳/碳复合材料的研究成为人们研究的热点。

自从 Houdayer 等利用化学液相气化沉积法制备碳/碳复合材料以来，这一方法得到了广泛关注。许多研究者以环己烷或煤油为前驱体，采用此种方法制备了碳/碳复合材料，可以在较短时间内制备密度较高、组织结构比较均匀的碳/碳复合材料。化学液相气化沉积工艺是在液态碳氢化合物中进行的，在预成型体的周围不断形成高密度的液-气相包裹层，这种包裹层的密度比传统气相沉积法的纯气相层高出 50~100 倍，从而预成型体的致密化速度比气相沉积法也高出 50~100 倍，大大缩短了制备时间，降低了材料制备成本。

化学液相气化沉积工艺制备碳/碳复合材料的装置如图 8-12 所示。首先将碳布缠绕在石墨发热体上，并固定在反应器底部，加入基体前驱体（甲苯、煤油等），通氮气。调节变频电源功率，控制加热速率，使石墨发热体温度达到 900~1000℃，在此温度下恒温，然后调小加热功率缓慢降至室温，重复通氮气—调节加热功率、升温—恒温—降至室温这一过程多次，沉积数十小时。在沉积过程中，基体前驱体剧烈沸腾并汽化，一部分汽化的甲苯经冷却系统冷凝返回到反应器内，而另一部分汽化的甲苯开始在与石墨发热体上的碳布发生裂解反应，并生成热解碳沉积在此处。随着裂解反应的继续进行，碳布的纤维束内及束间空隙内的热解碳相互接触并密实，碳纤维及热解碳基体的传热导电能力增强，此时

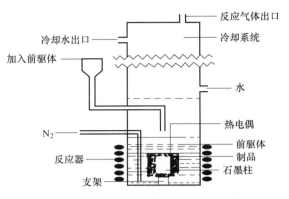

图 8-12　化学液相气化沉积工艺实验装置

碳布层的温度已接近或等同石墨发热体的温度，即碳布层可充当发热体，沉积带前沿可向外推移，直至预成型体的外边沿，最终得到碳/碳复合材料。

化学液相气化沉积致密化的机理在于：一是整个沉积周期内预成型体始终完全浸泡在液体先驱体里，避免了气体反应物扩散慢这一限制因素；二是沉积过程受化学反应动力学控制，从根本上加快了反应速度；三是预成型体内大温度梯度的形成，保证沉积首先在小区域内进行和完成，然后逐步往外推移，从而使整个致密化过程一次完成而不需中间停顿。

化学液相气化沉积工艺制备碳/碳复合材料过程中，沉积前沿的不同区域与预成型体内的温度梯度示意图如图 8-13 所示。沉积前沿因为大温度梯度的存在，主要分为已致密化区域、致密化区域、沸腾区和液相区。其中致密化区域是热解碳的实际沉积区域，致密化过程完成后，此区域变为与碳发热体密度相当的已致密化区，沉积前沿向外推进，逐渐完成碳/碳复合材料的沉积过程。在沉积过程中不断地通入氮气，以防易燃先驱体的燃烧，控制碳源的蒸发情况，从而控制制备时间和致密化效率。反应器应与大气相通，及时排出反应废气，能够使致密化速率加快。

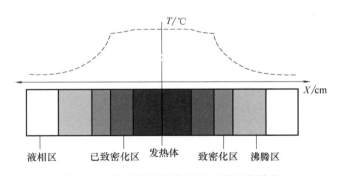

图 8-13　化学液相气化沉积工艺温度梯度

（四）碳/碳复合材料的石墨化

有时根据使用要求，还需要对致密化的碳/碳复合材料进行高温热处理，常用温度为 2400~2800℃，基体碳发生晶格结构的转变，由金刚石四面体结构转变为片层石墨结构，这一过程称为石墨化。石墨化处理对碳/碳复合材料的热物理性能和力学性能有着明显的影响。经过石墨化处理的碳/碳复合材料的强度、线膨胀系数均降低，热导率、热稳定性、氧化防护性以及纯度都有所提高。石墨化程度的高低常用晶面间距 d_{002} 表征（其主要取决于石墨化温度）。沥青碳较容易石墨化，在 2600℃ 进行热处理无定形碳的结构（d_{002} 为 0.3400nm）就可转化为石墨结构（理想的石墨，其 d_{002} 为 0.3354nm）。酚醛树脂碳化以后往往形成玻璃碳，石墨化困难，要求较高的温度（2800℃以上）和极慢的升温速度。沉积形成的热解碳石墨化的难易与其沉积条件和微观结构有关。低压沉积的粗糙层状结构的沉积碳容易石墨化，而光滑层状结构不易石墨化。石墨化时，复合材料样品或埋在碳粒中与大气隔绝，或把炉内抽真空，或通入氩气以保护样品不被氧化。石墨化处理后的碳/碳复合材料的表观不应有氧化现象，经X射线无损探伤检验内部不存在裂纹。同时，石墨化处理使碳/碳复合材料制品的许多闭气孔变成通孔，开孔空隙率显著增加，对进一步浸渍致密化十分有利。有时在最终石墨化之后把碳/碳复合材料进行再次浸渍或CVD处理，以获得更高的材料密度。

第二节 碳/碳复合材料的氧化防护技术

碳/碳复合材料具有密度小、高强度、高模量、高热导率、低线膨胀系数和耐热冲击等优点，而且这些性能可以在2000℃以上的高温下保持，使其成为高温结构材料的首选材料之一，被广泛应用于航天、航空领域。然而，它的这些优异性能只能在惰性环境中保持。碳/碳复合材料在400℃的有氧环境中就开始发生氧化，而且氧化速率随着温度的升高而迅速增加，在高温氧化环境中应用时将会引起灾难性的后果。所以，碳/碳复合材料氧化防护技术是其作为高温结构材料应用的关键。

目前，碳/碳复合材料的氧化防护设计思路有两种：基体改性技术和氧化防护涂层技术。基体改性技术为碳/碳复合材料基体在低温段的氧化防护提供了一条有效途径。表面涂层技术是目前研究得比较多的方法，并取得了长足进展，制备出的多层梯度涂层使碳/碳复合材料可在1600℃下长时间服役。

（一）碳/碳复合材料的氧化机理

碳/碳复合材料在含有氧气、二氧化碳和水的空气中发生的氧化行为与石墨非常类似，无论是碳纤维还是碳基体，都易被氧化形成CO或CO_2，其反应甚至在氧含量很低的情况下仍然进行，氧化速度与氧含量成正比。

碳/碳复合材料的氧化过程是从气体介质中的氧流动到材料的边缘开始的。反应气体首先被吸附到材料表面。通过材料本身的空隙向内部扩散，以材料缺陷为活性中心，并在杂质微粒（Na、S、K、Mg等）的催化下发生氧化反应，生成CO和CO_2。最后，气体从材料表面脱附。碳/碳复合材料的氧化侵蚀易发生在复合材料界面的高能区域，即纤维和基体界面的许多边沿点和多孔处，逐渐伸延到各向异性基体碳、各向同性基体碳、纤维的侧表面和末端，最后是纤维芯部的氧化。

P. L. Walker等人提出了碳材料的氧化机理，其过程可分为3个阶段：①低于600℃时，氧化过程由氧气与复合材料表面活性点的化学反应控制。②在600～800℃，由化学反应控制向（氧化气体的）扩散控制转变，其转变温度因碳材料的不同有较大的变化。③高于转变温度时，由氧化气体通过边界气体层的速度控制。

（二）基体改性技术

基体改性技术是一种内部保护的方法，它是在碳源前驱体中引入阻氧成分，使碳/碳复合材料本身具有氧化防护能力。阻氧成分的选择要满足以下要求：与基体碳有良好的化学相容性；具备较低的氧气、水蒸气渗透能力；不能对氧化反应有催化作用；不能影响碳/碳复合材料原有的优异力学性能。

基体改性技术提高碳/碳复合材料氧化防护性能的机理为添加剂或者添加剂与碳反应的生成物与氧的亲和力大于碳和氧的亲和力，在高温下优先于碳被氧化，反应产物不与氧反应，或高温反应形成高温强度小、流动性好的玻璃相，不仅填充材料中的孔隙和微裂纹，使材料结构更加致密，还在材料表面形成一层致密的化学阻挡层，减少材料表面的氧化反应活性点数目，阻止氧气和反应产物扩散到材料内部。

典型的基体改性技术是通过在材料合成时采用共球磨或共沉淀等方法，将氧化抑制剂或前驱体弥散到基体碳的前驱体中，共同成型为碳/碳复合材料，从而提高碳/碳复合材料抗氧化性能。这些添加剂主要包括 B、Si、Ti、Zr、Mo、Hf、Cr 的氧化物、碳化物、氮化物、硼化物等，也可能是它们的有机烷类。

Mc. Kee 等在合成碳/碳复合材料时，加入 ZrB_2、B、BC_4 等氧化抑制剂粒子，高温下材料表面形成的氧气阻挡层可以在 800℃ 以下对材料进行有效保护。随着温度升高，水蒸气的存在导致氧化硼玻璃相快速挥发，氧化保护失效。研究表明，SiO_2 的存在则可以一定程度上稳定高温 B_2O_3，使材料的氧化防护温度提高，达到中温段氧化防护。刘其城等在没有黏结剂的情况下，以石油生焦作碳源，掺入 B_4C 和 SiC 两种氧化抑制剂模压成碳/碳复合材料。成型试样在 1200℃ 温度下氧化 2h 后质量损失小于 2%，而在 1100℃ 以下氧化 10h，质量损失均小于 1%。崔红等用液相浸渍碳化法在基体中添加了 ZrC 和 TaC，研究表明：碳化物在基体中分布均匀，与基体结合良好，有过渡界面层，颗粒小于 1μm，具有良好的氧化防护烧蚀作用。闫桂沈等采用 Ti、W、Zr、Ta 为添加剂，以 Co、Ni 为助液烧结剂，$TiCl_4$、$ZrOCl_2$ 为助碳化剂，在基体中生成多元金属碳化物，形成一种多层次梯度防护体系，较大幅度地提高了材料的氧化防护性。朱小旗等在碳/碳复合材料基体中加入 ZrO_2、B_4C、SiC、SiO_2，结果表明：B_4C、SiC、SiO_2 的加入，大幅度地降低了复合材料的烧蚀率，提高了其氧化防护性能。在坯体中加入陶瓷微粉，采用快速 CVD 新途径制备了高氧化防护碳/碳复合材料，其氧化起始点比未加入的材料提高了 214℃，氧化失重也较小。Soo. Jin. Park 研究了添加 $MoSi_2$ 对碳/碳复合材料氧化行为的影响，发现添加了 $MoSi_2$ 的碳/碳复合材料在 800℃ 以上的氧化性能得到极大的改善。

氧化抑制剂的添加可以极大地提高碳/碳复合材料的氧化防护性能。但是，氧化抑制剂的加入是以降低材料的力学性能为代价的。加入量过多就会使复合材料的力学性能明显下降，尤其是在较高温度条件下使用的碳/碳复合材料，不允许加入过多低熔点的异相物质。而加入量太少，不足以形成满足要求的玻璃层，起不到完全隔离氧，防止氧扩散进入碳/碳复合材料基体的作用。同时在高温下，硼酸盐类玻璃形成后具有较高的蒸汽气压及氧的扩散渗透率，所以这种方法只限于 1000℃ 以下的氧化防护保护，要实现高于 1000℃ 的氧化防护保护，涂层技术是最佳的选择。

（三）碳/碳复合材料的氧化防护涂层技术

氧化防护涂层技术是在碳/碳复合材料表面合成耐高温氧化防护材料的涂层，阻止氧与碳/碳复合材料的接触，阻挡氧气在材料内部的扩散，从而达到高温氧化防护的目的。它是一种十分有效地提高复合材料氧化防护能力的方法，可以大幅度提高碳/碳复合材料在氧化环境下的使用温度和寿命。

用于碳/碳复合材料氧化防护涂层应符合的要求：

① 涂层系统必须能够有效地阻止氧的侵入，要有一个低的氧气渗透率，同时尽量减少涂层中的缺陷数目，保证涂层材料的均匀性。

② 涂层要能阻挡碳的向外扩散，尤其对含有氧化物的涂层，因为氧化物易被碳还原。

③ 涂层与复合材料基体碳、涂层之间要有较高的黏结强度，并保证机械和化学相容性。在升、降温度时，涂层与复合材料基体碳、涂层之间不能相互反应而分解或生成新相，或发生相变引起体积变化。

④ 涂层与复合材料基体碳、涂层之间的线膨胀系数尽可能匹配，以避免涂覆和使用时因热循环造成的热应力引起涂层出现裂纹，甚至剥落。

⑤ 为防止涂层的挥发，涂层材料要有低的蒸汽压。

⑥ 涂层要具有一定的力学性能，可承受一定的压力和冲刷力；而且，涂层具有一定的耐腐蚀性能（耐酸、碱、盐及潮湿气体等）。

满足以上要求的涂层并不多，目前研制的涂层主要有氧化铝、镁铝尖晶石、二硅化钼、二硅化钨、莫来石及它们的复合体系。根据温度来分，分为低温（低于 $1000℃$）涂层（如 B_2O_3 系涂层）和高温（$1000\sim1800℃$）涂层（如 SiC 和 $MoSi_2$ 系）。根据涂层结构形式来分，分为单一涂层和多层梯度涂层。单一涂层主要用于温度较低，氧化防护时间较短的情况；多层梯度涂层则多用于高温长时间碳/碳复合材料氧化防护。

从氧化防护涂层的制备工艺来看，近年来碳/碳复合材料氧化防护涂层技术主要有：包埋熔渗技术、化学气相沉积技术、料浆浸渍-气相渗硅技术、料浆涂刷技术、激光熔覆技术、等离子喷涂技术等。其中，等离子喷涂技术因具有喷涂材料范围广、工件尺寸限制小、沉积效率高、涂层成分及厚度可控等优点，受到广泛关注。等离子喷涂法制备碳/碳复合材料氧化防护涂层的基本原理是以等离子体作为热源，将粉末原料加热至熔融或半熔融状态，再借助喷枪轰击至碳/碳复合材料表面逐渐沉积形成涂层。根据设备工作环境的不同，等离子喷涂技术又可以分为大气等离子喷涂（APS）技术、超音速大气等离子喷涂（SAPS）技术、低压等离子喷涂（LPPS）技术和真空等离子喷涂（VPS）技术等。

碳/碳复合材料的主要氧化防护涂层类型包括：

① 单组分涂层　此种涂层是在碳/碳复合材料的表面只涂覆单一的金属、氧化物、碳化物或硅化物等组分进行氧化防护，较难实现较宽温度范围的防护。硅基陶瓷材料，如 SiC 和 SiN_4 是比较理想的氧化防护涂层材料。通常用 CVD 法制备 SiC 和 Si_3N_4 涂层，沉积温度在 $1100℃$ 左右。由于 CVD 法工艺复杂且成本高，近年来发展了一些低成本的替代工艺。扩散烧结工艺可利用液态 Si 与碳/碳复合材料表层碳在 $1600℃$ 下的扩散反应，制备 SiC 涂层。Chen-chim. Ma 等人发展的反应烧结工艺，将适量硅粉与环氧树脂混合并涂覆在碳/碳复合材料预成型体上得到预涂层，利用预涂层中硅粉与在 $1800℃$ 下环氧树脂热解所得到碳进行反应制备 SiC 涂层。

② 多组分涂层　此种涂层由两种或多种成分组成，它可在较宽的温度范围内进行氧化防护。为了克服热膨胀系数差异在热震条件下造成的破坏，涂层设计时，要具有一定的自愈合能力。H. S. Hu 和 A. Joshi 等人用熔浆法合成的 Si-Hf-Cr、Si-Zr-Cr 涂层，氧化防护温度可达 $1600℃$。成来飞采用液态法制备的 Si-Mo、Si-W 涂层，在 $1500℃$ 以下具有长时间的氧化防护能力。曾燮榕等研制的 $MoSi_2$、SiC 的双相结构的氧化防护涂层，在 $1500℃$ 以下具有可靠的防护能力。

③ 复合涂层 此种涂层把功能不同的氧化防护涂层结合起来，让它们发挥各自的作用，从而达到更好的氧化防护效果。复合涂层由内而外依次为：过渡层，减小碳/碳复合材料与涂层之间热膨胀系数不匹配的热胀冷缩造成的内应力；碳阻挡层，防止碳的向外扩散；氧阻挡层，防止氧的向内扩散；封填层，提供高温玻璃态流动体系，愈合阻挡层在高温下产生的热膨胀裂纹；耐腐蚀层，防止内层在高速气流中的冲刷损失、在高温下的蒸发损失以及在苛刻气氛里的腐蚀损失。复合涂层结构的示意图如图 8-14 所示。目前各国学者还在进行着有关选材、组合方式、性能匹配的探索性研究，不断提高复合涂层的氧化防护效果。

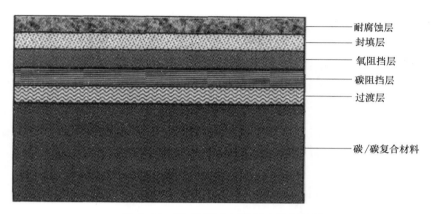

耐腐蚀层
封填层
氧阻挡层
碳阻挡层
过渡层

碳/碳复合材料

图 8-14　碳/碳复合材料复合涂层结构

④ 复合梯度涂层 此种涂层是为了缓和材料内部的热应力和减少裂纹的产生，在碳/碳复合材料的表面形成多层涂覆性的梯度功能材料。从里向外，一种或多种组分（如金属、陶瓷、纤维、聚合物等）的结构、性能参数和物理、化学等单一或综合性能都呈现连续变化，能够消除界面的影响，使梯度涂层和复合材料的结合强度增大，抗热震性能好，不易产生裂纹和从复合材料上剥离。黄剑锋等用包埋法和溶胶-凝胶法制备了 SiC 内层，梯度 ZrO_2-SiO_2 外层的多组分复合梯度涂层，在 1500℃ 下，氧化 10h，失重率仅为 1.97%；采用包埋法、喷涂法、烧结法制备了 SiC/SiO_2-Y_2O_3/glass 的多层复合梯度涂层，1500℃ 下，氧化 164h，失重率为 1.65%。曾燮榕等用高温浸渍法制备了内层为 SiC，外层为 $MoSi_2$-SiC 的梯度涂层，在 1600℃ 以内具有稳定的可靠的长时间氧化防护能力。

⑤ 贵金属涂层 金属铱有较强的氧化防护性，熔点 2440℃，温度达到 2100℃ 时氧气的扩散渗透率都很低，到 2280℃ 也不与碳发生反应。金属铼有一定的塑性，零空隙，与碳的兼容性好。铱/铼功能梯度复合涂层体系，在温度 2200℃ 以上的使用寿命可达几十到几百个小时。但由于铱易被侵蚀，价格昂贵及与复合材料的热匹配问题，其应用受到一定的限制。

经过多年的研究，碳/碳复合材料氧化防护的研究取得了很大的突破。低于 1500℃ 的长期氧化防护及 1500~1800℃ 的短期氧化防护问题已基本上得到解决。目前研究的方向是 1500~1800℃ 的长期氧化防护及高于 1800℃ 的氧化防护涂层体系。今后的研究主要是将氧化防护涂层技术与基体改性技术相结合，在不降低碳/碳复合材料性能的同时，尽可能地提高复合材料的氧化防护温度，延长复合材料的使用寿命，并降低制备成本，简化合成工艺，缩短合成周期。从理论上选择有效的氧化防护成分，创新组合方式并配以适当的合成技术，将是解决这一问题的可能途径。

第三节　碳/碳复合材料的性能与应用

碳纤维本身具有密度小、强度大、模量高、耐烧蚀、抗蠕变、导热系数大等优点，用它制成的碳/碳复合材料无疑也会保留这些优异性能。这些性能与碳纤维的类型、增强方式、制造工艺及基体碳的种类、组成、结构、性能等有密切关系，可在很大范围内波动。

一、碳/碳复合材料的性能

（1）力学性能　碳纤维的密度在 $1.6 \sim 1.75 \mathrm{g/cm^3}$，碳/碳复合材料的密度为 $1.35 \sim 1.95 \mathrm{g/cm^3}$，是钢的 $1/5 \sim 1/4$，是铝的 $1/2 \sim 2/3$，是陶瓷、玻璃的 $1/3 \sim 1/2$。碳/碳复合材料的抗拉强度为 $300 \sim 3000 \mathrm{MPa}$、抗拉模量为 $20 \sim 350 \mathrm{GPa}$，比强度是钢的 3 倍左右，尤其是在 2000℃ 以下强度不随温度的升高而下降，反而略有上升，模量则随温度的上升而增加。

碳/碳复合材料属于脆性材料，其断裂应变仅为 $0.15\% \sim 3.00\%$，但应力-应变曲线则呈"假塑性效应"，如图 8-15 所示。在施加载荷初期呈线性关系，后期变为双线性关系。由于有碳纤维增强，裂纹不能进一步扩展，在卸除载荷之后可再加载荷至原来的水平。这种"假塑性效应"使碳/碳复合材料在使用过程中有更高的可靠性，避免了像石墨材料那样的脆性断裂，且断裂形状也随碳纤维形态的不同而不同，3D 编织预成型体的碳/碳复合材料的断裂能最高达 $5000 \sim 6000 \mathrm{J/m^2}$，其韧性在 2400℃ 时出现最大值。采用碳/碳复合材料制备的航天飞机零部件和人造关节的疲

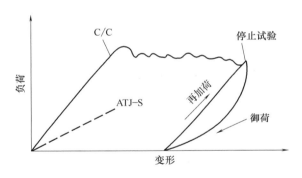

图 8-15　碳/碳复合材料的负荷-变形曲线

劳试验，重复次数在 $10^4 \sim 10^7$，除面内剪切强度下降很多以外，其他强度几乎没有任何下降，说明碳/碳复合材料具有较高的疲劳特性。

（2）热物理性能　碳/碳复合材料的热膨胀系数是金属材料的 $1/10 \sim 1/5$，并能在剧变的温度条件下保持相对的尺寸稳定，特别适用于温度变化特别大的太空环境。碳/碳复合材料的热导率比较高，室温时为 $1.6 \sim 1.9 \mathrm{W/(cm \cdot ℃)}$，当温度为 1650℃ 时则降到 $0.43 \mathrm{W/(cm \cdot ℃)}$。碳/碳复合材料与其他碳材料一样，属于晶格导热，热导率 K 可用 Debye 公式表示：

$$K = \frac{1}{3} \rho \cdot c_v \cdot L_a \qquad (8-1)$$

式中　ρ——密度；

c_v——比定容热容；

L_a——晶格波传递速率。石墨化程度越高，K 值越大。

碳/碳复合材料，尤其是石墨化后的碳/碳复合材料不但热容量大，而且热容量随温度的升高而增加。碳/碳复合材料的抗热震性因子相当大，最高达普通石墨的 40 倍。

碳/碳复合材料除热导率高以外，比热也比较大，但热膨胀系数和摩擦因数较小，是理想的制动刹车材料。表 8-4 列出了 2D 预成型体碳/碳刹车材料的特性值，摩擦因数 μ 可通过调节材料的密度和热处理温度来控制在 0.1~0.5。

表 8-4 **2D 预成型体碳/碳刹车材料的特性**

性能	碳/碳复合材料	性能	碳/碳复合材料
密度/(kg/cm³)	1700~1900	热导率/[W/(m·K)](24℃)	100(Ⅱ)
熔点/K	>3080(升华)		10(=)
拉伸强度/MPa	70~100	热膨胀系数/(10⁻⁶/K)(24~1000℃)	-0.4~1.0(Ⅱ)
弯曲强度/MPa	120~150		6.2~8.2(=)
冲击强度/(J/cm)	3~7	摩擦因数	0.1~0.6
比热容/[kJ/(kg·K)](1000℃)	2.0		

（3）抗烧蚀性能 "烧蚀"是指导弹和航天器从太空进入大气层在热流作用下，由热化学和机械过程引起的固体表面的质量迁移（材料消耗）现象。在现有的抗烧蚀材料中，碳/碳复合材料是最好的抗烧蚀材料。碳/碳复合材料是一种升华-辐射型烧蚀材料，具有较高的烧蚀热、较大的辐射系数，而且能够耐较高的表面温度，在材料质量消耗时吸收的热量大，向周围辐射的热流也大，具有很好的抗烧蚀性能。此外，碳/碳复合材料烧蚀均匀而对称，烧蚀表面的凹陷浅，良好地保留其外形。

碳/碳复合材料的有效烧蚀热高，材料烧蚀时能带走大量热。表 8-5 为几种耐烧蚀材料的有效烧蚀热。碳/碳复合材料的有效烧蚀热比高硅氧/酚醛高 1~2 倍，比尼龙/酚醛高 2~3 倍。当碳/碳复合材料的密度大于 1.95g/cm³，开口气孔率小于 5% 时，其抗烧蚀-侵蚀性能接近热解石墨。经高温石墨化后，碳/碳复合材料的烧蚀性能更加优异。

表 8-5 **不同耐烧蚀材料的有效烧蚀热**

材料	C/C	聚苯乙烯	尼龙/酚醛	高硅氧/酚醛
有效烧蚀热/(kJ/kg)	11000~14000	1730	2490	4180

（4）化学稳定性 碳/碳复合材料除含有少量的氢、氮和痕量的金属元素外，几乎 99% 以上都是由元素碳组成，因此它具有与碳一样的化学稳定性，在常温下不与绝大多数元素及化合物发生反应。

（5）生物相容性 碳单质材料被认为是所有已知材料中生物相容性最好的材料。碳/碳复合材料克服了单一碳材料的脆性，继承了碳材料固有的生物相容性，同时兼有纤维增强复合材料的高韧性、高强度等特点，且力学性能可设计、耐疲劳、摩擦性能优越、质量轻。碳/碳复合材料具有一定的假塑性，且微孔有利于组织生长，特别是它的弹性模量与人骨相当，能够克服其他生物材料的不足，是一种综合性能优异、具有潜力的骨修复和替代生物材料。

将碳/碳复合材料与生物活性材料复合，既保持了生物材料所需的力学性能，又具有生物活性。生物活性涂层能够促使植入的碳/碳复合材料与骨组织间形成直接的化学键性结合，有利于植入体早期稳定，缩短手术后的愈合期。目前生物活性涂层的制备技术很多，主要有等离子喷涂法、激光熔覆法、离子束辅助沉积法、仿生诱导法、离子注入法、溶胶-凝胶法、电化学沉积法等。

由于碳/碳复合材料的优异性能，目前碳/碳复合材料在各个领域均有应用，特别是，随着材料技术发展及科技进步，碳/碳复合材料也将越来越广泛。

二、碳/碳复合材料的应用

（1）热结构部件的应用 碳/碳复合材料用作热结构材料，目前主要应用于航空发动机、航天飞机的鼻锥帽和机翼前缘，以及卫星发动机喷管方面。采用非烧蚀型的抗氧化碳/碳复合材料，称热结构碳/碳复合材料，已经成功地在航天飞机上采用，还可应用于空天飞机的方向舵和减速板、副翼和机身挡遮板等。热防护-结构一体化碳/碳复合材料将会大大节约飞行器的结构质量。采用经改性的碳/碳复合材料能够实现一体化功能，使战略导弹除了能耐高温外，弹头还具有隐身、抗核、抗激光和抗粒子云等功能。图8-16为碳/碳复合材料在航天飞机上应用部位示意图。图8-17所示为燃气涡轮发动机碳/碳复合材料涡轮。

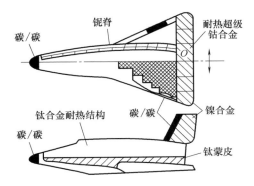

图8-16 碳/碳复合材料在航天飞机上应用

图8-17 燃气涡轮发动机碳/碳复合材料涡轮部位示意图

此外，碳/碳复合材料作为热结构材料，还可应用于内燃发动机活塞和发热元件。碳/碳复合材料密度低，有优异的摩擦性能，且热膨胀率低，从而有利于控制活塞与汽缸之间的空隙。石墨发热体强度低、脆，加工运输困难。与之相比，碳/碳复合材料发热元件强度高、韧性好、耐高温，可减少发热体体积，扩大工作区。

（2）耐烧蚀材料的应用 碳/碳复合材料作为抗烧蚀材料，已使用在洲际导弹弹头的鼻锥帽、固体火箭喷管和航天飞机的鼻锥帽和机翼前缘上。导弹鼻锥帽利用碳/碳复合材料质量轻、高温强度高、抗烧蚀、抗侵蚀、抗热震好的优点，使导弹弹头再入大气层时免遭损毁。固体火箭发动机喷管最早采用碳/碳复合材料喉衬，现在已研制出整体碳/碳复合材料喷管，是一种烧蚀型材料。除了上述特性外，还要耐气流和粒子的冲刷。烧蚀型碳/碳复合材料结构往往只使用一次，高温下工作时间也很短。

（3）高性能刹车材料的应用 碳/碳复合材料刹车盘的实验性研究始于1973年。目前，已广泛用于高速军用飞机和大型高超音速民用客机，作为飞机的刹车片。一半以上的碳/碳复合材料用作飞机刹车装置。高性能刹车材料要求高比热容、高熔点以及高温下的强度。碳/碳复合材料有质量轻、耐高温、吸收能量大、摩擦性能好的特点，制作的飞机刹车盘质量轻、耐温高、比热容比钢高 2.5 倍；其刹车系统比常规钢刹车装置减轻质量 40%。碳刹车盘的使用寿命是金属刹车盘的 5～7 倍，刹车力矩平稳，刹车时噪声小。表 8-6 为碳/碳复合材料刹车盘在飞机上的应用示例。

表 8-6 　　　　　　　　　碳/碳复合材料刹车盘在飞机上的应用示例

机种	构件	说明
麦道公司 F-15 空中优势战斗机	刹车盘	减重 24%，使用寿命长；全机用量占结构总重量的 1.2%
通用动力公司 F-16 轻型战斗机	刹车盘	全机用量占结构总重量的 3.4%
诺斯罗普公司 F-18 轻型舰载战斗机	刹车盘	定盘和转盘都用碳/碳复合材料，减重 24%，使用寿命延长一倍
英法研制的协和号	刹车盘	减重 544kg，使用寿命提高 5～6 倍

目前法国欧洲动力、碳工业等公司已批量生产碳/碳复合材料刹车片，英国邓禄普公司也已大量生产碳/碳复合材料刹车片，用于赛车、火车和战斗机的刹车材料。我国湖南博云新材料股份有限公司研发的多种机型碳/碳复合材料航空刹车副已广泛应用于各型飞机上，部分产品出口美国、俄罗斯等欧美国家和新加坡、印度尼西亚等东南亚地区。

（4）生物医学方面的应用　碳/碳复合材料作为生物医用材料，主要优点有：①生物相容性好，整体结构均由碳构成，机体组织对其适应性好。②在生物体内稳定、不被腐蚀，也不会像医用金属材料那样，会由于生理环境的腐蚀而造成金属离子向周围组织扩散及植入材料自身性质的蜕变。③具有良好生物力学相容性，与骨的弹性模量十分接近，可减弱由假体应力遮挡作用引起的骨吸收等并发症。④强度高、耐疲劳、韧性好，并可以通过结构设计，对材料性能进行调整以满足特定的力学要求。

碳/碳复合材料植入体进入人体后，将处于人体复杂的生物环境内，与血液、软组织、骨骼之间将产生各种交互作用，影响因素十分复杂。从材料学角度而言，材料的微观结构、组织类型、表面状态及形貌等一系列材料特性问题，都会对碳/碳复合材料的生物相容性产生直接的影响。因此，为获得最适用于某种场合下的医用碳/碳复合材料，需要对材料的微观结构和表面状态进行有效控制，实现这一目标的前提是深入认识该材料生物相容性与微观结构组成之间的关系。

碳/碳复合材料的出现，从根本上改善了碳材料的强度与韧性，解决了植入体与人体骨骼模量不匹配问题。虽然目前碳/碳复合材料植入体的实际临床应用还不多，但其潜在的优势注定了它在生物医用材料方面良好的应用前景。

（5）其他方面的应用　碳/碳复合材料在其他方面的应用主要有：

① 自润滑轴承　1996 年制备了碳/碳复合材料轴承罩，将内径 30mm 的滚珠轴承安装其中，并以 35r/min 的转速运行 32h，工作温度为 399～510℃，推力负荷为 46～182kg。在如此苛刻的工作条件下，滚动轴承元件首次表现出稳定的性能。

② 机械紧固件　高温零部件通常用不同材料加工和装配而成，如耐热金属和陶瓷。由于碳/碳复合材料的出现，需要一些连接方法将这些材料或相邻的金属和陶瓷结构彼此连接起来，为此首先制造了碳/碳复合材料机械紧固件样品。后来研究了其他零件，包括

双头螺帽、螺栓和螺帽。机械加工的双头螺栓和螺栓直径为 0.63~3.80cm，长度为 30cm。螺母具有正方形、圆形或六角形外形。

③ 热压模具 通常采用热压粉状材料来获得高密度陶瓷和耐熔金属零件。在大多数情况下，采用厚壁石墨模具。碳/碳复合材料热压模具性能更好，并减少温度、压力的不均匀性。

碳/碳复合材料还可用于氦冷却的核反应堆热交换管道、化工管道和容器衬里、高温密封件等。

习题与思考题

1. 碳/碳复合材料有哪些优点？
2. 碳/碳复合材料为什么可以用作烧蚀材料？
3. 碳化成型的碳/碳复合材料石墨化的作用是什么？
4. 碳/碳复合材料中最大的缺陷是什么？如何解决？
5. 碳/碳复合材料氧化防护方法有哪些？

参 考 文 献

[1] 尹洪峰，魏剑. 复合材料 [M]. 2 版. 北京：冶金工业出版社，2021.
[2] 冀芳，李忠涛. 复合材料概论 [M]. 成都：电子科技大学出版社，2020.
[3] 黄丽. 聚合物复合材料 [M]. 2 版. 北京：中国轻工业出版社，2016.
[4] 张欢，张一心，卢晨，等. 多尺度碳/碳复合材料力学性能研究 [J]. 合成纤维，2023，52 (2)：13-18.
[5] 耿莉，成溯，付前刚，等. 碳/碳复合材料的激光烧蚀行为与机制 [J]. 复合材料学报，2022，39 (9)：4337-4343.
[6] 李筱暄，付前刚，胡逗. 碳/碳复合材料表面等离子喷涂高温抗氧化涂层研究进展 [J]. 西北工业大学学报，2022，40 (3)：465-475.
[7] 黄剑锋，张玉涛，李贺军，等. 国内碳/碳复合材料高温抗氧化涂层研究新进展 [J]. 航空材料学报，2007，27 (2)：74-78.
[8] 杨姗洁，彭徽，郭洪波. 热障涂层在 CMAS 环境下的失效与防护 [J]. 航空材料学报，2018，39 (2)：43-51.
[9] ZHU X F, ZHANG Y L, ZHANG J, et al. A gradient composite coating to protect SiC-coated C/C composites against oxidation at mid and high temperature for long-life service [J]. Journal of the European Ceramic Society，2021，41 (16)：123-131.
[10] WANG R Q, ZHU S Z, HUANG H B, et al. Low-pressure plasma spraying of ZrB_2-SiC coatings on C/C substrate by adding $TaSi_2$ [J]. Surface and Coatings Technology，2021，42 (8)：127-133.

第九章　复合材料夹层结构

夹层结构是由高强度蒙皮（面板）和轻质夹芯材料所构成的一种结构形式。复合材料夹层结构是指蒙皮为复合材料，芯材为蜂窝或泡沫塑料等所组成的结构材料。复合材料夹层结构的主要特点是质量轻、刚度大。复合材料夹层结构自第二次世界大战产生以来，首先在航空工业中得到应用。近年来，复合材料夹层结构在飞机、船舶、车辆、建筑、风电叶片、雷达罩等方面的使用量逐年增加。以碳纤维、硼纤维复合材料做面板的铝蜂窝夹芯材料，已大量出现在航空宇航工业中。

复合材料夹层结构按其所用夹芯材料的类别通常可分为 3 种：蜂窝夹层结构、泡沫夹层结构、波纹板夹层结构。

蜂窝夹层结构的蒙皮采用复合材料板材，夹芯层采用蜂窝材料（如玻璃布蜂窝、纸蜂窝、棉布蜂窝等），结构如图 9-1（a）所示。蜂窝夹芯按其平面投影的形状，可分为正六边形、菱形、矩形和正弦曲线形等形式，如图 9-2 所示。蜂窝夹层根据使用要求进行合理设计可获得较高的强度和刚度，多用于构件尺寸较大、强度要求较高的部件，比如飞机舱门及地板、火车车身及地板以及复合材料潜水艇、复合材料扫雷艇、复合材料游艇、雷达罩等。

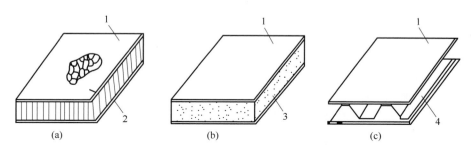

1—复合材料面层；2—蜂窝夹芯；3—泡沫塑料；4—波纹板。
图 9-1　复合材料夹层结构示意图

泡沫夹层结构的两蒙皮采用复合材料板材，夹芯材料用泡沫塑料，结构如图 9-1（b）所示。泡沫夹层结构的最大特点是质量轻、刚度大、隔热及隔音性能好，通常用来制备强度要求不高、质量轻、绝热或隔音好的结构件，比如墙板、屋面板、隔墙板、冷藏运输车车厢等。

波纹板夹层结构的两蒙皮采用复合材料板，芯材采用波纹板（如复合材料波纹板、纸基波纹板和棉布基波纹板等），两者胶接在一起形成波纹板夹层结构，如图 9-1（c）所示。波板夹层结构形式制作简单，节省材料，但不适用于制作曲面形状的结构。

因蜂窝夹层结构和泡沫夹层结构在复合材料夹层结构中应用最多，故本章主要涉及这两种夹层结构的相关知识。

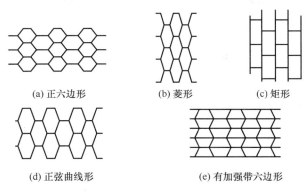

| (a) 正六边形 | (b) 菱形 | (c) 矩形 |

| (d) 正弦曲线形 | (e) 有加强带六边形 |

图 9-2　蜂窝种类示意图

第一节　复合材料蜂窝夹层结构

夹层结构是由高强度的蒙皮和轻质夹芯材料所组成的一种结构形式，若蒙皮采用金属材料（如铝、钢钛合金等），而芯材也采用金属材料（如铝合金蜂窝）时，便构成金属夹层结构；若蒙皮采用复合材料板、胶合板和石棉板等材料，芯材采用纸蜂窝、棉布蜂窝和玻璃布蜂窝及泡沫塑料等材料时，便构成非金属夹层结构。目前，复合材料夹层结构材料应用最为广泛。

一、复合材料蜂窝夹层结构原材料

（1）玻璃布　复合材料夹层结构中所用玻璃布分蒙皮布和芯材布两种。蒙皮应选用增强型浸润剂处理的玻璃布，其规格通常为 0.1~0.2mm 的无碱或低碱平纹玻璃布。但对曲面制品通常采用斜纹玻璃布，因斜纹布容易变形，有利于制品的成型加工。芯材要选用未脱蜡的无碱平纹布，因为有蜡玻璃布可防止树脂渗透到玻璃布的背面，减少层间粘接，有利于蜂窗格子孔的拉伸。另外，无碱平纹布不易变形，可提高芯材的挤压强度。玻璃布蜂窝芯子用布规格见表 9-1。

表 9-1　　　　　　　　　　　　蜂窝夹芯用玻璃布规格

名称	厚度/mm	密度/（根/cm）		公线密度/tex	
		经向	纬向	经向	纬向
无碱平纹布	0.1	28	26	12.5	12.5
无碱平纹布	0.12	28	24	5.5	12.5
无碱平纹布	0.16	30	28	25	25
无碱平纹布	0.2	30	16	12.5	25

（2）绝缘纸　用来制作纸基蒙皮板和纸质蜂窝夹芯的纸张，要与树脂有良好的浸润性和足够的拉伸强度，通常是选用专门生产的绝缘纸。

制作纸基蒙皮和蜂窝夹芯所用的绝缘纸以木质纤维素制成的纸最好，其次是棉纤维以及棉纤维与亚硫酸木纤维的混合纤维制成的纸。要求纸中不含有金属和其他杂质。可供选用的绝缘纸类型及规格见表9-2。

表9-2 　　　　　　　　　　　　　　　　　　夹层结构用纸规格

项目	硫酸纤维素纸	55%棉纤维与 45%硫酸纤维素纸	亚硫酸纤维素纸
厚度/mm	0.1±0.01	0.1	0.18
质量/(g/m²)	60±5	60	90
含水量不大于/%	7±1.5	6	6
灰分不大于/%	0.8	0.5	0.5
水浸液pH	7.0~8.5	7.0	7.0
克列姆法碳水升高/mm	25~40	20	40
纵向不小于/N	58.8	—	—
横向不小于/N	29.4	—	—
耐电压不小于/(kV/mm)	5	6	4.5

（3）金属箔　近年来，随着社会发展及科技进步的需要，轻质高强的新型复合材料夹层结构不断出现，例如，以碳纤维、硼纤维复合材料为面板的铝蜂窝夹芯材料作为受力结构，已大量地出现在航空、宇航工业中。

制造金属蜂窝所用的各种金属材料有铝箔、不锈钢箔和钛合金箔等，其中以铝箔使用最多。铝蜂窝芯材的性能见表9-3。

表9-3 　　　　　　　　　　　　　　　　　各种铝箔蜂窝芯材特征

孔边间距/ mm	铝箔厚度/ mm	密度/ (g/cm³)	弹性模量/MPa		剪切模量/MPa	
			拉伸	压缩	纵向	横向
6.4	0.038	0.0371	1058	240	83	48
9.5	0.063	0.0416	1145	340	111	61
12.7	0.063	0.0325	1045	140	78	49

（4）粘接剂（树脂基体）　复合材料夹层结构用树脂分为蒙皮和芯材用树脂基体及蒙皮芯材之间胶接用的树脂粘接剂。

根据夹层结构的使用要求，蒙皮及芯材浸胶、蒙皮与芯材的胶接，可选用环氧树脂、不饱和聚酯树脂、酚醛树脂、有机硅树脂和DAP树脂等。蜂窝夹芯制作过程中的胶条，通常用聚醋酸乙烯酯、聚乙烯醇缩丁醛胶和环氧树脂等。

聚醋酸乙烯酯（俗称木胶水）无毒、价格便宜，可在室温下固化，加热到80℃，经2~4h，可加速固化。它易于溶解在苯乙烯中，因此用它制作的蜂窝夹芯，不能浸于不饱和聚酯树脂胶液，以免蜂窝开裂。

聚乙烯醇缩丁醛胶需要在加热、加压的条件下固化。一般是在120℃下加压0.2~0.3MPa，固化时间为2~4h。

环氧树脂可用6101、608和634等。用丙酮作为稀释剂，室温条件下用二乙烯三胺、三乙烯四胺等为固化剂。

除此之外，可根据使用条件要求选用其他类型胶黏剂（树脂基体）。在复合材料蜂窝芯材胶条用胶黏剂中，由于环氧树脂粘接强度高、酚醛及改性酚醛类价格低，因此，此两类树脂应用较多。

二、复合材料蜂窝夹芯的制造

蜂窝夹芯材料若按其密度大小可分为低密度夹芯材料和高密度夹芯材料两大类。

低密度夹芯是指由纸、棉布、玻璃布浸渍树脂制成的芯材，或由泡沫塑料制成，原材料有时也包括铝蜂窝夹芯。这类夹层结构的面板（蒙皮）多采用胶合板、复合材料板以及薄铝板。芯材与面板是胶接而成的。

高密度夹芯指夹芯与面板材料都采用不锈钢或钛合金制成。芯材制造及芯材与蒙皮的联结多采用焊接的方法。

（1）布蜂窝夹芯的制造　布蜂窝夹芯制造主要包括以纸、棉布、玻璃布为原材料制作的夹芯。尽管它们的材质不同，但蜂窝夹芯的制作原理及方法相同。目前，蜂窝夹芯制作方法有3种：塑性胶接法、模压法和胶接拉伸法。其中，塑性胶接和胶接拉伸法主要用于布蜂窝制造，模压法用于金属蜂窝制造。

胶接拉伸法是目前广泛使用的一种方法。根据涂胶方式的不同，胶接拉伸法又可分为手工涂胶法和机械涂胶法两种。

① 手工涂胶法　本章主要以边长为 a 的正六边形蜂窝夹芯为例，来说明手工胶接拉伸法制作蜂窝夹芯的工艺过程。

a. 涂胶装置　涂胶装置是由上、下两块板构成，下底板可在涂胶架上向左或向右移动两个边长（$2a$）的距离，上板铺放胶条纸，用轴固定可翻上翻下。

b. 胶条纸板制作　当正六边形蜂窝格子边长为 a 时，则两相邻胶条间的距离为 $4a$。根据经验，刻制的胶条宽度实际小于边长 a，要根据玻璃布的厚度、密度、树脂胶液的黏度以及胶条纸的厚度决定，其经验公式为 $A = 15a/17$（A 为胶条宽度）。胶条纸板的刻制示意图如图9-3所示。

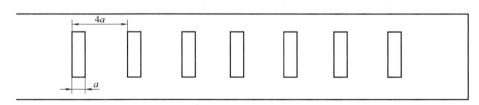

图9-3　胶条纸板刻制示意图

c. 根据蜂窝尺寸的要求裁剪玻璃布，并将刻好的胶条纸板贴在涂胶板上，按照配方配制树脂粘接剂。比如环氧树脂的参考配方（质量份）为：

环氧树脂6101#（E-51）	100 份
三乙烯四胺	8~12 份
丙酮	适量

d. 翻开上底板，将第一层玻璃布铺放在下底板上，要求平整无皱纹。然后放下上底板，用手工在胶条纸上刮涂配好的树脂胶液，胶液通过胶条纸的空隙印在玻璃布上。然后将上底板翻开，铺上第二层玻璃布，同时移动活动的下底板与第一层玻璃布错 $2a$。上胶、印胶位置如图9-4所示。

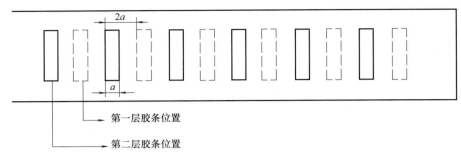

图 9-4　印胶位置示意图

铺上第三层玻璃布，再次采用上述方法上胶。胶条位置同第一层玻璃布相同。铺上第四层玻璃布，同种方法上胶，胶条位置同第二层玻璃布相同。如此重复，直到要求的蜂窝块厚度，施加接触压力、室温固化。待树脂固化后，用切纸机将其切成所要求的蜂窝高度，用手轻轻拉开，即成正六边形的蜂窝芯材。若有拉不开的地方，可用挑针挑开，脱粘的地方用树脂重新粘牢。

采用环氧树脂胶液时，一般室温固化，施加接触压力。若室温低于 15℃ 时，可在 80℃ 烘箱中，加热固化 3~4h。

② 机械涂胶法　机械涂胶法有印胶法、漏胶法、带条式涂胶法、波纹式涂胶法等。现以印胶法为例介绍，自动印胶机工作原理如图 9-5 所示。

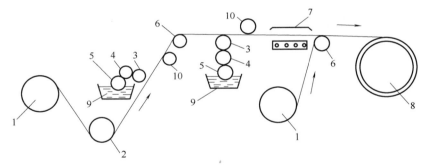

1—放布筒；2—张紧辊；3—印胶辊；4—递胶辊；5—带胶辊；
6—导向辊；7—加热器；8—收布卷筒；9—胶槽；10—调压辊。

图 9-5　印胶式自动涂胶机工艺

玻璃布从放布辊 1 引出后，经过张紧辊 2 到第一道印胶辊，在布的正面涂胶液，涂胶后的布经过导向辊到第二道印胶辊，并在布的反面涂胶。涂胶后的玻璃布经过加热器加热，在水平导辊 6 处与未涂胶的玻璃布叠合，一起卷到收布卷筒 8 上。收卷到设计厚度时，从收布卷筒上将蜂窝块取下，加热、加压固化后，切成蜂窝条备用。

（2）金属蜂窝夹芯制造　生产金属蜂窝夹芯的方法有模压法和胶接拉伸法等。本章主要介绍胶接拉伸法生产金属蜂窝的工艺过程。图 9-6 是胶接拉伸法生产金属蜂窝块示意图。

胶接拉伸法的生产工艺流程如下：

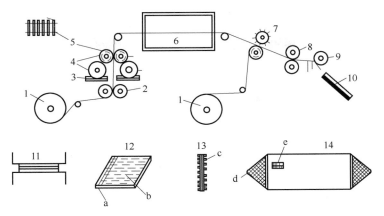

1—箔卷；2—导轮；3—胶槽；4—刮板；5—涂胶辊；6—干燥室；7—穿孔辊；
8—导轮；9—切刀；10—料箱；11—固化；12—切成条；13—准备拉伸；
14—拉伸成形后；a—切割线；b—胶条；c—边条；d—拉伸夹具；e—蜂窝块。

图 9-6　拉伸法制造金属蜂窝块

① 金属箔表面处理　金属箔在涂胶前必须化学除油、化学粗化，然后水洗干燥。

以铝箔的表面处理为例，介绍如下：

首先，将铝箔在 60~70℃ 的洗净剂中洗涤 3~5min，去除表面油污；然后水洗，再用一定浓度处理液处理。常用处理液配方如下：

Na$_3$PO$_4$　　　　　50~70（g/L）

Na$_2$SiO$_3$　　　　　25~35（g/L）

液体肥皂　　　　3~5（g/L）

处理后，水洗干燥备用。

② 涂胶　干燥后的金属箔利用滚胶机在其上面自动滚涂距离相等的胶条。滚胶机的工作原理如图 9-7 所示。带胶辊在胶槽中转动，粘上胶液，依靠它的凸筋将胶传给印胶辊的凸筋。两凸筋间距可进行调节，一般为 1.5~2mm。印胶辊凸筋上的胶液在辊转动后印到铝箔上。为保证滚出的胶条均匀一致，用刮板控制胶层厚度。为了获得合乎要求的蜂窝块，应控制胶黏剂黏度。黏度过小，胶条易散；黏度过大时，胶不易流动，胶层过厚，压制时，胶条太粗。

胶黏剂的参考配方如下：

E-51 环氧树脂　　　　100 份

聚丁二烯环氧树脂　　28 份

600# 活性稀释剂　　　10 份

环氧树脂固化剂　　　94 份

Al$_2$O$_3$ 粉（200 目）　　适量

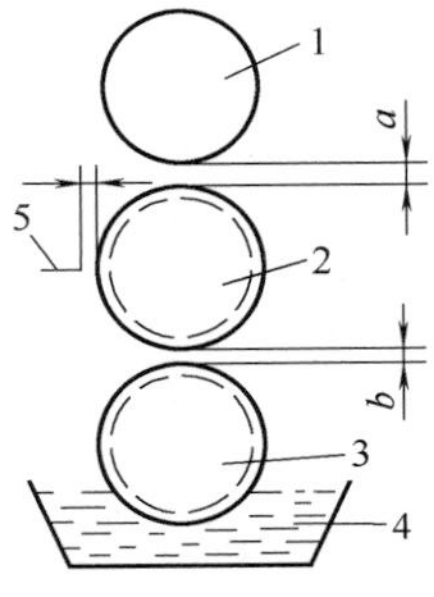

③ 干燥　干燥目的是使部分溶剂挥发。涂胶后的蜂窝块材料在空气中静置 30min 左右，再放入用红外线灯或远红外加热器加热的干燥箱中，根据使用溶剂的情况，在 80~90℃ 下，干燥 1~2min。温度不宜过高，防止胶液固化。

1—铝箔放辊；2—印胶辊；
3—带胶辊；4—胶槽；5—刮板。

图 9-7　滚胶机工作原理

④ 打通气孔　干燥后，为了在胶接蒙皮和蜂窝块时，排除挥发分，而在蜂窝块壁上打通气孔。打孔一般用针辊机。所打孔径为 0.3mm，经压平后为 0.1mm。

⑤ 裁剪、定位、叠合　打完通气孔后，将蜂窝块材料裁剪成一定形状。为了使蜂窝形成正六角形，必须打定位孔。叠合时，如果是单面涂胶条的铝箔，则保证一张与另一张铝箔的胶条交替错开 1/2 胶条间距。如果是一张铝箔已经是正、反两面涂胶（正、反两面的胶条已错开 1/2 胶条间距），这时只需在这种箔上交替放一张涂胶的铝箔片材即可。按需要叠合到一定厚度。

⑥ 热压固化　热压固化与所用粘接剂的类型及固化剂有关。若采用环氧树脂 E-51，H-4 环氧固化剂，则固化制度为 80℃/1h，再升温到 150℃/2h。整个固化过程中保持接触压力。

⑦ 蜂窝拉伸　固化后，将蜂窝块预制品先切成所要求的高度、尺寸和形状。再在拉伸机上拉伸。金属蜂窝拉伸后即成蜂窝块，可用于胶接蒙皮。

用上述方法生产蜂窝块，效率高，工艺性好。但此法只能加工刚性不太大的箔材或其他可制蜂窝块的材料。用刚性较大的铝箔、不锈钢箔制造耐热蜂窝块，则很困难。需要采用波纹压形胶接法生产。

在制造大面积或异形制品时，蜂窝块的尺寸往往不能满足要求，因此需要拼接，拼接方式如图 9-8 所示。拼接时取少许胶黏剂，涂在拼接处，搭接长度为正六边形的边长，将搭接处用曲别针或专用夹具固定、加压，待固化后即可。

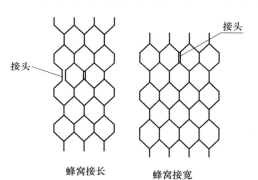

图 9-8　蜂窝夹芯拼接方式

三、蜂窝夹层结构制造方法

通常蜂窝夹层结构成型按制造方法可分为湿法成型和干法成型。按成型工艺过程可分为一次、二次和三次成型法。

（1）一次成型法　将内外蒙皮和浸渍好树脂胶液的蜂窝芯材按顺序放在阴模（或阳模）上，一次胶合固化成型。加压 0.01~0.08MPa。这种成型是湿法工艺，它适宜布蜂窝、纸蜂窝夹层结构的制造。它的特点是生产周期短，成型方便，蜂窝芯材与内外蒙皮胶接强度高，对成型技术要求较高，否则夹层结构表面不光滑、不平整。

（2）二次成型法　内外蒙皮分别成型，然后与芯材胶接在一起固化成型。或者芯材先固化，再胶接内外蒙皮。如纸蜂窝多采用这种方法。其特点是夹层结构表面光滑，易于保证质量。

（3）三次成型法　外蒙皮预先固化，然后将芯材胶合在外蒙皮上，进行第二次固化。最后在芯材上胶合内蒙皮，进行第三次固化。它的特点是夹层结构表面光滑，成型过程中可进行质量检查，发现问题及时排除，但生产周期长。

四、蜂窝夹层结构成型中常见问题及解决措施

（1）蒙皮分层、起泡及折皱　由于操作不当，成型压力不足，会产生蒙皮分层、起

泡现象，应严格操作程序，适当提高成型压力。蒙皮产生折皱现象多数情况是增强材料铺放不平整造成，成型过程中要将增强材料铺平。

（2）蜂窝压瘪现象　当蜂窝端面不平整、各蜂窝格子高度不一致时，在蒙皮与蜂窝接触处压力易集中，加上蜂窝端面刚性较差，就会产生压瘪现象。因此，在成型前应使蜂窝端面平整，适当降低成型压力。

湿法成型时，当芯材尚未固化完全时就加较大压力，也会产生蜂窝压瘪现象。应适当降低成型压力。

（3）胶接不良　这种问题多产生在蒙皮与芯材胶接面。蒙皮与芯材胶接不良，将严重影响夹层结构的剪切强度。在湿法成型中，出现胶接不良现象，则整个制品都将报废。可适当提高成型压力，使芯材和蒙皮有良好的接触。多次成型时，使用胶膜胶接效果较好，即在蒙皮与芯材界面增加一层涂胶的表面毡，增加蒙皮与芯材的胶接面积。

第二节　复合材料泡沫塑料夹层结构

一、泡沫塑料种类及发泡方法

（1）泡沫塑料的分类　泡沫塑料是一种二相结构，主要包含塑料基体和气体。由于气体的加入，塑料基体本身的性能发生很大改变，从而使得泡沫塑料在隔音、保温、减震等方面具有更好的性能，满足更多的使用要求。

泡沫塑料的分类方法很多，例如，可按树脂基体类型、泡沫塑料硬度和泡沫塑料密度等分类。

按树脂基体分类：通常有聚苯乙烯（PS）泡沫塑料、聚氯乙烯（PVC）泡沫塑料、聚氨酯（PU）泡沫塑料、聚乙烯（PE）泡沫塑料以及脲甲醛、酚醛、环氧、有机硅等泡沫塑料。近年来还不断出现新的品种，如聚丙烯、氯化或磺化聚乙烯、聚碳酸酯、聚四氟乙烯等泡沫塑料。

按泡沫塑料硬度分类：硬质泡沫塑料、半硬质泡沫塑料和软质泡沫塑料3种。这种分类方法的依据是，在一定压力作用下，将泡沫塑料厚度压缩达到50%时，卸压后测量其厚度上的残余变形：大于10%的泡沫塑料则为硬质泡沫塑料；在2%～10%的泡沫塑料称为半硬质泡沫塑料；小于2%的泡沫塑料称为软质泡沫塑料。

按泡沫塑料密度分类：低发泡、高发泡和中发泡泡沫塑料3种。低发泡泡沫塑料，其密度为 $0.4kg/m^3$ 以上；中发泡泡沫塑料，其密度为 $0.1～0.4kg/m^3$；高发泡泡沫塑料，其密度为 $0.1kg/m^3$ 以下。

除此之外，还有其他分类方法，如按泡沫塑料的燃烧性能，又可分为可燃性和阻燃性泡沫塑料；按泡沫塑料的颜色来分，可分为本色泡沫塑料和彩色泡沫塑料等。

泡沫塑料夹层结构的最大特点是绝热和隔音性能优良，同时质量轻，具有均匀传递外部载荷的性能。泡沫塑料夹层结构的性能主要取决于泡沫塑料类型与性能。常用泡沫塑料性能见表9-4。

表 9-4　　　　常用泡沫塑料的性能

性能	材料						
	PU 泡沫塑料(硬质、闭孔)				PE 泡沫塑料	PS 泡沫塑料	
密度/(kg/m^3)	0.026~0.05	0.14~0.19	0.2~0.3	0.3~0.4	0.03~0.1	0.03	0.2
拉伸强度/MPa	0.1~0.7	1.6~3.2	3.3~4.9	5.4~9.1	0.4~7.5	1.0~1.2	—
压缩强度(10%)/MPa	0.11~0.42	2~3	4.6~7.7	8.4~14	0.3~1.8	0.6~0.8	3.0
耐热温度/℃	150	150	150	150	95	75~85	
热导率[$W\cdot(m\cdot K)$]	0.016~0.023	0.044~0.05	0.052~0.058	0.06~0.08	0.023~0.034	0.037	0.05
线膨胀系数($*10^{-7}\cdot℃$)	5.4~14.0	7.2	7.2	7.2	7.0~11.0	7.2	—
耐低温性/℃	−90	−90	−90	−90	−50	−70	−70
吸水率(体积)/%	2.0	0.8	0.4	0.2	—	—	—

（2）泡沫塑料的发泡方法　从塑料成为泡沫塑料的变化是因为气体的加入。将各种气体加入塑料的方法称为泡沫塑料的发泡方法。目前泡沫塑料的发泡方法主要有物理发泡法、机械发泡法、化学发泡法。

① 物理发泡法　物理发泡法是指在塑料变为泡沫塑料的过程中只发生了物理变化，主要的方法有：将惰性气体在高压下使其熔于熔融聚合物或糊状复合物中，然后升温减压，使气体膨胀发泡；利用低沸点液体蒸发汽化而发泡；在塑料加入中空微球后，经固化而成泡沫塑料。

② 机械发泡法　采用机械方法将气体混入聚合物中形成泡沫，然后通过"固化"或"凝固"获得泡沫塑料。机械发泡的特点是必须选择适当的表面活性剂以降低表面张力，使气体容易在溶液中分散。同时要求搅拌形成的泡沫能够稳定一段时间，使泡壁内的聚合物得以固定。这种方法常用来生产脲醛泡沫塑料。

③ 化学发泡法　化学发泡法又分两种，一种是依靠原料组分相互反应放出气体，形成泡沫结构；另一种是借助化学发泡剂分解产生气体，形成泡沫结构。用化学发泡法生产泡沫塑料的设备简单，质量容易控制，大多数树脂都能用这种方法。

热塑性泡沫塑料和热固性泡沫塑料的制造方法不同。热塑性泡沫塑料的发泡工艺分两步，第一步是将含发泡剂的塑料放入模具内压制成坯料。在一定的压力和温度下树脂软化，发泡剂开始分解，等树脂达到黏流态时，气体形成微小的气泡，均匀地分布在液体树脂中。因模具体积限制及压力存在，气泡无法胀大，冷却至玻璃化温度，即得坯料。第二步是坯料发泡。将坯料放在限制模（比第一步更大的模具）内，重新加热，等物料处于高弹态时，坯料中气体克服聚合物分子间的作用力，气孔开始增长，使物料胀满在限制模内，冷却到玻璃化温度，即得热塑性泡沫塑料。

热固性泡沫塑料的发泡过程，是将黏流态的塑料原料及发泡剂放入模具中，在塑料合成的过程中同时产生气体，并且随着树脂凝胶、固化，使气泡稳定在塑料中，从而形成泡沫塑料。

二、聚氨酯泡沫塑料制备工艺

聚氨酯泡沫塑料是由含有羟基的聚醚或聚酯树脂、异氰酸酯、水以及其他助剂共同反应生成的，由聚氨酯塑料和气体构成。聚氨酯泡沫塑料按所用原材料来分可分为聚醚型和聚酯型聚氨酯泡沫塑料；按制品的性能来分，可分为软质、半硬质和硬质聚氨酯泡沫塑料；按生产时反应控制的程序来分，又可分为一步法聚氨酯泡沫塑料和两步法聚氨酯泡沫塑料。

（1）聚氨酯泡沫塑料用原材料

① 异氰酸酯类　异氰酸酯类是生产聚氨酯的主要原材料，常用的有甲苯二异氰酸酯。甲苯二异氰酸酯有 2,4 和 2,6 两种同分异构体。前者活性大，后者活性小，故常用两种异构体的混合物。两种异构体的用量比工业上常称为异构比，异构比越高，化学反应越快，趋于形成闭孔泡沫结构；异构比越低，则趋于形成开孔结构。近来有采用对二苯甲烷二异氰酸酯作为原料合成聚氨酯的，是因为其活性适宜，反应过程易于控制。

② 聚酯或聚醚　聚酯或聚醚是生产聚氨酯的另一主要原材料。聚酯一般是用二元酸（己二酸、癸二酸、苯二甲酸）和多元醇（乙二醇、丙三醇和己二醇等）缩聚而成。聚醚主要由氧化烯烃（环氧乙烷、环氧丙烷等）和多元醇（乙二醇、丙三醇、季戊四醇、山梨糖醇等）制成的。用于生产软质聚氨酯泡沫塑料的聚酯或聚醚都是线型或略带支链结构，分子质量为 2000~4000；制造硬质聚氨酯泡沫塑料的分子质量为 1000~3000，而且具有支化结构，其官能度为 3~8。

③ 催化剂　为加速聚氯酯的形成和混合物的发泡，以产生低密度的泡沫体，要添加催化剂。常用的有叔胺类化合物（三乙胺、三乙撑胺、N,N-二甲基苯胺等）和有机锡类化合物（二月桂酸二丁基锡等）。叔胺类化合物对异氰酸酯与羟基化合物和异氰酸酯与水的两种化学反应都有催化作用。但有机锡化合物却对异氰酸酯与羟基化合物的反应特别有效。因此，目前常将两类催化剂混合使用，这样可达到协同效果。

④ 发泡剂　作为聚氨酯泡沫塑料的发泡剂是异氰酸酯与水，它们之间发生反应生成二氧化碳，从而制备聚氨酯泡沫塑料。由于它们之间的反应使聚合物常带有聚脲结构，以致泡沫塑料发脆。其次生成二氧化碳的反应还会放出大量反应热，致使气泡因温度升高而内压升高，从而发生破裂。此外，这种方法需要消耗昂贵的异氰酸酯，发泡成本较高。因此，工业上常用低沸点的卤化碳（如三氯甲烷、二氟二氯甲烷等）作发泡剂。这样既可克服二氧化碳发泡的缺点，又能降低异氰酸酯的用量，并使制品具有吸水性低和绝热性好的优点。这是由于水在非极性的卤化碳中不溶，而卤化碳的气体不易逃逸，本身导热系数较低的原因。

⑤ 表面活性剂　为降低发泡液体的表面张力，使发泡容易和泡沫均匀，常在原料中加入少量的表面活性剂。常用的有水溶性硅油、碘化脂肪醇、磺化脂肪酸以及其他非离子型表面活性剂。

⑥ 其他助剂　为改善聚氨酯泡沫塑料的性能，常需加入其他助剂。如为提高自熄性

而加入含卤、含磷的有机衍生物等；为提高其机械强度可加入铝粉填料等。

（2）发泡过程中的主要反应　聚氨酯泡沫塑料在形成过程中，始终伴有复杂的化学反应，可归纳为 6 种。

① 链增长反应　指异氰酸酯与聚醚或聚酯生成聚氨酯的反应，即异氰酸酯与羟基之间的反应。

$$
\cdots\cdots NCO+HO\cdots\cdots \longrightarrow \cdots\cdots \overset{H}{\underset{}{N}}-\overset{O}{\underset{}{C}}-O\cdots\cdots \tag{1}
$$

② 放气反应　指异氰酸酯与水作用放出二氧化碳的反应。

$$
\cdots\cdots NCO+HOH \longrightarrow \left[\begin{array}{c} H\ \ OH \\ \cdots\cdots N-C=O \end{array}\right] \longrightarrow \cdots\cdots \overset{H}{\underset{}{N}}-H \ +CO_2\uparrow \tag{2}
$$

氨基甲酸　　　　　胺

③ 氨基与异氰酸酯的反应　这是反应（2）式生成的胺又与异氰酸酯作用形成脲的衍生物反应。

$$
\cdots\cdots NCO+OCN\cdots\cdots \longrightarrow \cdots\cdots \overset{H}{N}-\overset{O}{C}-\overset{H}{N}\cdots\cdots \tag{3}
$$

如果聚合物中出现多个脲结构，即称聚脲。

④ 交联和支化反应　指氯基甲酸酯中氮原子上的氢与异氰酸酯反应。这一反应可使线型聚合物形成支化和交联结构。反应式如下：

$$
\cdots\cdots O-\overset{O}{C}-\overset{H}{N}\cdots\cdots \ +OCN\cdots\cdots \longrightarrow \cdots\cdots O-\overset{O}{C}-N\cdots\cdots \tag{4}
$$

（脲基甲酸酯）

⑤ 缩二脲的形成反应　由脲衍生物与异氰酸酯反应生成。

$$
\cdots\cdots \overset{H}{N}-\overset{O}{C}-\overset{H}{N}\cdots\cdots \ +OCN\cdots\cdots \longrightarrow \cdots\cdots \overset{H}{N}-\overset{O}{C}-N\cdots\cdots \tag{5}
$$

（缩二脲）

⑥ 带有羧基的聚酯与异氰酸酯反应。

$$
\cdots\cdots COOH+OCN\cdots\cdots \longrightarrow \overset{O}{C}-\overset{H}{N}\cdots\cdots \ +CO_2\uparrow \tag{6}
$$

上述 6 种化学反应，在制造聚氨酯泡沫塑料时，起聚合与发泡两种作用，必须平衡进行。如果聚合作用快，发泡时聚合物的黏度太大，不易获得泡孔均匀和密度低的泡沫塑料。反之，聚合作用慢、发泡快，则气泡会大量消失，也难以获得低密度的泡沫塑料。生产中的控制方法是选用适当浓度和品种的催化剂，错开反应次序，即采用二步法生产。

（3）硬质聚氨酯泡沫塑料制造　硬质聚氨酯泡沫塑料的制造分一步法和两步法。一步法是将所有的原料按配方混合在一起而形成泡沫塑料。二步法又分为预聚法和半预聚法两种：预聚法是使异氰酸酯先与聚酯或聚醚反应生成预聚体，而后再加入其他组分而形成泡沫塑料；半预聚法是使部分聚酯或聚醚先与所有的异氰酸酯作用，而后加入剩余的聚酯或聚醚与其他组分的混合物使其成为泡沫塑料。

① 硬质聚氨酯灌注发泡法（一步法）　灌注法生产硬质聚氨酯泡沫塑料的配方见表 9-5。

表 9-5　　　　　　　　　　　　　　硬质聚氨酯灌注发泡法配方

组分		配比（质量比）					
A组分	505 聚醚	100	100	—	—	—	—
	303 聚醚	—	—	—	—	—	100
	635 聚醚	—	—	100	—	—	—
	605 聚醚	—	—	—	—	100	—
	Ⅱ型聚醚	—	31	100	—	—	—
	乙二胺聚醚	—	—	—	18	—	—
	发泡灵	3~5	3~5	3~5	—	—	—
	硅油	—	—	—	—	25	—
	二丁基月桂酸锡	1~2	—	1~2	0.10	—	—
	三乙醇胺	21	4	4	1	—	—
	水	—	—	—	6	—	0.55
	氟碳烷	35	35	35	—	35	—
	三乙烯二胺	—	—	—	—	3	1.5
B组分	多次甲基多苯基多异氰酸酯（PAPI）	140	140	140	197	150	140

注：505、303、635、605、Ⅱ型聚醚等，均为厂家出厂时聚醚树脂代号。

这种发泡工艺的具体过程是：首先将模具预热到 40~50℃，按配比将 A、B 物料混合均匀，混合温度保持在 30~35℃。用搅拌器进行快速搅拌（转速在 1000~1500r/min），搅拌时间为 30s 左右；然后迅速将混合物料注入模具内，控制发泡时间 5~7min，而后将发泡体送入 100℃ 的烘箱中保持 2h，再自然冷却到室温。脱模取出泡沫塑料备用。

若采用室温固化配方，浇注料可直接注入夹层结构的型腔中，直接发泡制成泡沫夹层结构件。

② 硬质聚氨酯泡沫塑料喷涂法（二步法）　喷涂法生产聚氨酯泡沫塑料配方见表 9-6（a）、表 9-6（b）。

表 9-6（a）　　　　　　　喷涂法聚氨酯泡沫塑料预聚体配方

预聚体配方			备注
原料	规格	配比（质量比）	预聚体性能
甲苯二异氰酸酯	纯度/%　99 异构比　65/35	100	游离异氰酸基 （27±0.5）%
一缩二乙二醇	纯度/%　>99 微量水（体积比）/%　0.35	15~25	—

喷涂法生产硬质聚氨酯泡沫塑料是把原料分别由计量泵输送到喷枪内混合，使用干燥

的高压空气作为搅拌能源（或用风动马达带动搅拌器），再在压缩空气作用下，将混合物喷射到制品，一般在较短时间内生成硬质聚氨酯泡沫塑料。喷涂法生产工艺流程如图9-9所示。

表9-6（b）　　　　　　喷涂法聚氨酯泡沫塑料配方

原料	规格		配方(质量比)	泡沫塑料性能
聚酯树脂	羟值/(mgKOH/g) 530~550		100	容积密度/(g/cm³) 0.32~0.42
	胺值/(mgKOH/g)<5			拉伸强度/MPa 4~5
预聚体	游离异氰酸基/%(27±0.5)		157	
聚氧化乙烯山梨糖醇酐甘油酯(吐温-80)	羟值/(mgKOH/g) 530~550		1.5	压缩强度/MPa 6.0~8.5
	胺值/(mgKOH/g)<5			冲击强度/(J/m²) 2000~4000
二乙基乙醇胺	密度(20℃)/(kg/cm³) 0.884~0.888		0.5~1.0	
	纯度/%≥95			
蒸馏水			0.05~1.00	

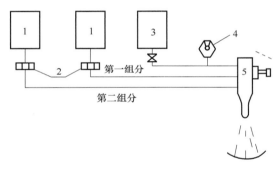

1—储罐；2—齿轮泵；3—压缩空气；4—风阀；5—喷枪。

图9-9　喷涂法生产聚氨酯泡沫塑料工艺流程示意图

第一组分和第二组分物料搅拌均匀后，分别装入储罐内，根据配方要求，调节两组分物料在给定时间内的流量，使误差不超过±2%，物料靠齿轮泵和料管注入清洗后的喷枪内；在物料进入喷枪前先接通压缩空气，用风阀调好雾化两组分物料所需的风压，喷枪距模具或被涂材料表面300~500mm；打开喷枪开关，将物料涂于模具或材料表面，物料发泡即成聚氨酯泡沫塑料。

喷涂发泡的技术要求有：

① 发白时间　俗称乳化时间，即气体通过饱和溶液中离析出来的时间。当物料喷涂到模具或材料表面后，发白时间一般控制在3~7s。

② 胀定时间　俗称发泡时间，通常以泡沫塑料不粘手时为止。胀定时间终止时，泡沫系统体积不再膨胀。在连续喷涂时，应适当控制泡沫塑料的胀定时间，有利于提高喷涂质量。胀定时间随泡沫塑料配方而异，同时与环境温度有关。

③ 喷涂途度　一般采用1kg/min左右的用量，此时，喷枪移动速度为0.5~0.8m/s。单层喷涂泡沫塑料厚度约为15mm。移动速度过慢，不易喷涂平滑，易出现堆积。

④ 雾化压力　根据不同配方及物料黏度而确定，一般压力控制在0.5~0.6MPa。压力太低物料混合不均匀。

⑤ 表面温度　喷涂物表面温度低于10℃时，发白时间较长，发泡后，底层容积密度较大，黏结不牢。调节方法主要有：调节配方，增加胺类和有机锡类催化剂用量，缩短发白时间；两组分物料适当保温，使进入喷枪时，保持在20℃左右；加热压缩空气，使进

入喷枪时的温度控制在 40~80℃。

通过调节配方，硬质聚氨酯泡沫塑料可在-5℃以下施工，与正常气温相比较，除第一层发白时间过长，容积密度较大外，其他层均正常。

三、泡沫夹层结构的制造方法

泡沫夹层结构的制造通常有预制粘接成型法、整体浇注成型法和机械连续成型法 3 种。目前使用较多的为前两种方法。预制粘接法适用于外形简单、批量生产的制品；整体浇注成型法适用于形状复杂的夹层结构件。

（1）预制粘接成型法　这种方法是先将夹层结构的表面层和泡沫塑料芯材按设计要求分别制造；然后，将它们用粘接剂粘接起来。粘接成型生产泡沫夹层结构的关键点是合理地选择粘接剂和粘接工艺条件。在制造泡沫夹层结构时，除满足一般粘接工艺要求外，在选择成型压力时，还要考虑泡沫塑料的承载能力。低密度泡沫塑料的压缩强度通常小于 0.1MPa，否则会压塌泡沫塑料或使泡沫塑料变形严重。

为提高生产效率，在粘接过程中，常采用加热快速固化。加热制度取决于树脂引发固化体系。

采用预制粘接法制备的泡沫夹层结构通常由于泡沫塑料表面平整度不够或胶接强度不大，其泡沫夹层结构的蒙皮与夹芯之间容易剥离或耐冲击强度不大。

（2）整体浇注成型法　这种方法是在由于蒙皮组成的结构空腔内浇入混合料，然后经过发泡成型和固化处理等，使泡沫塑料胀满空腔，并成为一个整体夹层结构。采用这种方法，一般浇注料加入量比计算值多加 0~5%。浇注时要均匀、快速并防止喷溅，否则会在空腔内形成孔径不均匀的气泡，影响泡沫塑料的质量。

发泡成型后的夹层结构一般要经过后处理工序，其处理温度和时间要根据泡沫塑料和树脂种类而定。通常处理温度比成型温度稍高一些。注意升温速度要缓慢，以防止内部产生应力开裂。经过后处理的泡沫夹层结构，其强度都不同程度得到提高。

（3）机械连续成型法　泡沫夹层结构机械连续成型法如图 9-10 所示。

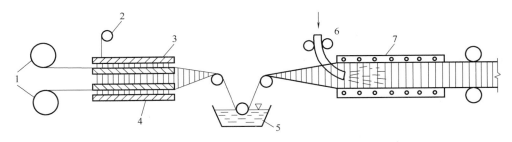

1—增强材料织物；2—增强材料纱；3、4—定位板；5—胶槽；6—泡沫塑料原料；7—限制挡板。

图 9-10　泡沫夹层结构机械连续成型法

这种工艺是将夹层结构的蒙皮增强材料用纱线连接，连接纱的数量、位置需按夹层结构的使用要求计算好。生产时，先把上、下蒙皮织物用纤维纱通过定位板处连接在一起。然后经过浸胶槽浸胶（可用酚醛、聚酯和环氧树脂等）。在成型段由喷管浇注泡沫塑料（一般采用聚氨酯、酚醛和脲甲醛泡沫塑料等）原料，当物料发泡膨胀时，使上、下蒙皮织物紧贴加热限制挡板，并保持夹层结构的厚度不变。牵引辊的转速应保证制品在加热后充分固化。通过牵引辊牵引出来的就是整体的泡沫夹层结构。如果需要粘贴装饰性板材或薄膜，可在泡沫夹层结构生产过程中同时完成。

与预制粘接法、整体浇注成型法相比，采用机械连续成型法生产的泡沫夹层结构由于在厚度方向上有增强材料，它的抗剥离强度、耐冲击强度有一定提高。

第三节　中空复合材料

中空复合材料是一种新型的夹层结构材料，其预成型体（图9-11）是利用特殊三维机织工艺，将纤维联结成厚度方向具有纤维增强的特种织物，即织物的纤维面板与芯材交织联结在一起，面板和芯材纤维为整体连接。预成型件经树脂复合后直接形成三维整体复合材料夹层结构。

图9-11　中空夹层复合材料
预成型体示意图

由于面板与芯材用纤维连为整体，极大地提高了中空复合材料面板与芯材的联结强度，克服了传统夹层材料如蜂窝、泡沫夹层复合材料易分层、不耐冲击的弱点。中空复合材料的性能主要优点：①蒙皮与芯层一体成型，不分层、不会被剥离，力学性能优异，长期使用不吸水、不开裂、不塌陷。②结构可设计性强，夹芯层可编织成多种形状。③夹芯层可填充泡沫、预埋电线、监控与电子元器件等。中空复合材料与其他夹层结构的力学性能见表9-7。

表9-7　　　　　　　　　　　　夹层结构的力学性能

项目	标准	材料种类			
		中空复合材料	铝蜂窝	NOMEX蜂窝	PUR泡沫
平拉强度/MPa	GB/T 1452—2005	4.8~6.8	1.6~2.8	0.9~2.5	0.4~1.3
平压强度/MPa	ASTM 365—2005	0.9~10.2	1.0~6.8	0.5~1.8	0.2~1.0
双层剪切强度/MPa	ASTM 273—2007	0.5~3.6	0.4~2.8	0.3~1.6	0.2~0.5
低速冲击能/J	SACMA SRM 2R—1994	10~18	8~14	8~12	6~15
四点弯曲强度/MPa	ASTM 393—2006	34~116	60~165	37~94	21~52

采用不同成型方法，可制备不同组成及性能的中空复合材料。

（1）树脂浸渍法　将预成型体直接浸渍树脂基体，则可制成类似蜂窝夹层结构的中空复合材料（图9-12），它具有强度大、刚度大的特点，而且抗冲击、抗剥离。

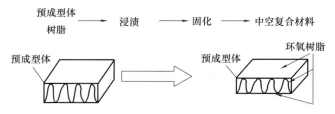

图9-12　树脂浸渍法制备中空复合材料示意图

（2）泡沫塑料填充法　将预成型体放入模具中，将泡沫塑料的原料注入模具，泡沫塑料浸渍、填充预成型体，则可制成类似泡沫夹层结构的中空复合材料（图9-13），它具有隔音、保温、抗震及刚度大的特点，还能够抗冲击、抗剥离。

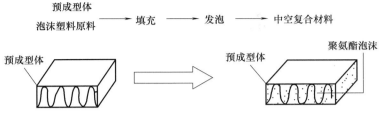

图9-13　泡沫塑料填充法制备中空复合材料示意图

（3）浸渍填充法　先采用树脂浸渍法，制成类似蜂窝夹层结构的中空复合材料，然后通过泡沫塑料填充法，将泡沫塑料填充其中，则制成的中空复合材料（图9-14）具有上述两种中空复合材料的所有性能特点：强度大、刚度大、隔音、保温、抗震、抗冲击、抗剥离。

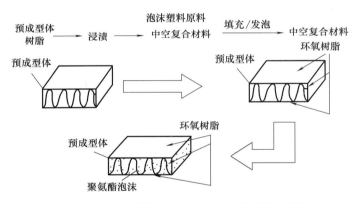

图9-14　浸渍填充法制备中空复合材料示意图

中空复合材料具有相对较高的比强度、整体结构抗分层、保温效果好和隔音降噪性能高等一系列优异的产品性能，被广泛应用于航空航天、轨道交通、船舶和建筑等领域。中空复合材料应用在高速轨道交通车体的承载结构件、辅助件上，例如车门、地板、窗下墙板、天花板、分隔墙等部件，是实现车辆减重节能、提高总体性能的关键材料，有效提升动车的运输安全系数，提高运输效率，隔音效果还给乘客带来更好的服务体验。中空复合材料高速列车导流罩解决了罩体外形设计、结构强度分析、减重、降噪和阻燃等关键指标要求，制造效率比原有实心罩体提高2倍，总质量降低2/3，成本降低20%。

中空复合材料特殊的贯通夹层结构可以灌注液体，抽真空或预埋监控探头、感应器、导线等元件。用3D玻纤立体增强材料作为储罐的中间层，可以有效地监控储罐内液体的泄漏和使用情况，解决了地埋式储罐迅速检测泄漏难题，有效地预防罐体泄漏对空气、土壤、地下水的污染，是一类新型环保功能型产品。

中空复合材料凭着优异的性能，将会应用在各行各业，成为应用前景最广的材料之一。

习题与思考题

1. 试分析 FRP 夹层结构特点及应用。
2. 试述玻璃布蜂窝芯材生产过程。
3. 聚氨酯泡沫塑料的发泡原理是什么？
4. 蜂窝夹层结构生产中容易出现的问题是什么？如何解决？
5. 与夹层结构相比，中空复合材料最大的优点是什么？是如何实现的？

参 考 文 献

［1］ 刘雄亚，谢怀勤. 复合材料工艺及设备［M］. 武汉：武汉理工大学出版社，2012.
［2］ 逢博，黄永亮，张云峰. 中空复合材料的成型工艺及应用进展［J］. 纤维复合材料，2022，39（3）：128-131.
［3］ 郭章新，李忠贵，崔俊杰，等. 三维整体中空复合材料的力学性能研究进展［J］. 航空制造技术，2019，62（4）：22-31.
［4］ 刘志艳，匡宁，周海丽，等. 中空夹芯复合材料的成型工艺及其在轨道交通领域的应用［J］. 纺织导报，2020，43（7）：34-37.
［5］ 匡宁，刘畅，周光明. 整体中空夹层复合材料剪切性能研究［J］. 南京理工大学学报，2017，41（5）：653-660.